Office 2019

高效办公三合一

从入门到精通

视频自学版

恒盛杰资讯 编著

机械工业出版社
China Machine Press

图书在版编目（CIP）数据

Office 2019高效办公三合一从入门到精通：视频自学版／恒盛杰资讯编著. —北京：机械工业出版社，2019.4

ISBN 978-7-111-62041-9

Ⅰ．①O… Ⅱ．①恒… Ⅲ．①办公自动化–应用软件 Ⅳ．①TP317.1

中国版本图书馆CIP数据核字（2019）第032346号

　　Office是由微软公司开发的风靡全球的办公软件套装，其中的Word、Excel、PowerPoint是办公中最常用的三大组件。本书以初学者的需求为立足点，以Office 2019为软件平台，通过大量详尽的操作，帮助读者直观地掌握三大组件的知识和操作，快速变身办公达人。

　　本书共15章，按照内容结构可分为4篇。第1篇是Office入门篇，包括第1章，主要介绍Office三大核心组件Word、Excel、PowerPoint的工作界面、启动与退出、文件基本操作、界面设置等。第2篇为Word篇，包括第2～6章，主要讲解Word基本操作、文档排版与美化、图形和图片等元素的插入、表格制作、文档高级编辑技术等。第3篇为Excel篇，包括第7～11章，主要讲解Excel基本操作、数据整理与计算、数据分析、公式与函数、图表制作等。第4篇为PowerPoint篇，包括第12～15章，主要讲解PowerPoint基本操作、多媒体内容的添加、切换效果和动画效果的添加、幻灯片放映与发布等。

　　本书结构编排合理，图文并茂，实例丰富，不仅适合广大Office新手进行入门学习，而且能够帮助有一定基础的读者掌握更多的Office实用技能，对文秘、行政、财务等需要使用Office的职场人员也极具参考价值，还可作为大中专院校和社会培训机构的教材。

Office 2019高效办公三合一从入门到精通（视频自学版）

出版发行：机械工业出版社（北京市西城区百万庄大街22号　邮政编码：100037）

责任编辑：杨　倩　　　　　　　　　　　责任校对：庄　瑜

印　　刷：北京天颖印刷有限公司　　　　版　　次：2019年3月第1版第1次印刷

开　　本：185mm×260mm　1/16　　　印　　张：18

书　　号：ISBN 978-7-111-62041-9　　　定　　价：59.80元

凡购本书，如有缺页、倒页、脱页，由本社发行部调换

客服热线：（010）88379426　88361066　　　投稿热线：（010）88379604

购书热线：（010）68326294　88379649　68995259　　读者信箱：hzit@hzbook.com

PREFACE　前言

微软公司出品的 Office 软件套装是办公人员的得力助手。本书以 Office 初学者的需求为立足点，以 Office 2019 为软件平台，通过大量详尽的操作解析，帮助读者直观、迅速地掌握 Word、Excel、PowerPoint 三大核心组件的知识和操作，并能在实际工作中灵活应用。

◎本书结构

本书共 15 章，按照内容结构可分为 4 篇。

第 1 篇是 Office 入门篇，包括第 1 章，主要介绍 Office 三大核心组件 Word、Excel、PowerPoint 的工作界面、启动与退出、文件基本操作、界面设置等。

第 2 篇为 Word 篇，包括第 2 ~ 6 章，主要讲解 Word 基本操作、文档排版与美化、图形和图片等元素的插入、表格制作、文档高级编辑技术等。

第 3 篇为 Excel 篇，包括第 7 ~ 11 章，主要讲解 Excel 基本操作、数据整理与计算、数据分析、公式与函数、图表制作等。

第 4 篇为 PowerPoint 篇，包括第 12 ~ 15 章，主要讲解 PowerPoint 基本操作、多媒体内容的添加、切换效果和动画效果的添加、幻灯片放映与发布等。

◎编写特色

★书中每个知识点的讲解都依托相应的实例，每个操作步骤都有详尽易懂的文字解说和清晰直观的屏幕截图，即使读者没有任何 Office 操作经验，也能迅速理解并掌握。每章最后通过"实战演练"对本章知识进行延伸应用，让读者在实际动手完成常见办公事务的过程中巩固所学并得到提升。

★书中以"小提示""生存技巧"等小栏目的形式穿插了大量延展知识，以及从实际工作中提炼和总结出的经验与技巧，帮助读者增长见识、开阔眼界。

★本书的云空间资料完整收录了书中全部实例的相关文件及操作视频。读者按照书中的讲解，结合实例文件和操作视频边看、边学、边练，能够更加轻松、高效地理解和掌握知识点。

◎读者对象

本书既适合 Office 初级用户进行入门学习，也适合办公人员、学生及对 Office 新版本感兴趣的读者学习和掌握更多的实用技能，还可作为大中专院校或社会培训机构的教材。

由于编者水平有限，在编写本书的过程中难免有不足之处，恳请广大读者指正批评，除了扫描二维码关注订阅号获取资讯以外，也可加入 QQ 群 227463225 与我们交流。

编者

2019 年 1 月

如何获取云空间资料

步骤1：扫描关注微信公众号

在手机微信的"发现"页面中点击"扫一扫"功能，如下左图所示，页面立即切换至"二维码/条码"界面，将手机对准下右图中的二维码，即可扫描关注我们的微信公众号。

步骤2：获取资料下载地址和密码

关注公众号后，回复本书书号的后6位数字"620419"，公众号就会自动发送云空间资料的下载地址和相应密码，如下图所示。

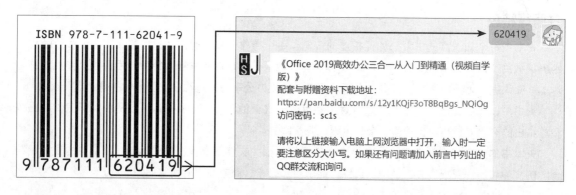

《Office 2019高效办公三合一从入门到精通（视频自学版）》
配套与附赠资料下载地址：
https://pan.baidu.com/s/12y1KQjF3oT8BqBgs_NQiOg
访问密码：sc1s

请将以上链接输入电脑上网浏览器中打开，输入时一定要注意区分大小写。如果还有问题请加入前言中列出的QQ群交流和询问。

步骤3：打开资料下载页面

方法1： 在计算机的网页浏览器地址栏中输入获取的下载地址（输入时注意区分大小写），如右图所示，按Enter键即可打开资料下载页面。

方法2： 在计算机的网页浏览器地址栏中输入"wx.qq.com"，按Enter键后打开微信网页版的登录界面。按照登录界面的操作提示，使用手机微信的"扫一扫"功能扫描登录界面中的二维码，然后在手机微信中点击"登录"按钮，浏览器中将自动登录微信网页版。在微信网页版中单击左上角的"阅读"按钮，如右图所示，然后在下方的消息列表中找到并单击刚才公众号发送的消息，在右侧便可看到下载地址和相应密码。将下载地址复制、粘贴到网页浏览器的地址栏中，按Enter键即可打开资料下载页面。

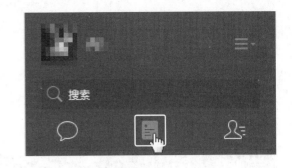

步骤4：输入密码并下载资料

在资料下载页面的"请输入提取密码"下方的文本框中输入步骤2中获取的访问密码（输入时注意区分大小写），再单击"提取文件"按钮。在新页面中单击打开资料文件夹，在要下载的文件名后单击"下载"按钮，即可将云空间资料下载到计算机中。如果页面中提示选择"高速下载"还是"普通下载"，请选择"普通下载"。下载的资料如为压缩包，可使用7-Zip、WinRAR等软件解压。

步骤5：播放多媒体视频

如果解压后得到的视频是 SWF 格式，需要使用 Adobe Flash Player 进行播放。新版本的 Adobe Flash Player 不能单独使用，而是作为浏览器的插件存在，所以最好选用 IE 浏览器来播放 SWF 格式的视频。如下左图所示，右击需要播放的视频文件，然后依次单击"打开方式 >Internet Explorer"，系统会根据操作指令打开 IE 浏览器，如下右图所示，稍等几秒钟后就可看到视频内容。

如果视频是 MP4 格式，可以选用其他通用播放器（如 Windows Media Player、暴风影音）播放。

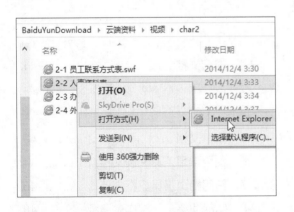

> **提示**
>
> 在下载和使用云空间资料的过程中如果遇到自己解决不了的问题，请加入QQ群227463225，下载群文件中的详细说明，或寻求群管理员的协助。

目录 CONTENTS

第4章 制作图文并茂的文档

第5章 在文档中合理使用表格

第6章 文档高级编辑技术

第7章 Excel 2019基本操作

第8章 数据整理与计算

第9章 数据分析

第10章 公式与函数

第11章 图表制作

第12章　PowerPoint 2019基本操作

第13章　制作有声有色的幻灯片

第14章 为幻灯片增添动态效果

第15章 幻灯片的放映与发布

第1章 初次接触Office 2019

初次接触 Office 2019，你是否迫不及待地想要了解 Office 2019 工作界面的组成，以及它的工作环境和一些实用操作，看看它在工作中到底能够帮助自己解决哪些问题呢？下面就一起来看看吧。

1.1 认识Office 2019三大组件的工作界面

Office 2019 是微软最新发布的办公软件套装，它包含的三大最常用组件是 Word 2019、Excel 2019 和 PowerPoint 2019，这三个组件分别应用于办公的不同方面，如文字处理、数据统计、幻灯片演示等。三个组件的工作界面大体相同，但又各具特色。用户通过认识三大组件的工作界面，就能大致了解它们各自的特点。

1.1.1 Word 2019的工作界面

Word 主要用于完成文字处理和文档编排工作。Word 2019 的工作界面由标题栏、功能区、快速访问工具栏、用户编辑区等部分构成。Word 2019 工作界面中各元素的名称和功能如下图和下表所示。

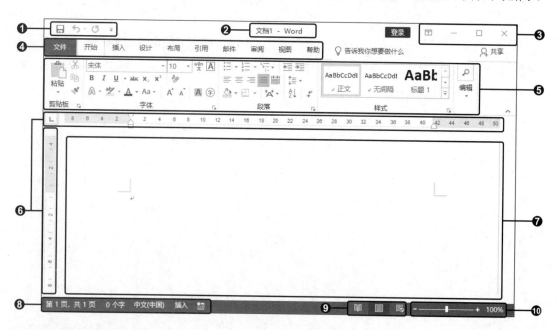

序 号	名 称	功 能
❶	快速访问工具栏	用于放置常用的按钮，如"撤销""保存"等

续表

序　号	名　称	功　能
❷	标题栏	用于显示当前文档的名称
❸	窗口控制按钮	可对当前窗口进行最大化、最小化及关闭等操作，以及控制功能区的显示方式
❹	选项卡	显示各个功能区的名称
❺	功能区	包含大部分功能按钮，并分组显示，方便用户使用
❻	标尺	用于手动调整页边距或表格列宽等
❼	用户编辑区	用于输入和编辑文档内容
❽	状态栏	用于显示当前文档的信息
❾	视图按钮	单击其中某一按钮可切换至相应的视图
❿	显示比例	用于更改当前文档的显示比例

生存技巧　**隐藏/显示Word工作界面中的标尺**

在 Word 中，为了扩大编辑区以看到更多文档内容，可在"视图"选项卡下的"显示"组中取消勾选"标尺"复选框，隐藏标尺。当需要使用时，再勾选"标尺"复选框恢复标尺的显示。

1.1.2　Excel 2019的工作界面

Excel 是在统计数据时常用的一款组件，它可以进行表格和图表的制作，以及各种数据的处理、统计与分析。

除了和 Word 2019 的工作界面拥有相同的标题栏、功能区、快速访问工具栏等元素以外，Excel 2019 还有自己的特点。Excel 2019 工作界面独有元素的名称及功能如下图和下表所示。

序 号	名 称	功 能
❶	名称框	显示当前单元格或单元格区域的名称
❷	编辑栏	用于输入和编辑当前单元格中的数据、公式等
❸	列标和行号	用于标识单元格的地址，即所在行、列的位置
❹	用户编辑区	编辑内容的区域，由多个单元格组成
❺	工作表标签	用于显示工作表的名称，单击标签可切换工作表

生存技巧 将功能区最小化以显示更多内容

Office 2019 的工作界面将软件的功能集中到窗口上方的功能区中，更便于用户查找与使用。与传统的菜单栏和工具栏界面相比，功能区会占用较多的屏幕显示区域。若需要扩大用户编辑区，可单击窗口右上角的 ⊡ 按钮，或按组合键【Ctrl+F1】，将功能区隐藏。

1.1.3　PowerPoint 2019的工作界面

PowerPoint 是相当好用的演示文稿制作工具，在演讲、演示中，借助 PowerPoint 制作的演示文稿能获得更好的表达效果。PowerPoint 2019 的工作界面中相对于其他组件的独有元素是幻灯片浏览窗格，其中显示了演示文稿中每张幻灯片的序号和缩略图，如下图所示。

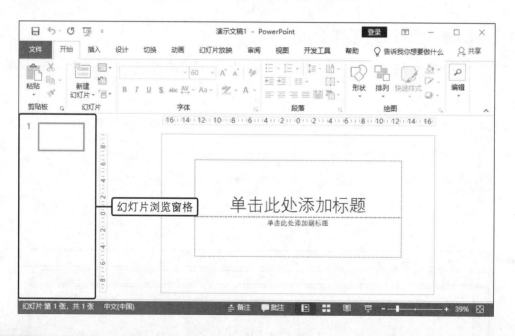

生存技巧 Office 2019的可视化快捷键

Office 2019 拥有非常多的快捷键，并且这些快捷键还是可视化的。就算是初学者，相信只要使用一段时间后，也可以顺利地熟记它们。按【Alt】键，即可在功能区看到 Office 2019 的可视化快捷键，用【Alt】键配合键盘上的其他按键，就可以很方便地调用 Office 2019 的各项功能。

1.2　启动与退出Office 2019

要使用 Office 2019 办公，首先需要学会的就是如何启动 Office 2019，以及使用 Office 2019 后如何退出程序。

1.2.1　启动Office 2019

当 Office 2019 安装完成后，在"开始"菜单中将显示所有选择安装的 Office 2019 组件，所以启动 Office 2019 最直接的方法，就是在"开始"菜单中单击需要启动的组件名称。下面以启动 Excel 2019 为例介绍启动 Office 2019 的方法。

1　在"开始"菜单中启动Excel组件

❶单击桌面左下角的"开始"按钮，❷在弹出的菜单中单击"Excel"，如下图所示，即可启动 Excel 组件。

2　在任务栏中启动Excel组件

将 Excel 组件固定到任务栏中，在任务栏中单击"Excel"图标，如下图所示，即可启动 Excel 组件。

1.2.2　退出Office 2019

退出 Office 2019 的方法相当简单，只需单击程序窗口右上角的"关闭"按钮即可。

例如，启动 Excel 2019 后，如果需要退出程序，可以单击右上角的"关闭"按钮，如右图所示，Excel 2019 即被关闭。

生存技巧　其他方式退出Office 2019

要退出 Office 2019，也可以在标题栏上右击，在弹出的快捷菜单中单击"关闭"命令。此外，还可以在任务栏中右击打开的文档，在弹出的快捷菜单中单击"关闭窗口"命令。

1.3　Office 2019的基本操作

启动 Office 2019 后，就需要开始了解 Office 2019 的基本操作，包括如何创建、打开、保存文件。

1.3.1　文件的创建

在 Office 中，既可以创建一个空白的文件，也可以基于模板或现有的文件创建新的文件。下面就以创建 Excel 工作簿为例介绍创建 Office 文件的方法。

1 ▷ 创建空白文件

当用户需要制作一个工作表的时候，往往都是从创建空白工作簿开始的。在已启动 Excel 的情况下，创建的空白工作簿将被自动命名为"工作簿 1"。

步骤01　创建空白工作簿

启动 Excel 2019 后，在开始屏幕单击"空白工作簿"图标，如下图所示。

步骤02　查看创建空白工作簿的效果

此时创建了一个空白的工作簿，自动命名为"工作簿 1"，如下图所示。

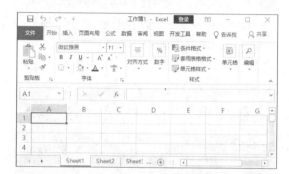

> **小提示**
>
> 除了通过单击"空白工作簿"图标来创建空白工作簿外，也可以通过按组合键【Ctrl+N】来直接新建空白工作簿。

2 ▷ 基于模板创建

模板包含固定的基本结构和格式设置。选择与要制作的工作簿具有类似结构和格式的模板创建工作簿后，再添加个性化的内容并稍做修改，就能完成所需工作簿的制作，可以大大节约时间。

原始文件：无

最终文件：下载资源\实例文件\01\最终文件\甘特项目规划器.xlsx

步骤01　选择模板

启动 Excel 2019，在开始屏幕中单击要创建的模板图标，如"甘特项目规划器"图标，如下图所示。

步骤02　单击"创建"按钮

弹出模板信息面板，单击"创建"按钮，如下图所示。

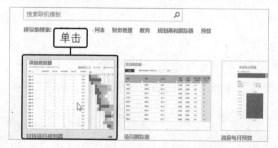

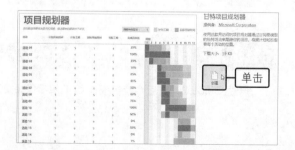

步骤03　查看创建工作簿的效果

此时基于模板创建了一个项目规划器的工作簿，如下图所示。

生存技巧　其他方式创建工作簿

在桌面空白处右击，在弹出的快捷菜单中单击"新建 >Microsoft Excel 工作表"命令，如下图所示，即可创建一个空白工作簿。

3　搜索联机模板创建

在 Excel 默认显示的模板中，也许没有需要的模板，此时可以在搜索框中输入模板信息关键词，然后查找联机模板来创建文件。

原始文件：无

最终文件：下载资源\实例文件\01\最终文件\现金流量表1.xlsx

步骤01　搜索联机模板

启动 Excel 2019，❶在开始屏幕的搜索框中输入要查找的模板信息关键词，如"现金流量表"，❷单击"开始搜索"按钮，如下图所示。

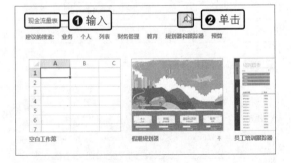

步骤02　选择模板

在搜索结果中单击需要的"现金流量表"模板，如下图所示。

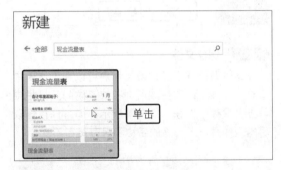

步骤03　单击"创建"按钮

弹出模板信息面板，单击"创建"按钮，如下图所示。

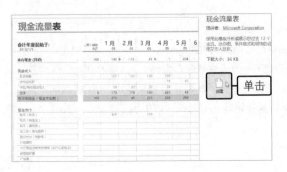

步骤04　查看创建工作簿的效果

此时基于联机模板创建了一个新工作簿，如下图所示。

1.3.2　文件的打开与保存

打开文件有两种方法：一种是使用对话框打开，另一种是通过"最近使用的文件"列表打开。打开并使用文件后，可对文件进行保存或另存为操作。下面同样以 Excel 2019 为例进行讲解。

1 打开文件并保存文件

在"打开"对话框中可以打开需要查看或编辑的文件。如果要保存修改后的文件，可以使用"保存"命令。

原始文件： 下载资源\实例文件\01\原始文件\员工一览表.xlsx
最终文件： 下载资源\实例文件\01\最终文件\员工一览表.xlsx

步骤01　单击"打开"命令

打开一个空白工作簿，❶在"文件"菜单中单击"打开"命令，❷在右侧的面板中单击"浏览"按钮，如下图所示。

步骤02　选择要打开的文件

弹出"打开"对话框，❶选择需要打开的工作簿，如"员工一览表"工作簿，❷单击"打开"按钮，如下图所示。

步骤03　保存文件

此时即打开了工作簿，用户可以在工作簿中修改工作表，修改完成后，在快速访问工具栏中单击"保存"按钮，如右图所示，即可保存修改后的工作簿，工作簿的名称和保存路径不变。

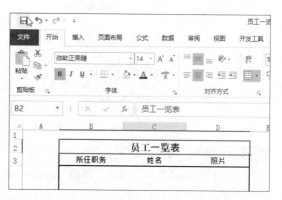

> **小提示**
>
> 在"文件"菜单中单击"保存"命令或按组合键【Ctrl+S】，也可以保存文件。

生存技巧　设置默认保存位置快速保存文件

Office 各组件默认的文件保存位置是"C:\Users\Administrator\Documents\"，如果该位置不符合用户的实际需求，则每次保存文件时都要重新设置保存路径。为了快速保存文件，可以更改默认保存位置。只需要单击"文件"按钮，在弹出的菜单中单击"选项"命令，在打开的对话框中切换至"保存"选项面板，勾选"默认情况下保存到计算机"复选框并设置"默认文件位置"的路径，再单击"确定"按钮即可。

生存技巧　**设置默认保存格式快速保存文件**

　　与设置默认保存路径相似，用户还可以设置各组件的默认保存格式。在任意组件界面单击"文件"按钮，在弹出的菜单中单击"选项"命令，在弹出的对话框中切换至"保存"选项面板，在"将文件保存为此格式"下拉列表中选择需要的保存格式选项，单击"确定"按钮，之后就会默认以新设置的格式保存文件。

2　**打开最近使用的文件并另存文件**

　　"最近使用的文档"列表列出了最近使用过的文件，以方便用户快速打开。打开并编辑文件后，如果既要保持原文件不变，又要保存已做的修改，则需使用"另存为"命令。

原始文件：下载资源\实例文件\01\原始文件\员工胸卡制作.xlsx
最终文件：下载资源\实例文件\01\最终文件\员工胸卡制作1.xlsx

步骤01　**打开文件**

　　启动 Excel 2019，在开始屏幕左侧的"最近使用的文档"列表中单击要打开的文件，如"员工胸卡制作 .xlsx"，如下图所示。

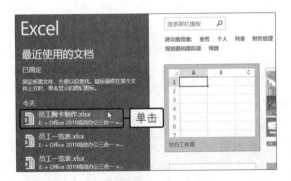

步骤02　**另存文件**

　　此时打开了最近使用的文件"员工胸卡制作 .xlsx"，对文件进行修改后，可以在"文件"菜单中单击"另存为 > 浏览"命令，如下图所示。

步骤03　**设置保存参数**

　　弹出"另存为"对话框，设置好保存文件夹后，❶在"文件名"文本框中输入新的文件名称，❷单击"保存"按钮，如下图所示。

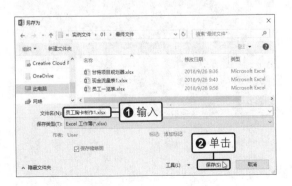

步骤04　**查看另存为的效果**

　　此时修改后的工作簿被另存为一个新的工作簿，可以看见标题栏中工作簿的名称发生了改变，如下图所示。

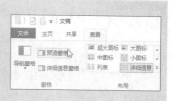
1.4 设置Office 2019的工作环境

设置 Office 2019 的工作环境，就是设置 Office 2019 工作界面的显示效果，包括设置界面的主题颜色、功能区中的功能按钮、快速访问工具栏中的快捷按钮等。

1.4.1 更改主题颜色

Office 软件界面的主题颜色并不是固定不变的，用户可以根据需要选择。

步骤01 单击"选项"命令

启动任意一个 Office 2019 组件，如 Word 组件，新建一个空白文档，单击"文件"按钮，在弹出的菜单中单击"选项"命令，如下图所示。

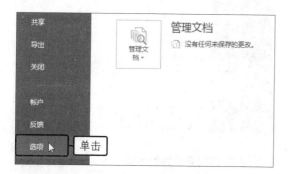

步骤02 设置主题颜色

弹出相应的选项对话框，❶在"常规"选项面板中单击"Office 主题"右侧的下三角按钮，❷在展开的列表中单击"黑色"选项，如下图所示。

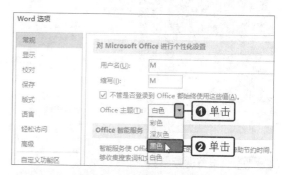

步骤03 查看设置效果

单击"确定"按钮，返回文档中，可看到设置 Office 主题颜色后的界面效果，如右图所示。

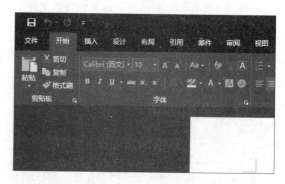

生存技巧 其他方式自定义Office主题颜色

单击"文件"按钮，在弹出的菜单中单击"账户"命令，在"账户"面板中单击"Office 主题"下三角按钮，在展开的列表中也可以选择 Office 主题颜色。

1.4.2　自定义功能区

用户可以自定义 Office 2019 的功能区，例如，在功能区中添加更多选项卡，并在选项卡中添加功能按钮。下面以 Word 2019 为例讲解具体操作。

步骤01　自定义功能区

启动 Word 2019，打开"Word 选项"对话框，单击"自定义功能区"选项，如下图所示。

步骤02　新建选项卡

❶单击"自定义功能区"列表框中的"开始"选项，❷单击"新建选项卡"按钮，如下图所示。

步骤03　重命名选项卡

此时在"开始"选项卡下方新建了一个选项卡，且包含一个新建组，❶单击"新建选项卡（自定义）"选项，❷单击"重命名"按钮，如下图所示。

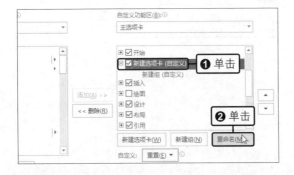

步骤04　输入名称

弹出"重命名"对话框，❶在"显示名称"文本框中输入"我常用的功能"，❷单击"确定"按钮，如下图所示。

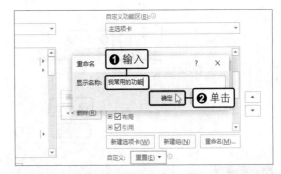

步骤05　重命名组

此时可以看见新建的选项卡被重新命名，❶单击"新建组（自定义）"选项，❷单击"重命名"按钮，如下图所示。

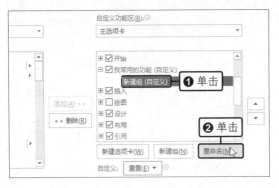

步骤06　输入名称

弹出"重命名"对话框，❶在"显示名称"文本框中输入"调整格式"，❷单击"确定"按钮，如下图所示。

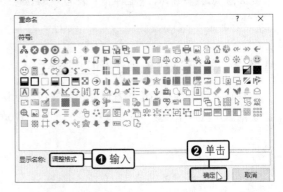

21

步骤07　添加功能按钮

在左侧的列表框中找到并选择要添加的功能，❶例如选择"格式刷"按钮，❷单击"添加"按钮，如下图所示。

步骤08　查看添加功能按钮的效果

此时在右侧列表框的"调整格式（自定义）"组下，添加了"格式刷"按钮，如下图所示。

步骤09　完成添加

重复同样的操作，❶选择需要的按钮进行添加，❷添加完毕后单击"确定"按钮，如下图所示。

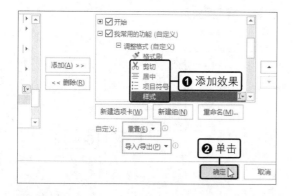

步骤10　查看自定义功能区的效果

返回到主界面，可看见增加了一个"我常用的功能"选项卡，此选项卡包含一个"调整格式"组，该组中包含自定义添加的功能按钮，如下图所示。

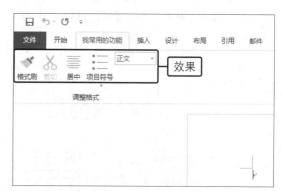

生存技巧　显示"开发工具"选项卡

默认情况下，Office 组件的"开发工具"选项卡是隐藏的，若要使用宏、控件或 VBA，需将其显示出来。打开任意组件的选项对话框，切换至"自定义功能区"选项面板，在右侧"自定义功能区"列表框中勾选"开发工具"复选框，如右图所示，最后单击"确定"按钮即可。

1.4.3　自定义快速访问工具栏

快速访问工具栏用于放置快捷功能按钮，默认包含的功能按钮有三个，为了方便操作，可以在快速访问工具栏中添加更多的功能按钮。下面以 Word 2019 为例进行介绍。

步骤01 添加功能按钮

打开"Word 选项"对话框，❶在左侧单击"快速访问工具栏"选项，❷在右侧面板中的"从下列位置选择命令"列表框中单击"查找"选项，❸单击"添加"按钮，如下图所示。

步骤02 单击"确定"按钮

❶此时可以看见"自定义快速访问工具栏"列表框中添加了"查找"选项，❷单击"确定"按钮，如下图所示。

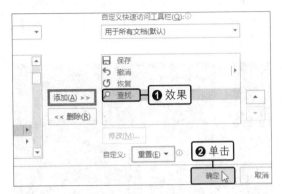

步骤03 查看自定义快速访问工具栏的效果

返回文档主界面，在快速访问工具栏中可以看到添加的功能按钮，如右图所示。

小提示

在快速访问工具栏中添加按钮还有两种方法：单击快速访问工具栏右侧的下三角按钮，在展开的下拉列表中单击需要添加的按钮；在功能区中右击要添加的按钮，在弹出的快捷菜单中单击"添加到快速访问工具栏"命令。

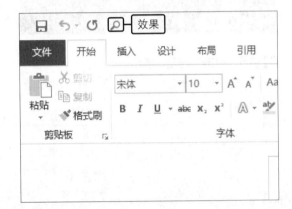

生存技巧 将快速访问工具栏恢复到默认状态

如果不再需要自定义添加的功能按钮，想要将快速访问工具栏恢复到默认状态，就要用到"重置"功能。打开任意组件的选项对话框，在左侧单击"快速访问工具栏"选项，再在右侧单击"重置"按钮，在展开的下拉列表中选择"仅重置快速访问工具栏"即可。

生存技巧 关闭浮动工具栏

浮动工具栏是自 Office 2007 开始加入的用于快速设置格式的工具栏。选择文本后，工具栏就会浮现在旁边，方便用户对字体、对齐方式、缩进等进行快速设置。但对于习惯使用功能区设置的用户来说，浮动工具栏可能会是累赘，此时可以将其关闭。只需要在组件的选项对话框中切换至"常规"选项面板，取消勾选"选择时显示浮动工具栏"复选框，再单击"确定"按钮即可。

1.5 实战演练——创建会议纪要

会议纪要是用于记载、传达会议情况和会议主要内容的公文，有一定的格式要求。用户可以使用 Word 2019 提供的模板来快速创建规范的会议纪要文档。

原始文件：无

最终文件：下载资源\实例文件\01\最终文件\会议纪要.docx

步骤01 启动Word 2019

❶单击桌面左下角的"开始"按钮，❷在打开的开始菜单中单击"Word"，启动该应用程序，如下图所示。

步骤03 单击"创建"按钮

弹出模板信息面板，单击"创建"按钮，如下图所示。

步骤05 保存会议纪要

根据需要在文档中编辑文本，然后单击"文件"按钮，❶在展开的菜单中单击"保存"命令，第一次保存将自动跳转到"另存为"命令，❷在右侧单击"浏览"按钮，如下图所示。

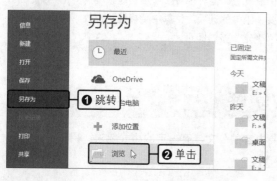

步骤02 选择模板

❶在开始屏幕的搜索框中输入"会议纪要"并搜索，❷在搜索结果中单击要使用的模板，如下图所示。

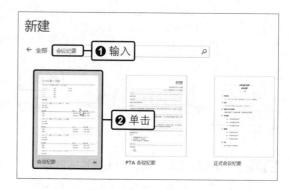

步骤04 查看创建文档的效果

此时即基于模板创建了一个会议纪要文档，如下图所示。

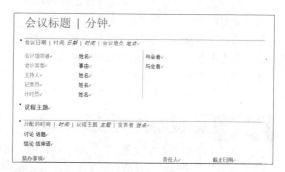

步骤06 设置保存参数

弹出"另存为"对话框，❶在"文件名"文本框中输入文件的名称，❷选择保存的文件夹，❸单击"保存"按钮，如下图所示。

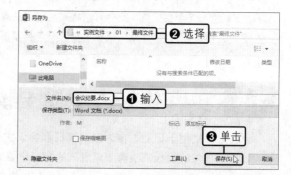

步骤07　查看保存后的效果

此时便保存了文档，在文档的标题栏可以看见此文档的名称，如下图所示。

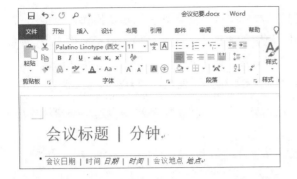

步骤08　关闭文档

❶右击标题栏的空白区域，❷在弹出的菜单中单击"关闭"命令，如下图所示，即可关闭文档。

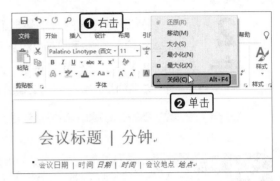

步骤09　查看保存的文档

打开保存文档的文件夹，可以看见创建的文档的图标，❶如果需要再次查看文档，可以右击文档图标，❷在弹出的快捷菜单中单击"打开"命令，如右图所示。

读书笔记

第2章 Word 2019基本操作

Word 是专业的文字处理工具。本章将讲解文字处理的基本操作，包括文本的输入、选择、剪切和复制、删除和修改、查找和替换，以及操作的撤销与重复等。此外还将讲解一些文字处理的辅助操作，包括拼写和语法的检查、文档的批注和修订、文档的加密、文档的朗读、使用不同方式查看文档等。

2.1 输入文本

文本是文档的核心内容，是文档不可或缺的部分。在 Word 文档中可以输入汉字、字母、数字、符号等文本内容。

2.1.1 输入中文、英文和数字文本

在键盘上敲击数字键和字母键，可直接输入数字文本和英文文本。若要输入中文，需使用中文输入法。系统自带的中文输入法为微软拼音输入法，用户也可以安装其他输入法。

> **原始文件**：下载资源\实例文件\02\原始文件\商业发票.docx
> **最终文件**：下载资源\实例文件\02\最终文件\输入中文、英文和数字文本.docx

步骤01 选择输入法

打开原始文件，❶单击"语言栏"中的语言按钮，❷在展开的列表中选择合适的输入法，如下图所示。

步骤02 输入中文和数字文本

❶将光标置于要输入中文文本的位置，在键盘上敲击字母键，组成拼音，可输入相应的中文文本；❷将光标置于要输入数字的位置，在键盘上敲击数字键可输入数字文本，如下图所示。

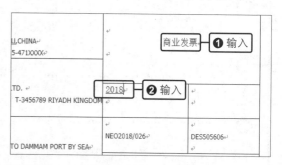

步骤03 转换输入法

按【Shift】键，可让输入法在中文和英文之间切换。当输入法状态栏中显示"英"字时，便已切换至英文输入法，在键盘上敲击字母键，就可以输入英文。输入完毕的效果如右图所示。

生存技巧　**快速将小写字母转化为大写字母**

在 Word 中可使用组合键切换英文大小写，【Shift+F3】【Ctrl+Shift+A】【Ctrl+Shift+K】组合键中任意一个均可。

例如，选择要转换的英文字母，首次按【Shift+F3】组合键，转换为大写，再次按【Shift+F3】组合键，转换为小写。

2.1.2　输入日期和时间

日期和时间是经常需要输入的数据之一，如感谢信落款时需要输入日期。在 Word 中可使用"日期和时间"对话框插入当前的日期和时间。

原始文件：下载资源\实例文件\02\原始文件\感谢信.docx
最终文件：下载资源\实例文件\02\最终文件\感谢信.docx

步骤01　**单击"日期和时间"按钮**

打开原始文件，❶单击要插入日期的位置，❷在"插入"选项卡下单击"日期和时间"按钮，如下图所示。

步骤02　**选择日期和时间格式**

弹出"日期和时间"对话框，❶设置"语言（国家／地区）"为"中文（中国）"，❷在"可用格式"列表框中双击要选择的格式，如下图所示。

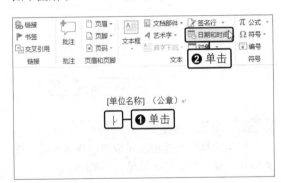

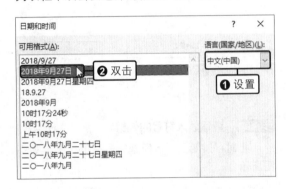

步骤03　**查看插入日期后的效果**

返回文档中，可以看到根据选择的格式插入系统当前日期后的效果，如右图所示。

生存技巧　**插入日期和时间的快捷键**

需要大量输入日期和时间时，使用对话框的方式就非常麻烦。在 Word 中可使用组合键快速输入系统当前的日期和时间。按【Alt+Shift+D】组合键，可输入当前日期；按【Alt+Shift+T】组合键，可输入当前时间，如右图所示。

2.1.3 输入符号

符号是具有某种特定意义的标识。能够直接用键盘输入的符号有限，用户可通过"符号"对话框输入各种各样的符号。

原始文件： 下载资源\实例文件\02\原始文件\出境货物报检单.docx
最终文件： 下载资源\实例文件\02\最终文件\输入符号文本.docx

步骤01 单击"其他符号"选项

打开原始文件，删除需要改动的符号，切换至"插入"选项卡，❶单击"符号"按钮，❷在展开的列表中单击"其他符号"选项，如下图所示。

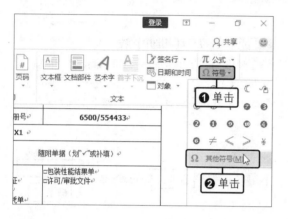

步骤02 选择符号

弹出"符号"对话框，❶在"符号"选项卡下的"字体"下拉列表框中选择合适的字体，❷单击需要的符号，❸单击"插入"按钮，如下图所示。

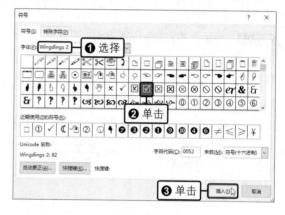

步骤03 查看插入符号的效果

此时可以看到插入所选符号后的效果，如下图所示。

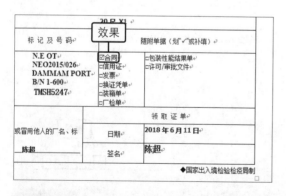

步骤04 继续插入符号

按照同样的方法删除不需要的符号，插入所需符号。插入完毕后的效果如下图所示。

生存技巧 轻松输入注册商标、版权符号

注册商标和版权符号在 Word 中可通过快捷键来输入。按【Alt+Ctrl+C】组合键可输入版权符号 ©，按【Alt+Ctrl+R】组合键可输入注册符号 ®，按【Alt+Ctrl+T】组合键可输入商标符号 ™。

2.1.4　输入带圈文本

带圈文本即文本被圈包围，例如，在实际工作中经常需要将带圈数字用于排序或者罗列项目。在 Word 中输入带圈文本非常方便。

1　输入10以内的带圈数字

若要输入 1 ～ 10 的带圈数字，可打开"符号"对话框，双击需要插入的符号即可，将光标移至其他位置，可继续输入带圈数字。

原始文件：下载资源\实例文件\02\原始文件\日常用品采购清单.docx
最终文件：下载资源\实例文件\02\最终文件\输入10以内的带圈数字.docx

步骤01　选择并插入符号

打开原始文件，将光标定位在要插入带圈数字的位置，按照上一小节的方法打开"符号"对话框，❶选择要插入的带圈数字"①"，❷单击"插入"按钮，如下图所示。

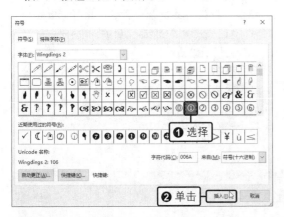

步骤02　查看插入符号的效果

此时光标定位处插入了带圈数字"①"，利用同样的方法，在文档的其他位置插入 2 ～ 10 的带圈数字，如下图所示。

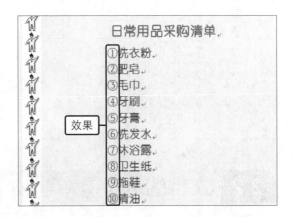

> **小提示**
>
> 需要重复插入符号时，可以不必关闭"符号"对话框，直接将光标定位在其他需要插入符号的位置，选择合适的符号插入即可。

2　输入10以上的带圈数字

若项目数量超过了 10，需要输入 10 以上的带圈数字，在 Word 中可使用"带圈字符"功能实现。实际上，使用此功能可以输入任意带圈字符。

原始文件：下载资源\实例文件\02\原始文件\输入10以内的带圈数字.docx
最终文件：下载资源\实例文件\02\最终文件\输入10以上的带圈数字.docx

步骤01　单击"带圈字符"按钮

打开原始文件，将光标定位在要插入字符的位置，在"开始"选项卡下单击"字体"组中的"带圈字符"按钮，如下左图所示。

步骤02　设置带圈字符

弹出"带圈字符"对话框，❶选择"缩小文字"样式，❷在"文字"文本框中输入"11"，❸在"圈号"列表框中单击圆圈，❹单击"确定"按钮，如下右图所示。

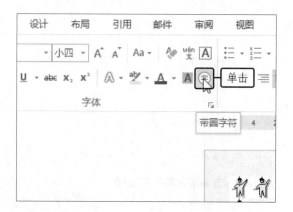

步骤03　查看插入符号的效果

此时插入了数字为 11 的带圈字符，采用同样的方法，输入其他 10 以上的带圈字符，如下图所示。

生存技巧　输入数学公式

数学公式在 Word 中是难以直接输入的，特别是有根号的复杂公式等，此时可以使用 Word 的公式编辑功能达到目的。

切换至"插入"选项卡，单击"公式"下三角按钮，在展开的下拉列表中单击需要的公式模板选项，或者单击"插入公式"选项，此时会出现"公式工具 - 设计"选项卡，即可进行公式的输入与编辑。

2.2　文档的编辑操作

在文档中输入文本内容后，可对其进行编辑。文档的编辑操作包括选择文本、剪切和复制文本、删除和修改文本、查找和替换文本、操作的撤销或重复。

2.2.1　选择文本

要对 Word 文档中的文本内容进行操作，首先需要选择这些内容。选择文本的方式有很多种，可以选择一个词组、一个整句、一行或整个文档内容。

原始文件: 下载资源\实例文件\02\原始文件\考勤管理制度.docx
最终文件: 无

步骤01　选择一个词组

打开原始文件，将鼠标指针定位在词组"工作时间"的第一个字的左侧，双击鼠标即可选择该词组，如下左图所示。

步骤02　选择一个整句

按住【Ctrl】键不放，在要选择的句子中单击，即可选择一个整句，如下右图所示。

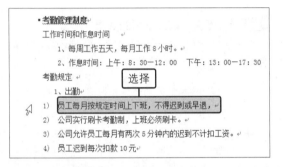

步骤03　选择一行

将鼠标指针指向一行的左侧，当指针呈右斜箭头形状时，单击鼠标，即可选择指针右侧的一行文本，如下图所示。

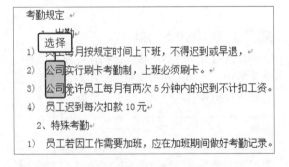

步骤04　选择任意的连续文本

将鼠标指针定位在要选择的文本的最左侧，拖动鼠标，即可选择任意连续的文本内容，如下图所示。

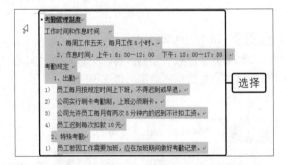

步骤05　纵向选择文本

按住【Alt】键不放，纵向拖动鼠标，可选择任意的纵向连续文本，如下图所示。

步骤06　选择所有的文本

将鼠标指针指向整个文档的左侧，当指针呈右斜箭头形状时，三击鼠标，即可选择整个文档的文本内容，如下图所示。

小提示

将鼠标指针指向某个文本段落的左侧，当指针呈右斜箭头形状时，双击鼠标，可选择该段落。

生存技巧　选择不连续的文本

在实际工作中，通常都是使用拖动鼠标的方式来选择文本。若要选择多处不连续的文本，光凭鼠标拖动是不能实现的，还需配合使用【Ctrl】键。具体方法为：先拖动鼠标选择一处文本，然后按住【Ctrl】键，继续在文档中拖动鼠标选择其他需要的文本。

> **生存技巧** 快速获得整篇文档的统计数值
>
> 在状态栏中可以查看文档的页数和字数统计，若要查看更多的统计数值，包括字符数（不计空格）、字符数（计空格）、段落数、行数等，只需要在"审阅"选项卡中单击"字数统计"按钮，即可在弹出的"字数统计"对话框中查看详细的统计信息。

2.2.2 剪切和复制文本

剪切和复制文本，都可以将文本放入剪贴板，不同的是剪切文本后原文本被删除，而复制文本则是生成一样的新文本。

原始文件： 下载资源\实例文件\02\原始文件\考勤管理制度.docx
最终文件： 下载资源\实例文件\02\最终文件\剪切和复制文本.docx

步骤01 剪切文本

打开原始文件，❶选择暂时不用的文本内容，❷在"开始"选项卡下单击"剪贴板"组中的"剪切"按钮，如下图所示。

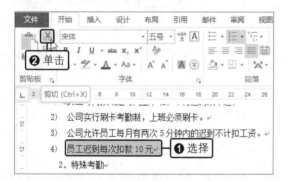

步骤02 查看剪切文本后的效果

此时可以看见文档中所选择的内容已被剪切，不再显示，如下图所示。

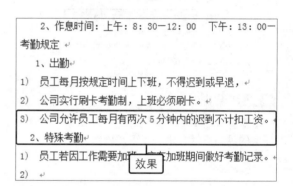

步骤03 单击对话框启动器

如果要查看被剪切的内容，可以单击"剪贴板"组中的对话框启动器，如下图所示。

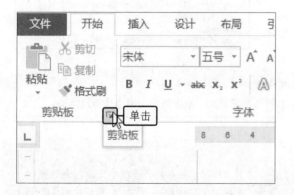

步骤04 查看剪切的内容

此时打开了"剪贴板"窗格，在窗格中可以看见剪切的内容，如果要重新使用这些内容，可以将内容粘贴到文档中，如下图所示。

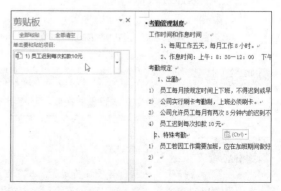

步骤05　复制文本

❶选择需要复制的文本内容，❷在"剪贴板"组中单击"复制"按钮，如下图所示。

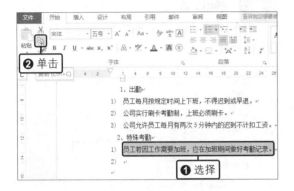

步骤06　粘贴文本

将光标定位在需要粘贴内容的位置，❶在"剪贴板"组中单击"粘贴"下三角按钮，❷在展开的列表中单击"只保留文本"选项，如下图所示。

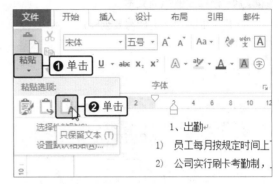

步骤07　查看粘贴文本后的效果

此时在光标定位处出现了和步骤 05 中所选文本一样的文本内容，如下图所示。

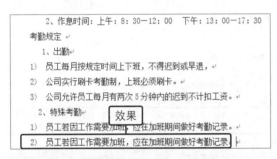

步骤08　修改文本

在复制粘贴后的文本中稍做修改，即可快速完成文档的编辑，如下图所示。

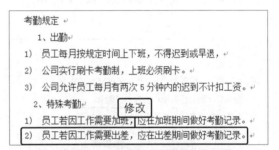

生存技巧　快速复制、移动文本

若要快速复制文本，可使用复制快捷键【Ctrl+C】配合粘贴快捷键【Ctrl+V】，而移动文本可使用剪切快捷键【Ctrl+X】配合粘贴快捷键【Ctrl+V】。需要注意的是，使用这些快捷键复制和移动文本后，粘贴的不仅是文本的内容，文本的格式也有可能会被粘贴，如果只想粘贴文本内容，可使用选择性粘贴功能。

生存技巧　强大的选择性粘贴功能

Word 具有强大的选择性粘贴功能。复制文本内容后，在"剪贴板"组中单击"粘贴"下三角按钮，在展开的下拉列表中单击"选择性粘贴"选项，在弹出的"选择性粘贴"对话框中单击"粘贴"单选按钮，在右侧"形式"列表框中可看到多个粘贴选项，如右图所示。选择一个粘贴选项后单击"确定"按钮，即可得到相应的粘贴结果。

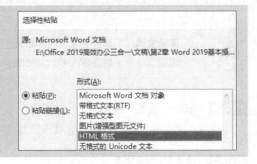

2.2.3　删除和修改文本

删除文本内容是指将文本从文档中清除。修改文本内容是指选择文本后，在原文本的位置上输入新的文本内容。

原始文件：下载资源\实例文件\02\原始文件\剪切和复制文本.docx
最终文件：下载资源\实例文件\02\最终文件\删除和修改文本.docx

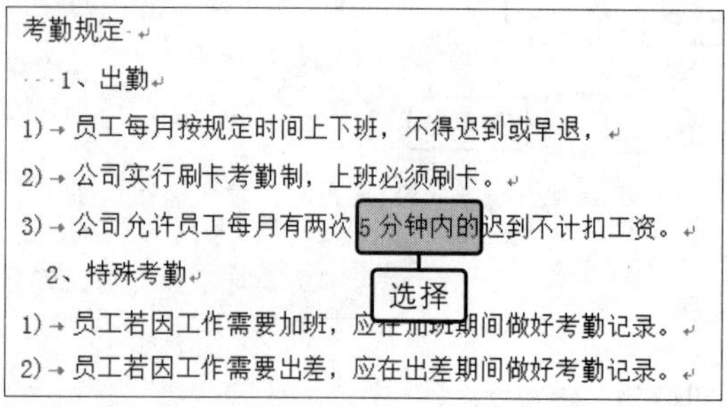

步骤01 选择要删除的文本

打开原始文件，选择需要删除的文本内容，如下图所示。

考勤规定
1、出勤
1) 员工每月按规定时间上下班，不得迟到或早退，
2) 公司实行刷卡考勤制，上班必须刷卡。
3) 公司允许员工每月有两次5分钟内的迟到不计扣工资。
2、特殊考勤
1) 员工若因工作需要加班，应在加班期间做好考勤记录。
2) 员工若因工作需要出差，应在出差期间做好考勤记录。

步骤02 删除文本

按【Delete】键，可以看到所选文本已被删除，如下图所示。

考勤规定
1、出勤
1) 员工每月按规定时间上下班，不得迟到或早退，
2) 公司实行刷卡考勤制，上班必须刷卡。
3) 公司允许员工每月有两次迟到不计扣工资。
2、特殊考勤
1) 员工若因工作需要加班，应在加班期间做好考勤记录。
2) 员工若因工作需要出差，应在出差期间做好考勤记录。

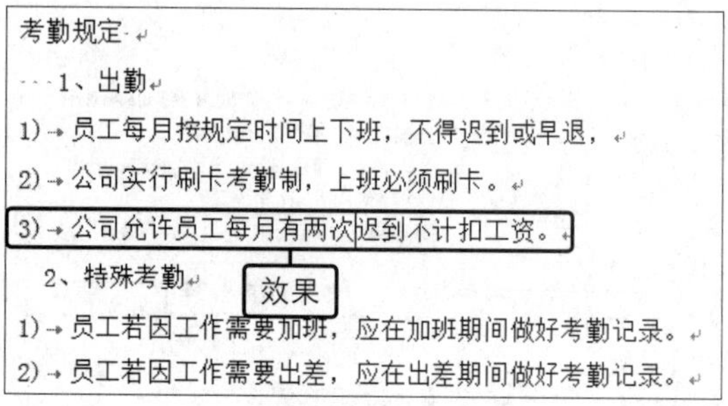

步骤03 选择要修改的文本

选择需要修改的文本内容，如下图所示。

考勤规定
1、出勤
1) 员工每月按规定时间上下班，不得迟到或早退，
2) 公司实行刷卡考勤制，上班必须刷卡。
3) 公司允许员工每月有两次迟到不计扣工资。
2、特殊考勤
1) 员工若因工作需要加班，应在加班期间做好考勤记录。
2) 员工若因工作需要出差，应在出差期间做好考勤记录。

步骤04 输入新的文本

直接输入新的文本内容，完成修改，如下图所示。

考勤规定
1、出勤
1) 员工每月按规定时间上下班，不得迟到或早退，
2) 公司实行刷卡考勤制，上班必须刷卡。
3) 公司允许员工每月有两次迟到，当迟到时间在半个小时以内，不计扣工资，超过半个小时，以旷工处理。
2、特殊考勤
1) 员工若因工作需要加班，应在加班期间做好考勤记录。
2) 员工若因工作需要出差，应在出差期间做好考勤记录。

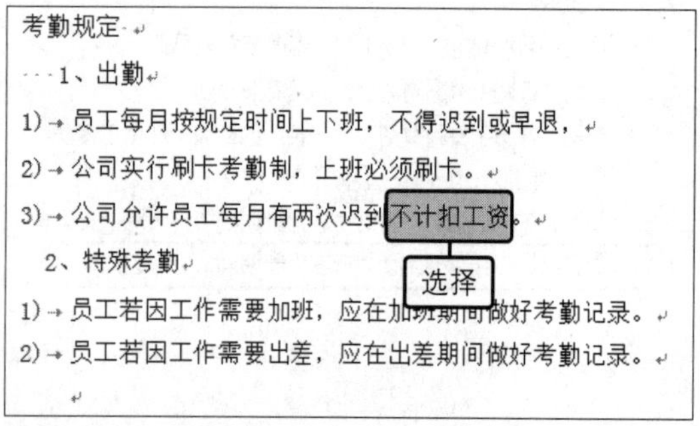

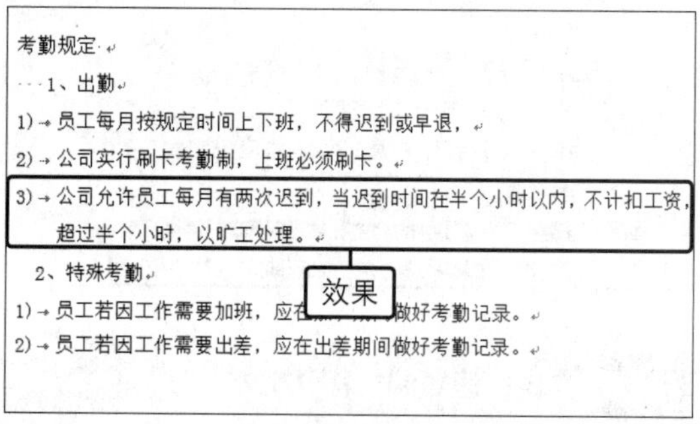

2.2.4 查找和替换文本

如果需要在一个内容较多的文档中快速地查看某项内容，可输入内容中包含的一个词组或一句话，进行快速查找。在文档中发现错误后，如果要修改多处相同内容，可以使用替换功能。

原始文件：下载资源\实例文件\02\原始文件\删除和修改文本.docx
最终文件：下载资源\实例文件\02\最终文件\查找和替换文本.docx

步骤01 单击“替换”按钮

打开原始文件，在“开始”选项卡下单击“编辑”组中的“替换”按钮，如下左图所示。

步骤02 输入并查找文本

弹出“查找和替换”对话框，❶切换到“查找”选项卡，❷在“查找内容”文本框中输入需要查找的内容“每月”，❸单击“查找下一处”按钮，如下右图所示。

步骤03　查看查找文本的效果

此时可以看见查找到的第一处"每月"文本内容，如下图所示。继续单击"查找下一处"按钮，可查找其他的"每月"文本内容。

步骤04　突出显示文本

为了方便用户查看文档中的所有"每月"文本内容，可以将内容突出显示。在"查找和替换"对话框中单击"阅读突出显示"按钮，在展开的下拉列表中单击"全部突出显示"选项，如下图所示。

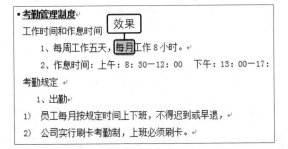

步骤05　查看突出显示文本的效果

此时所有"每月"文本内容都被加上黄色背景，如下图所示。

步骤06　输入替换内容

如果查找时发现只是部分内容有误，❶可切换到"替换"选项卡，❷在"替换为"文本框中输入替换内容，如输入"每天"，❸单击"查找下一处"按钮，如下图所示。

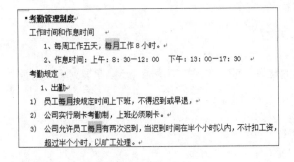

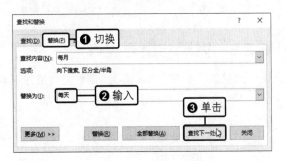

步骤07　查找需要替换的文本

此时系统自动选择第一处"每月"文本内容，根据上下文判断出此处有误，如下左图所示。

步骤08　单击"替换"按钮

在"查找和替换"对话框中单击"替换"按钮，如下右图所示。

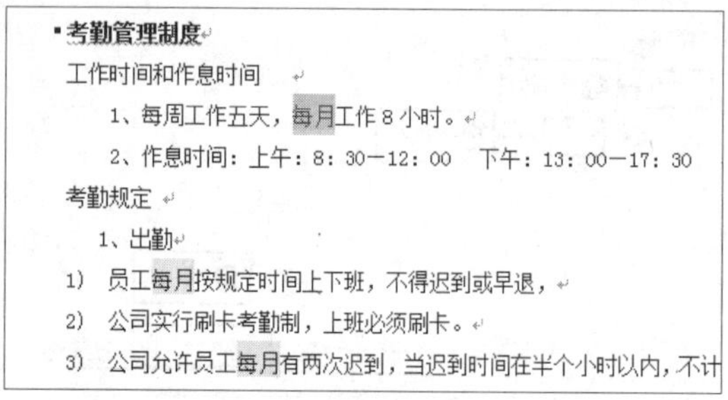

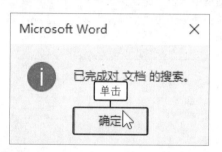

步骤09 单击"确定"按钮

继续查找和替换其他有错的文本，完成替换后弹出提示框，提示用户已完成对文档的搜索，单击"确定"按钮，如下图所示。

步骤10 查看替换文本后的效果

返回文档中，可以看见错误的文本内容已被替换成正确的文本内容，如下图所示。

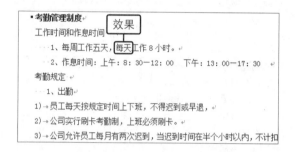

> **生存技巧** 使用通配符查找和替换
>
> Word 中的查找和替换功能非常强大，除了正文介绍的方法外，还可以使用通配符进行模糊查找，如使用星号"*"通配符可查找字符串，使用问号"?"通配符可查找任意单个字符。

> **生存技巧** 使用"导航"窗格查找
>
> 在 Word 中还可以使用"导航"窗格来查找文本。在"视图"选项卡下勾选"导航窗格"复选框，在文档左侧展开的"导航"窗格的文本框中输入要查找的文本内容，文本框下方即会显示查找结果列表，单击列表中的项目可跳转至文档中的相应位置。

2.2.5 撤销与重复操作

如果某一步操作出现错误，要恢复到操作之前的状态，可以使用撤销功能。而如果要对多个对象应用同一个操作，可以使用重复操作的功能。

原始文件: 下载资源\实例文件\02\原始文件\鞋子的种类.docx
最终文件: 下载资源\实例文件\02\最终文件\撤销与重复操作.docx

步骤01 改变图片大小

打开原始文件，拖动图片任一角上的控点调整图片的大小，如下左图所示。

步骤02 撤销操作

释放鼠标后，图片的大小发生改变，使图片自动换到了下一行，不利于文档的排版，此时单击快速访问工具栏中的"撤销"按钮，如下右图所示。

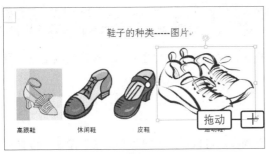

步骤03　撤销操作后的效果

随即撤销了上一步的操作，使图片恢复到最初的样子，如下图所示。

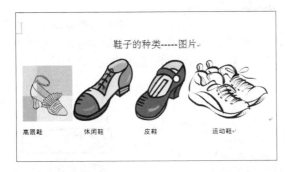

步骤05　重复操作

❶选择第二张图片，❷在快速访问工具栏中单击"重复"按钮，如下图所示。

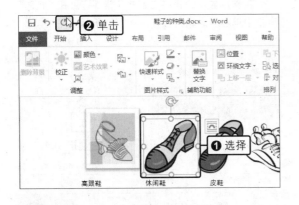

步骤04　应用图片样式

选择第一张图片，切换到"图片工具 - 格式"选项卡，在"图片样式"组中选择样式库中的"简单框架，白色"样式，为第一张图片应用该样式，如下图所示。

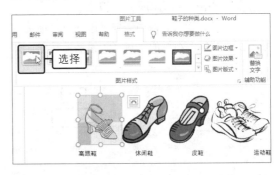

步骤06　查看重复操作后的效果

此时重复了上一步的操作，为第二张图片应用了相同的样式。使用相同方法为文档中的其他图片应用该样式，效果如下图所示。

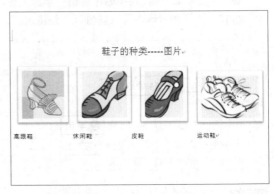

生存技巧　一次撤销多个操作

如果想快速撤销多个操作步骤，使用连续单击"撤销"按钮的方式不仅浪费时间，还不一定能够得到准确的操作结果，此时可以单击"撤销"按钮右侧的下三角按钮，在展开的下拉列表中选择要撤销至的操作即可，如右图所示。

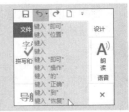

2.3 快速查错

在文档中快速查找错误包括使用"拼写和语法"检查错误，使用"批注"标注有错误的地方，最后可以使用"修订"功能来修改错误。

2.3.1 检查拼写和语法错误

在文档中输入了大量的内容后，为了提高内容的正确率，可以利用"拼写和语法"按钮来检查文档中是否存在错误。

原始文件： 下载资源\实例文件\02\原始文件\工资制定方案.docx
最终文件： 下载资源\实例文件\02\最终文件\检查拼写和语法错误.docx

步骤01 单击"拼写和语法"按钮

打开原始文件，❶切换到"审阅"选项卡，❷单击"校对"组中的"拼写和语法"按钮，如下图所示。

步骤02 查看错误

在打开的"校对"窗格中可以查看错误的内容，如下图所示。此处"动合同"应为"劳动合同"，需在文档中进行相应修改。

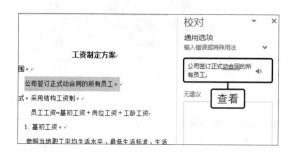

步骤03 查看其他错误

❶在文档中改正错误后，❷在窗格中单击"继续"按钮，如下图所示，可以查看下一处错误。

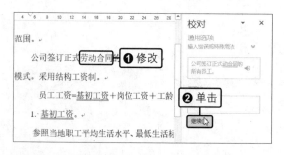

步骤04 忽略错误

若确定显示的错误内容并非错误，可在"校对"窗格中单击"忽略"按钮，如下图所示。

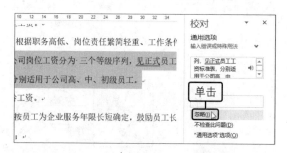

步骤05 完成检查

检查完成后，会弹出提示框，提示用户"拼写和语法检查完成"，单击"确定"按钮，如右图所示。

2.3.2　使用批注

当检查到文档中有错误时，可以在错误的位置插入批注，说明错误的原因或修改建议。

原始文件：下载资源\实例文件\02\原始文件\检查拼写和语法错误.docx
最终文件：下载资源\实例文件\02\最终文件\使用批注.docx

步骤01　新建批注

打开原始文件，❶选择需要添加批注的内容，❷切换到"审阅"选项卡，❸单击"批注"组中的"新建批注"按钮，如下图所示。

步骤02　输入批注的内容

此时在文档中插入了一个批注，在批注文本框中输入错误的原因或修改建议，如下图所示。

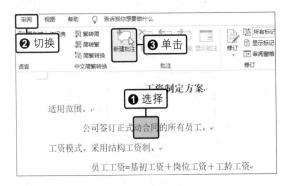

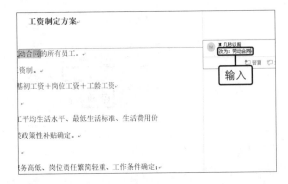

步骤03　查看插入批注后的效果

利用同样的方法，在文档的其他位置插入批注，并输入批注内容，如右图所示。

生存技巧　快速定位批注

在"查找和替换"对话框中，可以使用"定位"功能快速将光标定位至指定位置，例如将光标快速定位至"批注"中。具体方法是：打开"查找和替换"对话框，切换至"定位"选项卡，在"定位目标"列表框中单击"批注"选项，在右侧"请输入审阅者姓名"下拉列表框中选择需要的选项，再单击"下一处"按钮，即可将光标定位到该审阅者的批注上。

生存技巧　批注的完成、删除和答复

若插入在文档中的批注已经达到目的，为了不让批注影响文档的查看，可以将批注标记为完成，具体方法是：右击需要标记为完成的批注，在弹出的快捷菜单中单击"将批注标记为完成"命令。如果想要删除该批注，则在弹出的快捷菜单中单击"删除批注"命令。如果想要答复批注者所批注的问题，则在弹出的快捷菜单中单击"答复批注"命令。

2.3.3 修订文档

如果要跟踪对文档的所有修改，了解修改的过程，可启用修订功能来修订文档。

原始文件：下载资源\实例文件\02\原始文件\使用批注.docx
最终文件：下载资源\实例文件\02\最终文件\修订文档.docx

步骤01　启用修订

打开原始文件，❶在"审阅"选项卡下单击"修订"组中的"修订"下三角按钮，❷在展开的下拉列表中单击"修订"选项，如下图所示。

步骤02　查看修订文本的效果

此时进入修订状态，用户可以参照批注对文档进行修改，删除和插入的内容均会被标记出来，如下图所示。

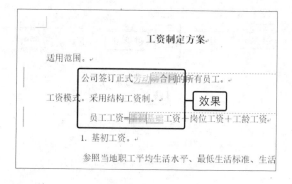

步骤03　打开审阅窗格

如果要查看修订的内容，❶可在"修订"组中单击"审阅窗格"右侧的下三角按钮，❷在展开的下拉列表中选择审阅窗格样式，如单击"垂直审阅窗格"选项，如下图所示。

步骤04　查看修订的明细

此时在文档的左侧显示了垂直审阅窗格，在该窗格中可以查看所有的批注内容和修订内容，如下图所示。

步骤05　接受修订

如果确认文中的修订均正确，❶在"更改"组中单击"接受"下三角按钮，❷在展开的列表中单击"接受所有修订"选项，如右图所示。

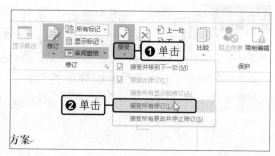

步骤06　查看接受修订的效果

此时接受了所有修订，修订的标记被清除，如下图所示。

有时文档可能会被多个审阅者修订，若要进行文档修改就比较麻烦，此时可以使用"合并"文档功能将多个修订合并到一个文档中。只需要在"审阅"选项卡下单击"比较"按钮，在展开的下拉列表中单击"合并"选项，弹出"合并文档"对话框，设置原文档和修订的文档后，单击"确定"按钮即可。

步骤07　删除批注

完成修订后，文档中的批注就没用了，❶在"批注"组中单击"删除"下三角按钮，❷在展开的列表中单击"删除文档中的所有批注"选项，如下图所示。

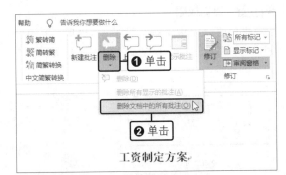

步骤08　退出修订状态

此时文档中的所有批注被删除。最后在"修订"组中单击"修订"按钮，结束文档的修订状态，如下图所示。

生存技巧　**更改批注和修订选项**

在 Word 中，默认的批注和修订格式是可以更改的。在"审阅"选项卡下单击"修订"组中的对话框启动器，弹出"修订选项"对话框，单击其中的"高级选项"按钮，在弹出的对话框中可自定义插入和删除内容的标记样式和颜色、批注框样式等。

2.4　加密文档

为了保护文档，可以设置文档的访问权限，防止无关人员访问文档，也可以设置文档的修改权限，防止文档被恶意修改。

2.4.1　设置文档的访问权限

在日常工作中，很多文档都需要保密，并不是任何人都能查看，此时可为文档设置密码来保护文档。

原始文件： 下载资源\实例文件\02\原始文件\修订文档.docx
最终文件： 下载资源\实例文件\02\最终文件\设置文档的访问权限.docx

步骤01　用密码进行加密

打开原始文件，在"文件"菜单中单击"信息"命令，❶在右侧的面板中单击"保护文档"按钮，❷在展开的下拉列表中单击"用密码进行加密"选项，如下图所示。

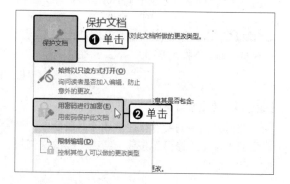

步骤02　输入密码

弹出"加密文档"对话框，❶在"密码"文本框中输入"123456"，❷单击"确定"按钮，如下图所示。

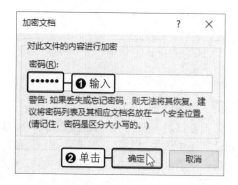

步骤03　确认密码

弹出"确认密码"对话框，❶在"重新输入密码"文本框中输入"123456"，❷单击"确定"按钮，如下图所示。

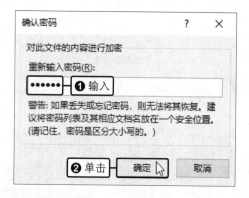

步骤04　查看权限

此时在"保护文档"下方可以看见设置的权限内容，即"必须提供密码才能打开此文档"，如下图所示。

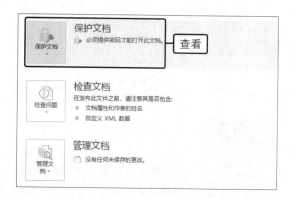

生存技巧　取消文档的密码保护

只有输入正确的密码才能打开用密码进行加密的文档。若要删除文档的密码，需在打开文档后，单击"文件 > 信息"命令，在右侧的面板中单击"保护文档 > 用密码进行加密"选项，如右图所示，在弹出的"加密文档"对话框中删除密码，单击"确定"按钮后保存文档，即可删除文档的密码。

2.4.2　设置文档的修改权限

若文档允许被其他人查看，但不允许被其他人修改，可以为文档设置修改权限。

原始文件：下载资源\实例文件\02\原始文件\修订文档.docx

最终文件：下载资源\实例文件\02\最终文件\设置文档的修改权限.docx

步骤01　限制编辑

打开原始文件，切换到"审阅"选项卡，单击"保护"组中的"限制编辑"按钮，如下图所示。

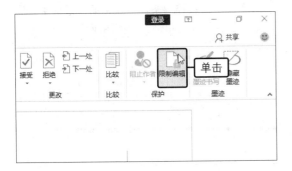

步骤02　启动强制保护

打开"限制编辑"窗格，❶在"编辑限制"选项组下勾选"仅允许在文档中进行此类型的编辑"复选框，❷设置编辑限制为"不允许任何更改（只读）"，❸单击"是，启动强制保护"按钮，如下图所示。

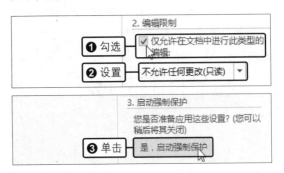

步骤03　输入密码

弹出"启动强制保护"对话框，❶在"新密码"文本框中输入"123"，在"确认新密码"文本框中再次输入"123"，❷单击"确定"按钮，如下图所示。

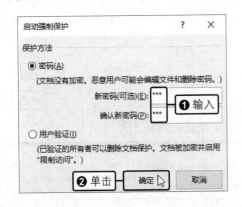

步骤04　查看设置权限后的效果

此时在"限制编辑"窗格中可以看见设置好的权限内容，如下图所示。当其他用户试图编辑文档时，可发现无法进行编辑。

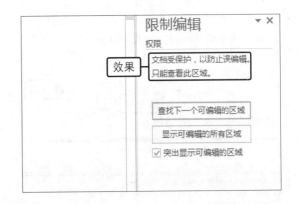

生存技巧　将文档标记为最终状态

为了让其他人了解某个文档是已完成的最终版本，可应用"标记为最终状态"命令。该命令还可防止审阅者或读者无意中更改文档。单击"文件"按钮，在弹出的菜单中单击"信息"命令，在右侧面板中单击"保护文档"按钮，在展开的下拉列表中单击"标记为最终状态"选项即可。

2.5　朗读文档

Word 2019 中的朗读工具可将文档中的文本使用内置的语音引擎朗读出来，还可以控制朗读的速度和声音。

原始文件：下载资源\实例文件\02\原始文件\朗读文档.docx
最终文件：无

步骤01　启动朗读工具

打开原始文件，将光标定位至要开始朗读的位置，在"审阅"选项卡下的"语音"组中单击"朗读"按钮，如下图所示。

步骤02　收听朗读效果

此时可听到朗读效果。文档编辑区的右上角会出现一个播放控制条，并且在朗读过程中会突出显示正在朗读的单词，如下图所示。

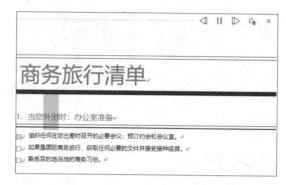

步骤03　调整朗读速度

❶单击播放控制条中的"设置"按钮，❷在展开的列表中拖动"阅读速度"下的滑块，可调节朗读的速度，如下图所示。在"语音选择"下拉列表框中还可以切换朗读的声音。

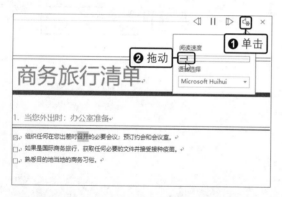

步骤04　朗读下一段

如果要在朗读过程中快速切换至下一段落中开始朗读，可单击播放控制条中的"下一个"按钮，如下图所示。单击"播放"按钮可暂停/继续朗读。

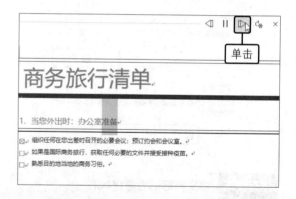

2.6　使用学习工具阅读文档

想要让文档的阅读更加流畅，可使用学习工具中的列宽、页面颜色、文字间距等功能来提高文档的易读性，具体的操作方法如下。

原始文件：下载资源\实例文件\02\原始文件\使用学习工具阅读文档.docx
最终文件：无

步骤01　打开学习工具

打开原始文件，在"视图"选项卡下的"沉浸式"组中单击"学习工具"按钮，如下图所示。

步骤02　更改文字间距

单击"文字间距"按钮，如下图所示。此时会自动增加字间距和行间距。

步骤03　更改列宽

❶在"沉浸式 - 学习工具"选项卡下单击"列宽"按钮，❷在展开的列表中单击"适中"选项，如下图所示。

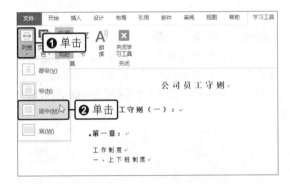

步骤04　更改页面颜色

❶在"沉浸式 - 学习工具"选项卡下单击"页面颜色"按钮，❷在展开的列表中单击"棕褐"选项，如下图所示。

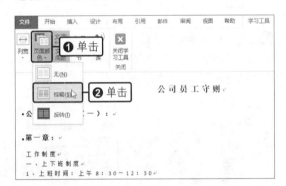

步骤05　关闭学习工具

使用完学习工具后，在"沉浸式 - 学习工具"选项卡下单击"关闭学习工具"按钮，如右图所示，即可关闭学习工具。

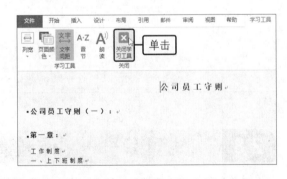

2.7　使用翻页工具查看文档

若要让 Word 文档的页面自动变成类似图书一样的左右式翻页，可使用 Word 2019 新增的翻页功能。要说明的是，进入翻页状态后，无法调整文档的显示比例，如果文档中文本内容的字号比较小，反而会变得难以阅读。

原始文件：下载资源\实例文件\02\原始文件\使用翻页工具查看文档.docx
最终文件：无

步骤01　启动翻页功能

打开原始文件，在"视图"选项卡下的"页面移动"组中单击"翻页"按钮，如下图所示。

步骤02　查看翻页效果

此时窗口中会并排显示两个页面，滚动鼠标滚轮，可从右到左或者从左到右翻动页面，如下图所示。

步骤03　启用缩略图功能

在"视图"选项卡下的"显示比例"组中单击"缩略图"按钮，如下图所示。

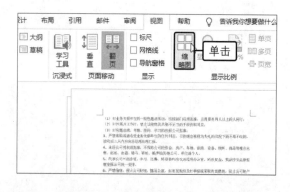

步骤04　查看全部页面

此时可看到所有页面的缩略图，如下图所示。单击某个页面的缩略图可跳转至该页面。单击"页面移动"组中的"垂直"按钮可退出翻页状态。

2.8　实战演练——制作邀请函

邀请函是邀请亲朋好友、知名人士、专家等参加某项活动时所发的请约性书信。它是常用的一种应用写作文种，在制作时可以使用拼写检查功能确保文档内容的准确性。

原始文件：无
最终文件：下载资源\实例文件\02\最终文件\邀请函.docx

步骤01　选择输入法

　　新建空白 Word 文档，单击"语言栏"中的语言按钮，在展开的列表中选择合适的输入法，如下图所示。

步骤03　检查文本

　　为了保证邀请函内容的正确，切换到"审阅"选项卡，单击"校对"组中的"拼写和语法"按钮，如下图所示。

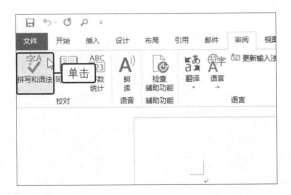

步骤05　修改错误

　　将光标定位在文档中有错误的地方，将输入错误的内容修改正确，如下图所示。

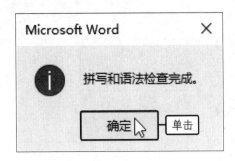

步骤02　输入文本内容

　　使用输入法在文档中输入邀请函的文本内容，如下图所示。

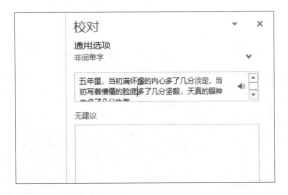

步骤04　查看错误

　　在打开的"校对"窗格中可以看到错误的内容，如下图所示。

步骤06　完成检查

　　弹出提示框，提示拼写和语法检查已完成，单击"确定"按钮，如下图所示。

步骤07 **完成邀请函的制作**

返回文档中，可看到拼写和语法检查后的效
果，如右图所示。

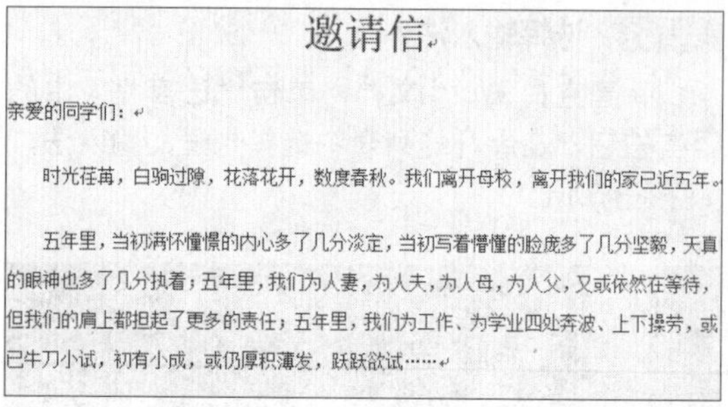

邀请信

亲爱的同学们：

时光荏苒，白驹过隙，花落花开，数度春秋。我们离开母校，离开我们的家已近五年。

五年里，当初满怀憧憬的内心多了几分淡定，当初写着懵懂的脸庞多了几分坚毅，天真
的眼神也多了几分执着；五年里，我们为人妻，为人夫，为人母，为人父，又或依然在等待，
但我们的肩上都担起了更多的责任；五年里，我们为工作、为学业四处奔波、上下操劳，或
已牛刀小试，初有小成，或仍厚积薄发，跃跃欲试……

读书笔记

<table>
<tr><td>

第 3 章

</td><td>

文档的排版与美化

　　一个精美的文档要有合理的排版方式和美化效果。要对文档进行排版和美化，应该从设置文档的页面布局、设置字体格式和段落格式、添加页眉和页脚等方面入手。对文档的这些方面进行设置后，整个文档看起来会更加整洁、精致、美观。

</td></tr>
</table>

3.1 设置页面布局

　　设置文档的页面布局包括设置纸张的大小和方向、文档的页边距、文档的页面背景等。

3.1.1 设置纸张大小和方向

　　当文档中的文本内容不满一页的时候，可以对文档的纸张大小和方向稍做修改，使整个版面看起来更加饱满。

原始文件： 下载资源\实例文件\03\原始文件\年薪制定方案.docx
最终文件： 下载资源\实例文件\03\最终文件\设置纸张大小和方向.docx

步骤01　单击"其他纸张大小"选项

　　打开原始文件，切换到"布局"选项卡，❶在"页面设置"组中单击"纸张大小"按钮，❷在展开的列表中单击"其他纸张大小"选项，如下图所示。

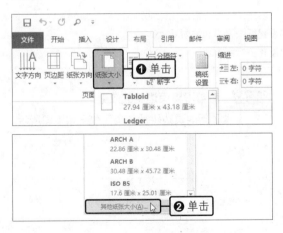

步骤02　设置纸张大小

　　弹出"页面设置"对话框，在"纸张大小"选项组中使用数值调节按钮设置纸张的"宽度"为"14厘米"、"高度"为"15厘米"，如下图所示。

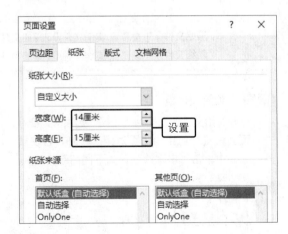

步骤03　查看设置纸张大小的效果

　　单击"确定"按钮，返回到文档中，可以看见设置纸张大小的效果，如下左图所示。

步骤04 设置纸张方向

❶在"页面设置"组中单击"纸张方向"按钮，❷在展开的列表中单击"横向"选项，如下右图所示。

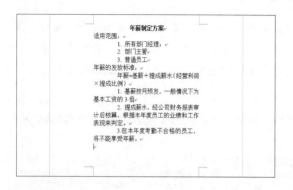
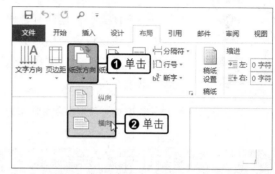

步骤05 查看设置纸张方向的效果

此时纸张的方向由纵向变为横向，使段落的每行尽可能包含更多文本，如下图所示。

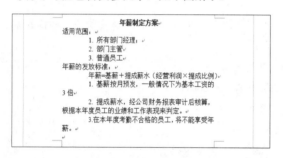

生存技巧 快速设置文本方向

在 Word 中，除了能更改纸张方向，还能更改文本方向。选择需要更改方向的文本，在"布局"选项卡下单击"文字方向"按钮，在展开的下拉列表中单击需要的选项即可，包括设置为"水平""垂直""将所有文字旋转90°""将所有文字旋转270°""将中文字符旋转270°"及自定义文本方向。

3.1.2 设置页边距

页边距是指页面的边线到文本的距离，设置页边距的大小就是控制页面边线与文本之间的空白部分的宽窄。默认情况下，上、下的页边距为 2.54 厘米，左、右的页边距为 3.18 厘米。

原始文件： 下载资源\实例文件\03\原始文件\设置纸张大小和方向.docx
最终文件： 下载资源\实例文件\03\最终文件\设置页边距.docx

步骤01 设置页边距

打开原始文件，切换到"布局"选项卡，❶单击"页面设置"组中的"页边距"按钮，❷在展开的列表中单击"窄"选项，如下图所示。

步骤02 查看设置页边距的效果

设置了新的页边距后的页面效果如下图所示。

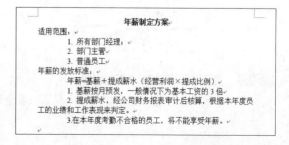

生存技巧　更改装订线格式

　　默认情况下，装订线是在文档的左侧。用户可以在"布局"选项卡下单击"页面设置"组的对话框启动器，在弹出的"页面设置"对话框中设置"装订线位置"为"靠上"，并在"装订线"数值框中调整装订线距离。

3.1.3　设置页面背景

　　设置文档的页面背景，主要是为了创建一些更有趣味的文档。设置页面背景包括给页面添加水印、设置页面的颜色和边框等。

　　原始文件： 下载资源\实例文件\03\原始文件\设置页边距.docx
　　最终文件： 下载资源\实例文件\03\最终文件\设置页面背景.docx

步骤01　选择水印样式

　　打开原始文件，❶在"设计"选项卡下的"页面背景"组中单击"水印"按钮，❷在展开的库中选择"样本 1"样式，如下图所示。

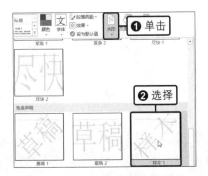

步骤02　选择页面颜色

　　❶在"页面背景"组中单击"页面颜色"按钮，❷在展开的颜色库中选择页面颜色为"白色，背景 1，深色 5%"，如下图所示。

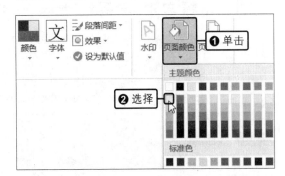

步骤03　单击"页面边框"按钮

　　设置了页面背景中的水印和颜色后，还可以对页面边框进行设置。在"页面背景"组中单击"页面边框"按钮，如下图所示。

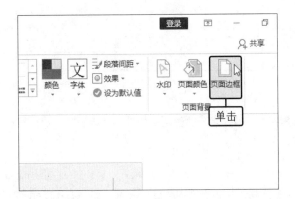

步骤04　设置边框

　　弹出"边框和底纹"对话框，❶在"页面边框"选项卡的"设置"选项组中单击"三维"选项，❷在"样式"列表框中单击双实线，❸设置边框"颜色"为"深蓝"、"宽度"为"0.5 磅"，如下图所示。

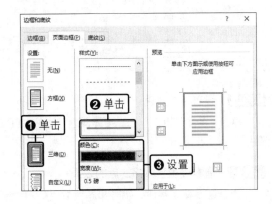

步骤05　查看设置页面背景的效果

　　单击"确定"按钮，返回到文档中。可以看到为文档的页面添加了水印、颜色和边框后的显示效果，如下图所示。

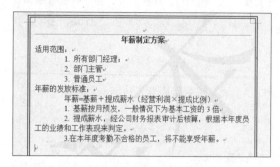

生存技巧　为页面应用图片背景

　　如果要使用图片作为页面背景，只需要在"页面背景"组中单击"页面颜色"按钮，在展开的下拉列表中单击"填充效果"选项，在弹出的对话框中切换至"图片"选项卡，单击"选择图片"按钮，在"插入图片"对话框中选择并插入图片，单击"确定"按钮即可。

3.2　设置字体格式

　　字体格式包含的内容相当广泛，在 Word 中，为了使文本有不一样的显示效果，用户可以对文本的字体、字号、字形、颜色、边框、底纹等进行设置。

3.2.1　设置字体、字号和颜色

　　在文档中输入文本后，可以根据实际需求或自己的喜好设置文本的字体、字号和颜色。

原始文件： 下载资源\实例文件\03\原始文件\计算机使用规定.docx
最终文件： 下载资源\实例文件\03\最终文件\设置字体、字号和颜色.docx

步骤01　设置字体

　　打开原始文件，选择文档的标题，❶在"开始"选项卡下单击"字体"组中"字体"右侧的下三角按钮，❷在展开的下拉列表中单击"方正姚体"选项，如下图所示。

步骤02　选择字号

　　❶在"字体"组中单击"字号"右侧的下三角按钮，❷在展开的下拉列表中单击"小二"选项，如下图所示。

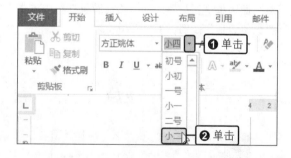

步骤03　设置字体颜色

　　❶在"字体"组中单击"字体颜色"右侧的下三角按钮，❷在展开的颜色库中选择"蓝-灰，文字2"选项，如下左图所示。

步骤04　查看设置字体格式后的效果

　　为标题设置了字体、字号和颜色后，标题看起来更美观，并和正文内容区别开来，如下右图所示。

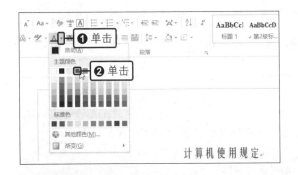

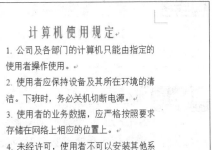

生存技巧 **在对话框中设置字体格式**

在 Word 中，除了可以在"字体"组中设置文本的字体、字号和颜色，还可以通过对话框来设置。

在"开始"选项卡下的"字体"组中单击对话框启动器，打开"字体"对话框，在"字体"选项卡下即可设置字体、字号和颜色，如右图所示。

3.2.2 设置字形

为了突出显示文档中的某些文本内容，可以为这些内容设置不同的字形，如将字体加粗或为字体添加下画线等。

原始文件： 下载资源\实例文件\03\原始文件\设置字体、字号和颜色.docx
最终文件： 下载资源\实例文件\03\最终文件\设置字形.docx

步骤01 **加粗字体**

打开原始文件，❶选择"指定的使用者"文本内容，❷在"开始"选项卡下单击"字体"组中的"加粗"按钮，如下图所示。

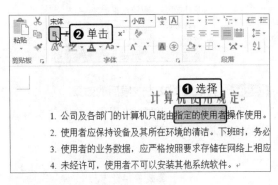

步骤02 **添加下画线**

将字体加粗后，在"字体"组中单击"下画线"按钮，如下图所示。

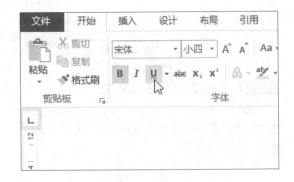

步骤03 **查看设置字形后的效果**

为所选文本设置好字形后，可以看见此时的显示效果，如右图所示。

小提示

选择文本后单击"字体"组中的"以不同颜色突出显示文本"按钮，可以为文本添加底色，让文本更为醒目。

生存技巧 添加新的字体

虽然 Windows 系统自带了大量字体，但在实际工作中常常会需要使用其他字体进行 Word 文档的编辑和美化，此时可以将从网上下载的免费授权字体或从正规渠道购买的字体文件复制到 C:\Windows\Fonts 文件夹中，然后重新启动 Word，即可在"字体"下拉列表中找到并应用新字体。

3.2.3 设置文本效果

使用"文本效果"功能可为文本添加映像、阴影、轮廓、发光等效果，从而美化或突出文本。

原始文件： 下载资源\实例文件\03\原始文件\设置字形.docx
最终文件： 下载资源\实例文件\03\最终文件\设置文本效果.docx

步骤01 选择映像样式

打开原始文件，选择文档的标题，❶在"字体"组中单击"文本效果和版式"按钮，❷在展开的下拉列表中依次单击"映像 > 半映像：4 磅 偏移量"选项，如下图所示。

步骤02 查看设置映像样式后的效果

❶此时为文档的标题设置了映像文本效果，❷选择另一处需要设置文本效果的文本内容，如下图所示。

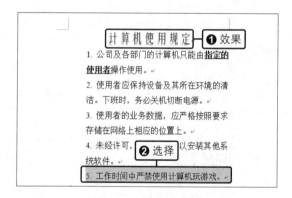

步骤03 选择预设的文本效果样式

❶在"字体"组中单击"文本效果和版式"按钮，❷在展开的文本效果样式库中选择合适的样式，如下图所示。

步骤04 查看设置文本效果后的效果

可以看到为所选文本应用指定文本效果样式的显示效果，如下图所示。

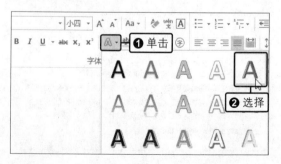

使用"字号"下拉列表设置字号时，可选择的最大字号是"初号"，最小字号是"5"，那么怎样设置更大或更小的字号呢？只需要在"字体"组中连续单击"增大字号"按钮或"减小字号"按钮，即可将字号放大到"1638"或缩小到"1"。

3.2.4　设置字符间距、文本缩放和位置

设置字符间距，可以改变两个文本之间的距离，使文本变得更紧凑或更稀疏；设置文本缩放，可以在保持文本高度不变的同时改变文本的宽度；设置字符的位置，可以将文本显示在同行的上方或下方等。

原始文件： 下载资源\实例文件\03\原始文件\设置文本效果.docx
最终文件： 下载资源\实例文件\03\最终文件\设置字符间距、文本缩放和位置.docx

步骤01　单击"字体"组中的对话框启动器

打开原始文件，❶选择"切断电源"文本内容，❷在"字体"组中单击对话框启动器，如下图所示。

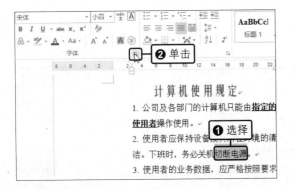

步骤02　设置选项

弹出"字体"对话框，❶切换到"高级"选项卡，❷在"字符间距"选项组中设置"缩放"为"150%"、"间距"为"加宽"、"磅值"为"0.5磅"，❸单击"位置"右侧的下三角按钮，❹在展开的列表中单击"上升"选项，如下图所示。

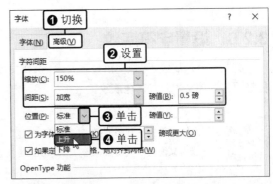

步骤03　查看设置效果

单击"确定"按钮后，即可看到为所选文本内容设置字符缩放、间距和位置后的效果，如下图所示。

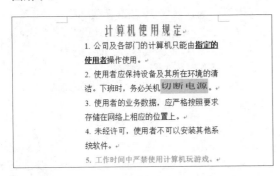

除了可以在"字体"对话框的"高级"选项卡下选择预设的缩放大小以外，还可以直接在"缩放"后的文本框中输入要设置的大小，如"120%"。除此之外，也可以单击"开始"选项卡下"段落"组中的"中文版式"按钮，在展开的列表中单击"字符缩放"，如右图所示，在级联列表中选择要设置的字符缩放大小。

3.2.5　设置字符边框

说起添加边框，一般都会让人想到为文档页面或表格添加边框，其实文档中的文本也是可以添加边框的。

原始文件：下载资源\实例文件\03\原始文件\设置字符间距、文本缩放和位置.docx
最终文件：下载资源\实例文件\03\最终文件\设置字符边框.docx

步骤01　添加字符边框

打开原始文件，❶选择"网络"文本内容，❷在"字体"组中单击"字符边框"按钮，如下图所示。

步骤02　查看添加字符边框的效果

此时为所选文本内容添加了字符边框，如下图所示。

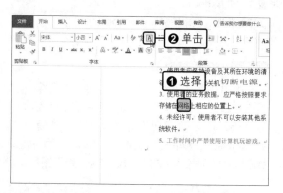

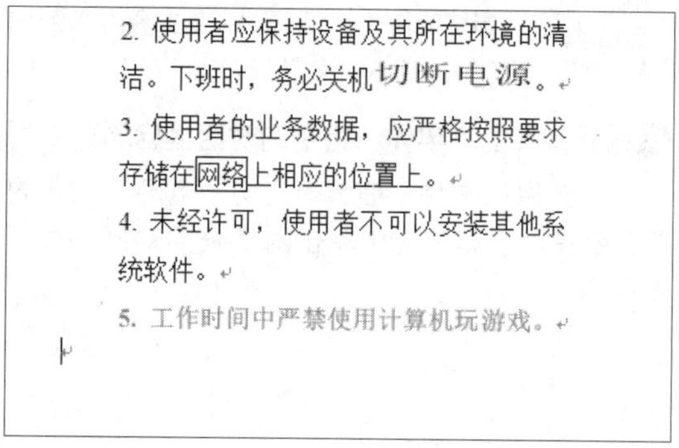

3.2.6　设置字符底纹

为文本添加底纹，可以突出显示文本。选择文本后，通过"开始"选项卡下"字体"组中的"字符底纹"按钮可快速为文本添加灰色底纹。

原始文件：下载资源\实例文件\03\原始文件\设置字符边框.docx
最终文件：下载资源\实例文件\03\最终文件\设置字符底纹.docx

步骤01　添加字符底纹

打开原始文件，❶选择要添加底纹的文本内容，❷在"字体"组中单击"字符底纹"按钮，如下图所示。

步骤02　查看添加字符底纹的效果

随后即可看到为所选文本内容添加的灰色底纹效果，如下图所示。

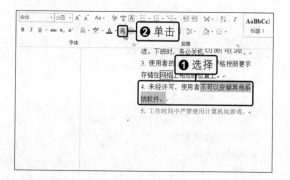

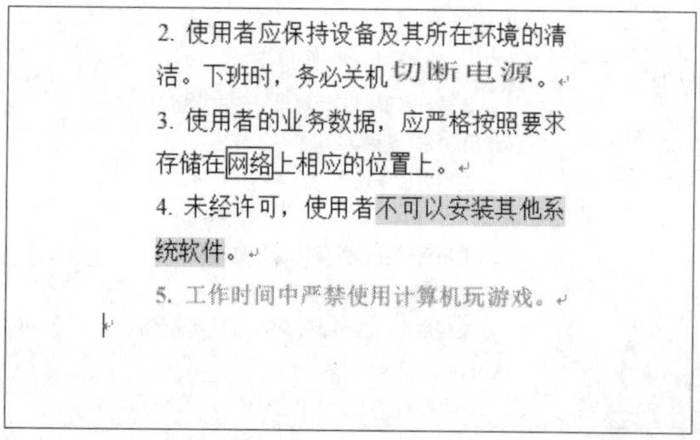

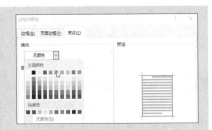

如果要设置其他颜色的字符底纹，可选择要设置的文本内容，在"开始"选项卡下的"段落"组中单击"边框"右侧的下三角按钮，在展开的列表中单击"边框和底纹"选项。打开"边框和底纹"对话框，在"底纹"选项卡下单击"填充"右侧的下三角按钮，在展开的列表中选择合适的底纹颜色即可，如右图所示。

3.3　设置段落格式

设置段落格式包括设置段落的对齐方式、设置段落缩进和段落间距、为段落添加项目符号和编号、为段落应用多级列表等内容。

3.3.1　设置段落对齐方式

段落的对齐方式分为 5 种，分别为左对齐、居中、右对齐、两端对齐和分散对齐。

原始文件：下载资源\实例文件\03\原始文件\物资采购管理.docx
最终文件：下载资源\实例文件\03\最终文件\设置段落对齐方式.docx

步骤01　选择对齐方式

打开原始文件，❶选择文档的标题，❷在"开始"选项卡下的"段落"组中单击"居中"按钮，如下图所示。

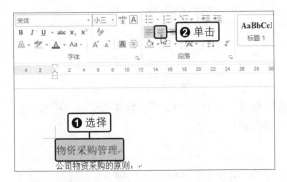

步骤02　查看设置居中的效果

此时文档的标题被放置在该行的中间位置，如下图所示。

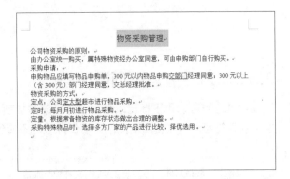

单击"段落"组中的对话框启动器，在弹出的"段落"对话框的"缩进和间距"选项卡下，单击"对齐方式"右侧的下三角按钮，在展开的列表中可以选择需要的对齐方式。

3.3.2　设置段落缩进格式与段落间距

段落缩进可以改变段落左侧和右侧与页边距的距离，而设置段落间距包括设置段与段之间的距离及段落中每一行之间的距离。

步骤01 **单击"段落"组中的对话框启动器**

打开原始文件，选择所有的正文内容，在"开始"选项卡下单击"段落"组中的对话框启动器，如下图所示。

步骤02 **设置段落格式**

弹出"段落"对话框，❶在"缩进"选项组中设置段落的"特殊格式"为"首行缩进"、"缩进值"为"2 字符"，❷在"间距"选项组中设置"行距"为"1.5 倍行距"，如下图所示。

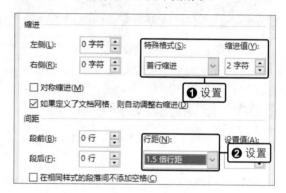

步骤03 **查看设置段落格式的效果**

单击"确定"按钮后，可以看见为段落设置了首行缩进和行距的显示效果，如右图所示。

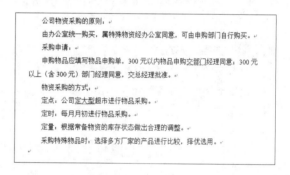

3.3.3 为段落应用项目符号

项目符号可以用于标记段落。在为段落添加项目符号时，既可以选择预设的项目符号，也可以自定义项目符号，例如使用图片作为项目符号，添加到需要的段落之前。

步骤01 **选择项目符号**

打开原始文件，选择需要应用项目符号的段落，❶在"段落"组中单击"项目符号"右侧的下三角按钮，❷在展开的样式库中选择菱形符号，如下左图所示。

步骤02 **查看添加项目符号的效果**

此时就为所选段落添加了项目符号，如下右图所示。

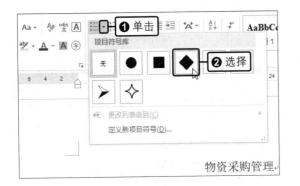

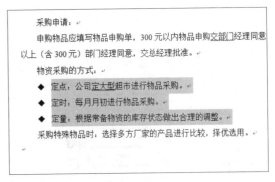

步骤03　定义新项目符号

　　将光标定位在标题前，❶单击"项目符号"右侧的下三角按钮，❷在展开的下拉列表中单击"定义新项目符号"选项，如下图所示。

步骤04　单击"图片"按钮

　　弹出"定义新项目符号"对话框，单击"图片"按钮，如下图所示。

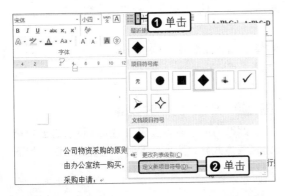

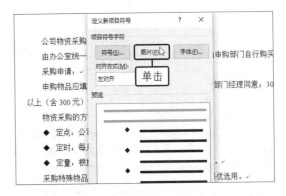

步骤05　选择图片

　　弹出"插入图片"对话框，❶在"必应图像搜索"文本框中输入"文具"，❷单击"搜索"按钮，❸在搜索结果中选择需要的图片，❹单击"插入"按钮，如右图所示。

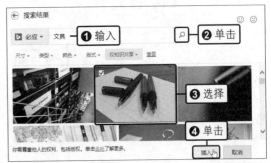

生存技巧　自定义项目符号格式

　　默认情况下，除了图片项目符号外，添加的项目符号都是黑色的，那么项目符号的格式效果是否可以调整呢？当然可以，只需要在"定义新项目符号"对话框中单击"字体"按钮，即可在弹出的对话框中设置符号的字形、字号、颜色等。

步骤06　预览效果并确认设置

　　返回到"定义新项目符号"对话框中，❶可以预览添加项目符号的效果，❷单击"确定"按钮，如下左图所示。

步骤07　查看定义新项目符号的效果

　　此时为文档的标题添加了一个图片形式的项目符号，如下右图所示。

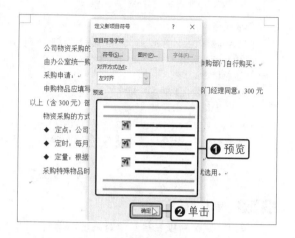

3.3.4 为段落应用编号

当文档中存在罗列性的段落内容时，可以为段落添加编号，以增强段落之间的逻辑性。

原始文件：下载资源\实例文件\03\原始文件\设置段落缩进格式与段落间距.docx
最终文件：下载资源\实例文件\03\最终文件\为段落应用编号.docx

步骤01　选择编号样式

打开原始文件，选择需要应用编号的段落，❶在"段落"组中单击"编号"右侧的下三角按钮，❷在展开的编号库中选择编号，如下图所示。

步骤02　查看添加编号的效果

此时为所选段落应用了编号，可以看出物资的采购方式分为定点、定时、定量三方面，如下图所示。

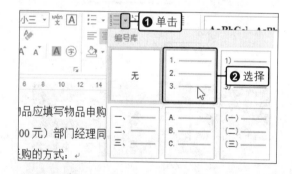

生存技巧　调整编号与文本的距离

默认插入的编号都与文本距离较远，不过这个距离是可以调整的。选择编号并右击，在弹出的快捷菜单中单击"调整列表缩进"命令，在打开的"调整列表缩进量"对话框中设置"编号位置"和"文本缩进"选项，并设置"编号之后"为"不特别标注"，单击"确定"按钮即可。

生存技巧　取消按【Enter】键后自动产生项目符号或编号

在使用项目符号和编号的过程中会发现，在已应用项目符号或编号的段落末尾按下【Enter】键后，会在下一行自动产生项目符号或编号。若不需要此功能，可打开"Word 选项"对话框，在"校对"选项卡下单击"自动更正选项"按钮，在弹出的对话框中切换至"键入时自动套用格式"选项卡，取消勾选"自动项目符号列表"和"自动编号列表"复选框，最后单击"确定"按钮。

3.3.5　为段落应用多级列表

为了显示文档的段落层次，可以使用多级列表。为段落添加了多级列表后，可以通过增加和减少缩进量来调整多级列表的层级。

原始文件：下载资源\实例文件\03\原始文件\设置段落缩进格式与段落间距.docx
最终文件：下载资源\实例文件\03\最终文件\为段落应用多级列表.docx

步骤01　选择多级列表样式

打开原始文件，选择所有正文内容，❶在“开始”选项卡下单击“段落”组中的“多级列表”按钮，❷在展开的库中选择多级列表样式，如下图所示。

步骤02　查看添加多级列表的效果

此时为文档的正文内容添加了多级列表，可以看到段落前均根据大纲等级添加了多级编号，如下图所示。

物资采购管理

1. 公司物资采购的原则：
2. 由办公室统一购买，属特殊物资经办公室同意，可由申购部门自行购买。
3. 采购申请：
3.1. 申购物品应填写物品申购单，300 元以内物品申购交部门经理同意；300 元以上（含 300 元）部门经理同意，交总经理批准。
4. 物资采购的方式：
4.1. 定点：公司定大型超市进行物品采购。
4.2. 定时：每月月初进行物品采购。
4.3. 定量：根据常备物资的库存状态做出合理的调整。
4.4. 采购特殊物品时：选择多方厂家的产品进行比较，择优选用。

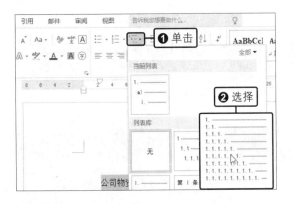

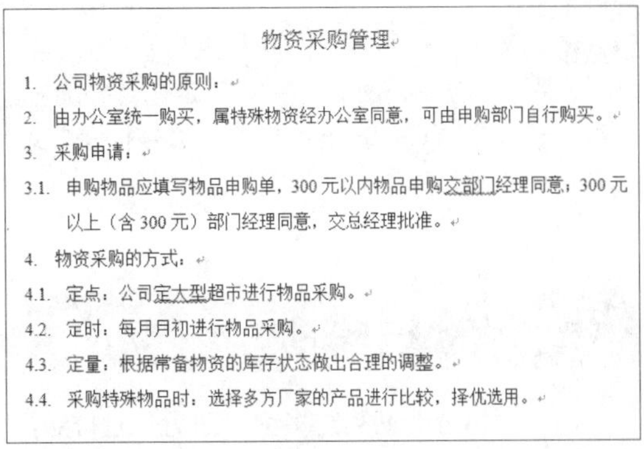

步骤03　增加缩进量

❶将光标定位在需要调整列表级数的段落前，❷在“段落”组中单击“增加缩进量”按钮，如下图所示。

步骤04　查看增加缩进量的效果

改变了段落的缩进量后，可以看到列表编号由“2”变为了“1.1”，其他编号也相应改变了，如下图所示。

物资采购管理

1. 公司物资采购的原则：
1.1. 由办公室统一购买，属特殊物资经办公室同意，可由申购部门自行购买。
2. 采购申请：
2.1. 申购物品应填写物品申购单，300 元以内物品申购交部门经理同意；300 元以上（含 300 元）部门经理同意，交总经理批准。
3. 物资采购的方式：
3.1. 定点：公司定大型超市进行物品采购。
3.2. 定时：每月月初进行物品采购。
3.3. 定量：根据常备物资的库存状态做出合理的调整。
3.4. 采购特殊物品时：选择多方厂家的产品进行比较，择优选用。

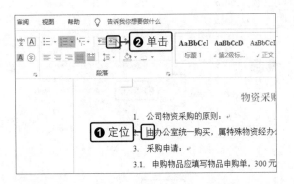

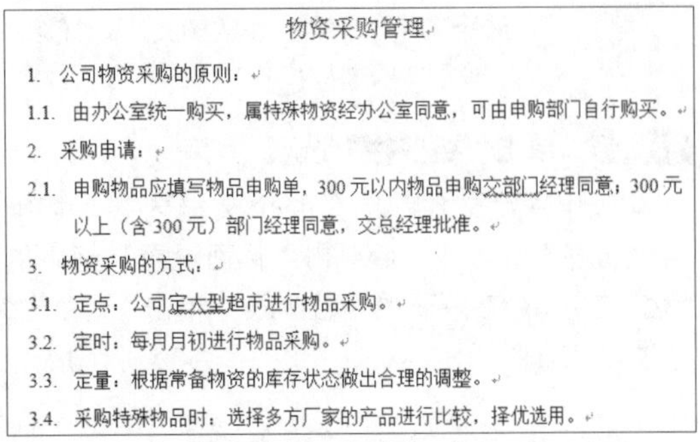

小提示

在添加多级列表之前，可以利用空格来设置段落在多级列表中的级数。例如，段落的首行左边分别为无空格、空两格、空四格、空六格，那么添加的多级列表即为“1.”“1.1”“1.1.1”“1.1.1.1”。

步骤05　减少缩进量

❶将光标定位在最后一个段落之前，❷在“段落”组中单击“减少缩进量”按钮，如下图所示。

步骤06　查看减少缩进量的效果

此时段落的编号也发生了改变。采用同样的方法，调整整个文档中的列表编号，效果如下图所示。

物资采购管理

1. 公司物资采购的原则：
1.1. 由办公室统一购买，属特殊物资经办公室同意，可由申购部门自行购买。
2. 采购申请：
2.1. 申购物品应填写物品申购单，300 元以内物品申购交部门经理同意；300 元以上（含 300 元）部门经理同意，交总经理批准。
3. 物资采购的方式：
3.1. 定点：公司定大型超市进行物品采购。
3.2. 定时：每月月初进行物品采购。
3.3. 定量：根据常备物资的库存状态做出合理的调整。
4. 采购特殊物品时：选择多方厂家的产品进行比较，择优选用。

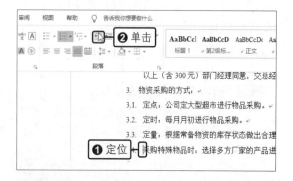

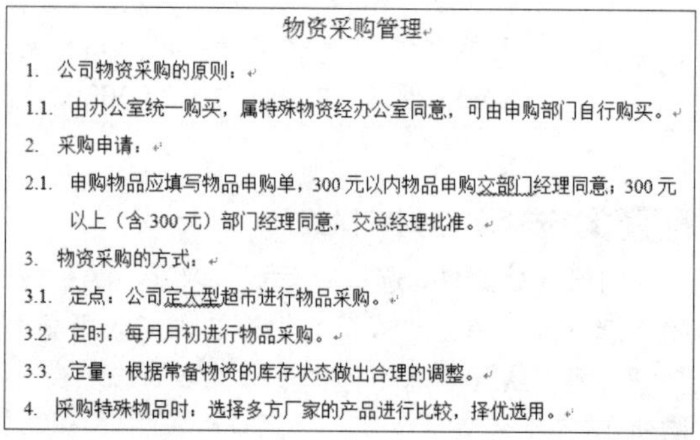

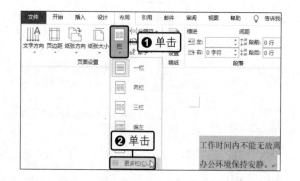

生存技巧　自定义英文编号样式

除了数字编号外，还可以自定义英文编号。只需单击“编号”右侧的下三角按钮，单击“定义新编号格式”选项，弹出“定义新编号格式”对话框，在“编号样式”下拉列表框中选择“One, Two, Three...”选项，单击“确定”按钮即可。

3.4 分栏排版

将文本拆分为两列或多列，即为分栏排版，例如杂志中一个页面的内容分两列或三列排列。

3.4.1 设置分栏

设置文档分栏时，不仅可以选择分栏的栏数，还可以在栏与栏之间添加分隔线。

原始文件：下载资源\实例文件\03\原始文件\办公秩序.docx
最终文件：下载资源\实例文件\03\最终文件\设置分栏.docx

步骤01　单击“更多栏”选项

打开原始文件，选择整个文档内容，切换到“布局”选项卡，❶单击“页面设置”组中的“栏”按钮，❷在展开的下拉列表中单击“更多栏”选项，如右图所示。

步骤02　设置分栏

弹出“栏”对话框，❶选择“预设”选项组下的“两栏”图标，❷勾选“分隔线”复选框，❸单击“确定”按钮，如下左图所示。

步骤03　查看分栏的效果

此时文档的内容以两栏的形式显示，并且在栏与栏的中间出现了一条分隔线，如下右图所示。

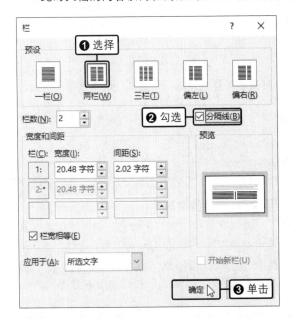

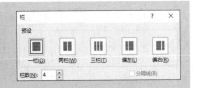

小提示

将光标定位在指定的位置，在"栏"对话框的"应用于"下拉列表框中选择"插入点之后"选项，即可对光标之后的内容进行分栏。

生存技巧　**自定义分栏数**

如果"栏"对话框中的"预设"分栏选项不能满足要求，还可以在"栏数"数值框中直接输入要设置的栏数来自定义分栏数，如右图所示。

3.4.2　设置通栏标题

设置通栏标题是指不管正文的内容以多少栏显示，标题行总显示在页面的居中位置。

原始文件：下载资源\实例文件\03\原始文件\设置分栏.docx
最终文件：下载资源\实例文件\03\最终文件\设置通栏标题.docx

步骤01　设置分栏

打开原始文件，选择文档标题，切换到"布局"选项卡，❶单击"页面设置"组中的"栏"按钮，❷在展开的下拉列表中单击"一栏"选项，如下图所示。

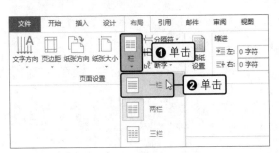

步骤02　查看设置通栏标题的效果

此时可以看到文档的标题位于页面的中间，即为通栏标题，如下图所示。

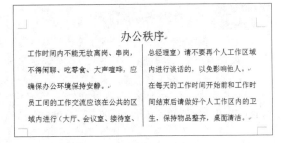

3.5 设置特殊版式

特殊版式包括首字下沉和中文版式两类。

3.5.1 首字下沉

首字下沉的方式分为下沉和悬挂，用户可以根据实际需求选择合适的下沉方式。设置首字下沉时，还可以设置下沉文本的字体和下沉行数等。

 原始文件：下载资源\实例文件\03\原始文件\成功第一步骤.docx
最终文件：下载资源\实例文件\03\最终文件\首字下沉.docx

步骤01 单击"首字下沉选项"选项

打开原始文件，选择第一段段首的"成功"二字，切换到"插入"选项卡，❶单击"文本"组中的"首字下沉"按钮，❷在展开的下拉列表中单击"首字下沉选项"选项，如下图所示。

步骤02 设置首字下沉

弹出"首字下沉"对话框，❶在"位置"选项组中单击"下沉"选项，❷设置"字体"为"楷体"、"下沉行数"为"2"、"距正文"为"0.5厘米"，❸单击"确定"按钮，如下图所示。

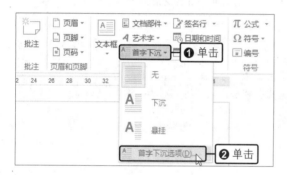

步骤03 查看首字下沉的效果

此时可见段首的"成功"二字字号变大并下沉2行，段落的其他部分保持原样，如下图所示。

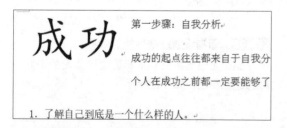

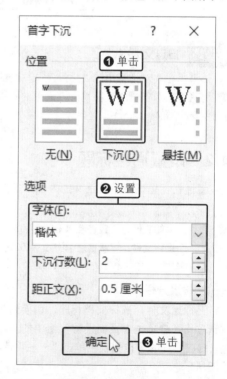

生存技巧 使用制表符精确排版

若不想使用表格但又想获得表格的排版效果，可以使用制表符进行排版。在标尺左侧单击制表符按钮直至显示"左对齐式制表符"⌐，在标尺中单击需要定位制表符的位置，输入文本内容后，将鼠标定位至分割文本处，例如"姓名"后，按【Tab】键，后面的文本就会移动到设置的下一个制表符位置，按照此方法继续设置其他文本即可，效果如右图所示。

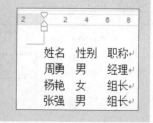

3.5.2　中文版式

中文版式是一种自定义中文或混合文本的版式，包含设置字符缩放、调整字符宽度和合并字符、双行合一等内容。

原始文件： 下载资源\实例文件\03\原始文件\首字下沉.docx
最终文件： 下载资源\实例文件\03\最终文件\中文版式.docx

步骤01　设置字符缩放

打开原始文件，❶选择文本，❷在"开始"选项卡下单击"段落"组中的"中文版式"按钮，❸在展开的列表中依次单击"字符缩放 >150%"选项，如下图所示。

步骤02　查看设置字符缩放的效果

此时即为所选文本设置了中文版式中的字符缩放效果，如下图所示。要说明的是，此处的字符缩放与 3.2.4 中"字体"对话框中的"缩放"是同一功能。

步骤03　单击"调整宽度"选项

❶选择下一处需要设置的文本内容，❷单击"中文版式"按钮，❸在展开的下拉列表中单击"调整宽度"选项，如下图所示。

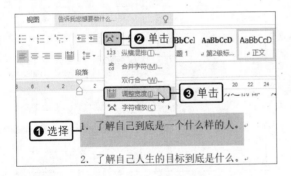

步骤04　设置文本宽度

弹出"调整宽度"对话框，❶设置"新文字宽度"为"25 字符"，❷单击"确定"按钮，如下图所示。

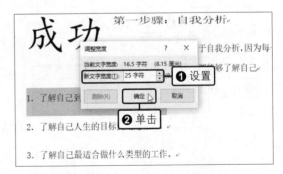

步骤05　查看设置文本宽度的效果

此时可以看见设置了文本宽度的效果。按照同样的方法对文档中的其他内容设置中文版式，效果如右图所示。

生存技巧 制作联合公文头

制作联合公文头的方法有很多，Word 的"双行合一"功能是其中一种。输入文本，如"×× 公司文件"，将光标定位至"文件"文本内容前，在"段落"组中单击"中文版式"按钮，在展开的列表中单击"双行合一"选项，在打开的"双行合一"对话框的"文字"文本框中输入"人力资源部产品开发部"，再单击"确定"按钮，"人力资源部产品开发部"便自动以联合公文头的形式显示，如右图所示。

XX 公司 人力资源部产品开发部 文件

3.6 为文档添加页眉和页脚

页眉和页脚通常用于展示文档的附加信息，如日期、页码、单位名称等。本节主要介绍页眉和页脚的添加与编辑。

3.6.1 选择要使用的页眉样式

Word 组件提供了多种页眉样式，用户可以在"页眉"下拉列表中选择喜欢的样式插入到文档中生成页眉。

原始文件：下载资源\实例文件\03\原始文件\中文版式.docx
最终文件：下载资源\实例文件\03\最终文件\选择要使用的页眉样式.docx

步骤01 选择页眉样式

打开原始文件，切换到"插入"选项卡，❶单击"页眉和页脚"组中的"页眉"按钮，❷在展开的下拉列表中单击"奥斯汀"选项，如下图所示。

步骤02 查看添加页眉的效果

此时可以看见在页面的顶端添加了页眉，并在页眉区域显示"文档标题"的文档部件，如下图所示。

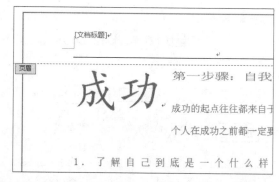

生存技巧 如何删除页眉中的横线

在文档中添加页眉后，会发现页眉内容下方有一条横线，当删除页眉内容后，该条横线却没有消失。若不希望显示这条横线，可以将光标定位至页眉的段落标记前，在"开始"选项卡下单击"字体"组中的"清除所有格式"按钮，再关闭页眉页脚视图，页眉的横线就消失了。

3.6.2　编辑页眉和页脚内容

在一个已经添加了页眉和页脚的文档中，如果要编辑页眉和页脚，需要先将页眉和页脚切换到编辑状态。

原始文件： 下载资源\实例文件\03\原始文件\选择要使用的页眉样式.docx

最终文件： 下载资源\实例文件\03\最终文件\编辑页眉和页脚内容.docx

步骤01　编辑页眉

打开原始文件，切换到"插入"选项卡，❶单击"页眉和页脚"组中的"页眉"按钮，❷在展开的列表中单击"编辑页眉"选项，如下图所示。

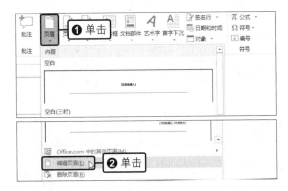

步骤02　输入页眉文本

此时页眉呈编辑状态，在页眉的"标题"文档部件中输入页眉的内容为"成功人士心理学"，如下图所示。

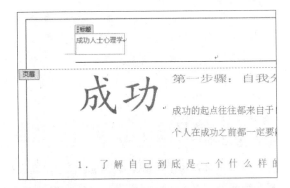

步骤03　输入页脚

按键盘上的向下方向键，切换至页脚区域，输入页脚的内容为"2018 年 3 月培训课题"，如下图所示。

生存技巧　设置奇数页和偶数页的页眉页脚不同

奇数页和偶数页的页眉页脚不同在长文档中常能见到。如制作企业宣传册，若要奇数页显示公司名、偶数页显示宣传册标题，可在"布局"选项卡下单击"页面设置"组中的对话框启动器，打开"页面设置"对话框，在"版式"选项卡下勾选"奇偶页不同"复选框，单击"确定"按钮，再分别对奇数页和偶数页的页眉页脚进行设置。

3.6.3　为文档插入页码

页码是每一个页面上用于标明页面次序的数字，用户可以参照下面的步骤为文档插入页码。

原始文件： 下载资源\实例文件\03\原始文件\编辑页眉和页脚内容.docx

最终文件： 下载资源\实例文件\03\最终文件\插入页码.docx

步骤01　选择页码样式

将光标定位在要插入页码的位置，切换到"插入"选项卡，❶单击"页眉和页脚"组中的"页码"按钮，❷在展开的下拉列表中单击"当前位置"选项，❸在级联列表中选择页码的样式为"双线条"，如下左图所示。

步骤02　查看添加页码的效果

此时在光标定位处添加了样式为双线条的页码，默认数值从"1"开始，如下右图所示。

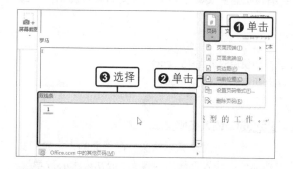
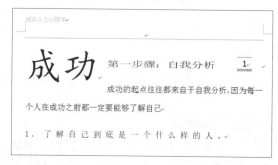

生存技巧　设置起始页码

如果想要更改文档的起始页码，可在"插入"选项卡下的"页眉和页脚"组中单击"页码"按钮，在展开的列表中单击"设置页码格式"选项。打开"页码格式"对话框，在"页码编号"选项组下单击"起始页码"单选按钮，在后面的数值框中输入起始页码，完成后单击"确定"按钮，如右图所示。

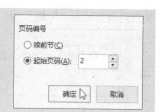

3.7　使用分隔符划分文档内容

分隔符可以用于标识文本分隔的位置，在文档中常用的分隔符为分页符和分节符，即将文档分成多页或多节。

3.7.1　使用分页符分页

分页符可在文档的任意位置强制分页，使分页符之后的内容转到新的一页。

原始文件：下载资源\实例文件\03\原始文件\请假规定.docx
最终文件：下载资源\实例文件\03\最终文件\使用分页符分页.docx

步骤01　使用分页符

打开原始文件，将光标定位在需要分页的位置，切换到"布局"选项卡，❶单击"页面设置"组中的"分隔符"按钮，❷在展开的下拉列表中单击"分页符"选项，如下图所示。

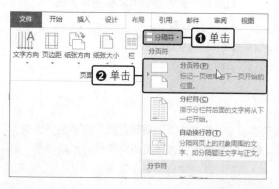

步骤02　查看使用分页符的效果

此时光标后的文本转到下一页中显示，如下图所示。

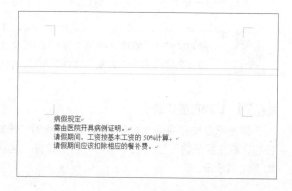

3.7.2　使用分节符分节

分节符的作用是把文档分成几个节，可以在同一页中插入节并开始新节，也可以在当前页插入分节符后在下一页中开始新节。

原始文件：下载资源\实例文件\03\原始文件\使用分页符分页.docx
最终文件：下载资源\实例文件\03\最终文件\使用分节符分节.docx

步骤01　选择分节符类型

打开原始文件，将光标定位在第一段末尾，切换到"布局"选项卡，❶单击"页面设置"组中的"分隔符"按钮，❷在展开的下拉列表中单击"分节符"选项组中的"连续"选项，如下图所示。

步骤02　查看使用分节符的效果

此时可以看见插入分节符的位置出现了一个新的空白段落，使段落与段落之间分离开来，将光标定位在"主管同意"文本内容之后，如下图所示。

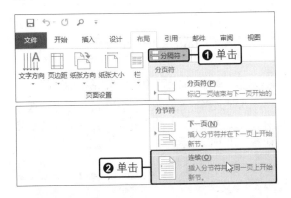

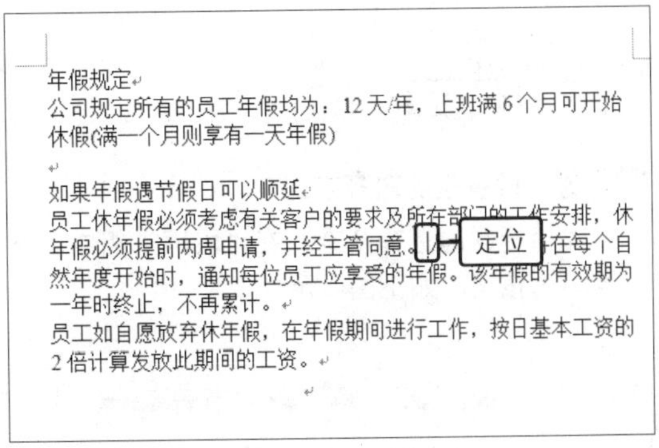

步骤03　再次使用分节符

再次单击"分隔符"下拉列表中的"连续"选项，此时可以看到，光标后的文本被分离到了下一个段落中。使用同样的方法继续对文档中的其他内容进行适当的分节，效果如右图所示。

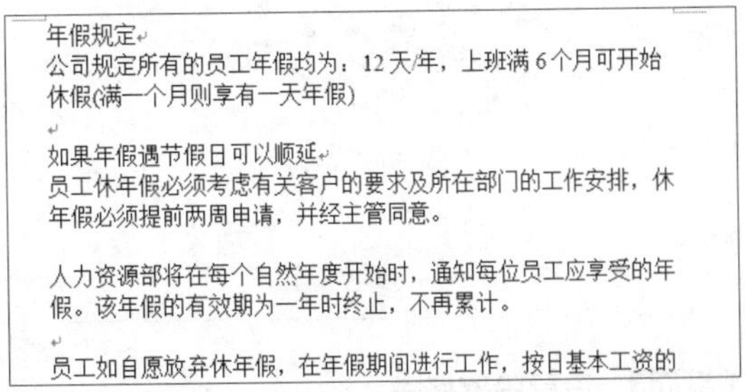

生存技巧　分页符和分节符的区别

分页符和分节符都能插入一个新页面，区别在于：分页符只是分页，前后还是同一节；分节符是将一整篇文档拆分为不同节，各节可以单独编排页码和设置分栏，可以将同一页中的内容分成不同节，也可以在分节的同时开始新的一页。

3.8　实战演练——设置并规范合同格式

劳动合同是劳动者与用工单位之间确立劳动关系、明确双方权利和义务的协议。在制作好劳动合同的内容后，需要对合同文档的版式进行调整，使其看起来更整洁、美观。

原始文件： 下载资源\实例文件\03\原始文件\劳动合同.docx
最终文件： 下载资源\实例文件\03\最终文件\劳动合同.docx

步骤01 设置字体

打开原始文件，选择所有文本内容，❶在"开始"选项卡下单击"字体"组中"字体"右侧的下三角按钮，❷在展开的下拉列表中单击"黑体"选项，如下图所示。

步骤02 设置字号

选择文档的标题，❶在"字体"组中单击"字号"右侧的下三角按钮，❷在展开的下拉列表中单击"四号"选项，如下图所示。

步骤03 设置段落对齐方式

保持标题的选择状态，在"段落"组中单击"居中"按钮，如下图所示。

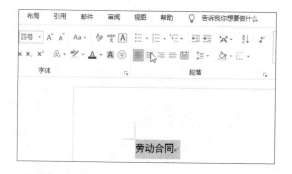

步骤04 单击"段落"组中的对话框启动器

此时文档标题被放置在居中的位置上。选择所有的正文内容，单击"段落"组中的对话框启动器，如下图所示。

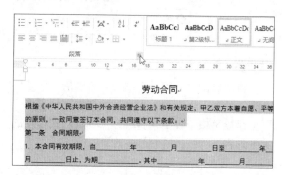

步骤05 设置段落格式

弹出"段落"对话框，❶在"缩进"选项组中设置"左侧"为"2字符"，❷在"间距"选项组中设置"段前"为"1行"、"段后"为"1行"，如下图所示。

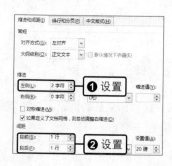

步骤06 查看设置字体和段落的效果

单击"确定"按钮后，可以看见设置字体和段落格式后的效果，如下图所示。

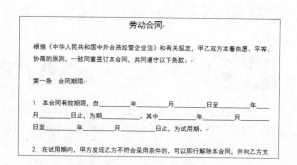

步骤07 单击"边框和底纹"选项

选择所有正文内容，❶单击"段落"组中"边框"右侧的下三角按钮，❷在展开的下拉列表中单击"边框和底纹"选项，如下图所示。

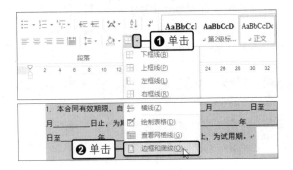

步骤08 设置边框

弹出"边框和底纹"对话框，❶切换到"页面边框"选项卡，❷在"设置"选项组中单击"阴影"图标，❸选择边框的样式，如下图所示。

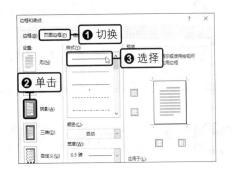

步骤09 设置底纹

❶切换到"底纹"选项卡，❷单击"填充"右侧的下三角按钮，❸在展开的列表中选择合适的颜色，如下图所示。

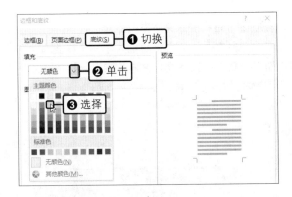

步骤10 设置页边距

单击"确定"按钮后，返回到文档中，切换到"布局"选项卡，❶在"页面设置"组中单击"页边距"按钮，❷在展开的下拉列表中单击"对称"选项，如下图所示。

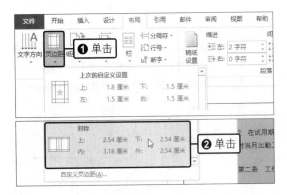

步骤11 查看设置后的效果

为文档设置了边框、底纹和页边距后的效果如右图所示。

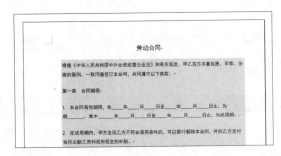

生存技巧　双面打印

在打印 Word 文档时，为了节约纸张，可以设置双面打印，具体操作为：单击"文件"按钮，在弹出的菜单中单击"打印"命令，在右侧面板的"设置"选项组中单击"单面打印"下三角按钮，在展开的下拉列表中单击"手动双面打印"选项即可，Word 会在打印第二面时提示重新放入纸张。

第4章 制作图文并茂的文档

一份文档如果仅有文本，难免显得单调。在 Word 2019 中，可以应用文本框、图片、自选图形、图标、艺术字、SmartArt 图形、数据图表等来辅助文本表达、丰富文档内容、美化页面效果，制作出图文并茂的文档。

4.1 插入文本框

Word 中的文本框是一种可移动、可调大小的文本或图形容器。使用文本框可以在一页上放置数个文本块，或使文本按与文档中其他文本不同的方向排列。

原始文件：无
最终文件：下载资源\实例文件\04\最终文件\插入文本框.docx

步骤01　选择文本框样式

新建空白文档，切换到"插入"选项卡，❶单击"文本"组中的"文本框"按钮，❷在展开的样式库中选择"奥斯汀引言"样式，如下图所示。

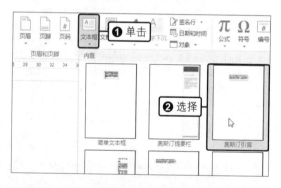

步骤02　查看插入文本框的效果

此时在文档的最上方插入了一个样式为"奥斯汀引言"的文本框，文本框自动被选中，如下图所示。

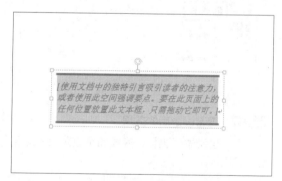

> **小提示**
>
> 如果不需要含有样式的文本框，可以手动绘制文本框。在"文本"组中单击"文本框"按钮，在展开的下拉列表中单击"绘制文本框"或"绘制竖排文本框"选项，然后在文档页面的合适位置拖动鼠标绘制出一个横排或竖排的文本框。在横排文本框中输入的文本从左到右排列，在竖排文本框中输入的文本从上到下排列。

步骤03　输入文本内容

直接在文本框中输入文本内容"春天……去赏花吧！"，文本框的大小会自动和内容相匹配，如下左图所示。

步骤04 选择字体样式

选择输入的文本，切换到"绘图工具 - 格式"选项卡，在"艺术字样式"组中单击快翻按钮，在展开的样式库中选择合适的样式，如下右图所示。

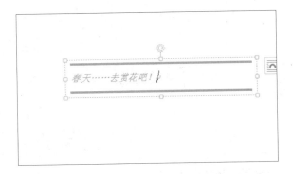

步骤05 查看设置字体样式后的效果

此时为文本框中的文本应用了预设的样式，再设置文本居中显示，效果如下图所示。

生存技巧 设置文本框样式

除了可以为文本框中的文本设置"艺术字样式"以外，还可以为文本框设置"形状样式"。切换到"绘图工具 - 格式"选项卡，在"形状样式"组中单击快翻按钮，在展开的库中选择需要设置的形状样式即可。如果对预设的形状样式不满意，也可以在"形状样式"组中自行设置文本框的形状填充、形状轮廓和形状效果。

生存技巧 组合多个文本框

若要将文档中的多个文本框对象变成一个对象，以便进行统一的格式设置等，只需要按住【Ctrl】键不放，依次选择多个文本框，再右击鼠标，在弹出的快捷菜单中依次单击"组合>组合"命令即可。

4.2 添加图片和图形

为了使文档内容更加丰富多彩，可以在文档中插入一些图片和图形。特别是在制作简报或宣传文档时，图片和图形可以起到很好的装饰作用。

4.2.1 插入与编辑本机图片

通常来说，插入图片是指插入计算机中存储的图片文件。这些图片也许并不能完全满足用户的需求，所以插入后可对图片做出适当的调整。

原始文件: 下载资源\实例文件\04\原始文件\插入文本框.docx、风景.png
最终文件: 下载资源\实例文件\04\最终文件\插入与编辑本机图片.docx

步骤01 插入图片

打开原始文件，将光标定位在要插入图片的位置，切换到"插入"选项卡，单击"插图"组中的"图片"按钮，如下左图所示。

步骤02　选择图片

弹出"插入图片"对话框，找到图片保存的位置，❶选择图片，❷单击"插入"按钮，如下右图所示。

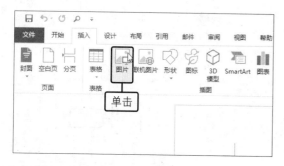

步骤03　查看插入图片后的效果

此时即可在文档中看到插入的图片，效果如下图所示。

步骤04　更改图片颜色

单击图片将其选中，切换到"图片工具 - 格式"选项卡，❶单击"调整"组中的"颜色"按钮，❷在展开的颜色样式库中选择"饱和度：400%"，如下图所示。

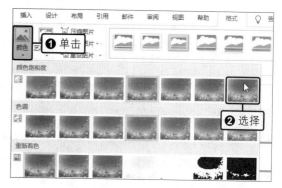

步骤05　更改图片样式

在"图片样式"组中单击快翻按钮，在展开的图片样式库中选择"映像圆角矩形"，如下图所示。

步骤06　查看效果

更改了图片的颜色和样式后，图片看起来更亮丽、美观，如下图所示。

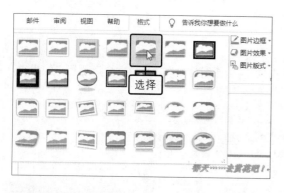

步骤07　柔化图片的边缘

❶在"图片样式"组中单击"图片效果"按钮，❷在展开的下拉列表中依次单击"柔化边缘 >10 磅"选项，如下左图所示。

步骤08 　查看柔化边缘后的效果

此时图片的边缘加入了柔化效果，使图片和文档背景更柔和地融合在一起，如下右图所示。

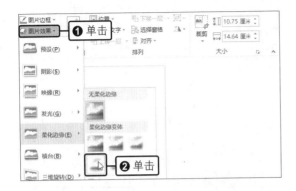

小提示

在调整图片时，除了可以调整图片的颜色、样式和边缘柔化度外，还可以设置图片的艺术效果、设置图片的边框、更改图片的大小等。用户可以在"图片工具 - 格式"选项卡下的功能组中找到所有调整图片的功能按钮。

生存技巧 　图片的删除与替换

若对插入的图片不满意，可选择图片后按【Delete】键删除。若已为图片设置好样式，又对图片内容不满意，不必删除后再插入和重新设置，只需选择图片，在"图片工具 - 格式"选项卡下单击"更改图片"按钮，在展开的下拉列表中选择图片来源，再重新选择图片，即可完成图片的替换。

4.2.2　插入与编辑联机图片

如果在计算机中找不到合适的图片，可以使用联机图片功能，从必应搜索引擎、OneDrive 网盘等联机来源中搜索并插入图片。

原始文件：下载资源\实例文件\04\原始文件\插入与编辑本机图片.docx
最终文件：下载资源\实例文件\04\最终文件\插入与编辑联机图片.docx

步骤01 　插入联机图片

打开原始文件，切换到"插入"选项卡，单击"插图"组中的"联机图片"按钮，如下图所示。

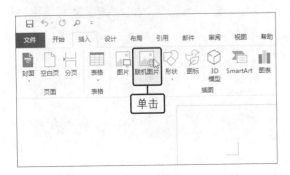

步骤02 　搜索图片

弹出"在线图片"对话框，❶在文本框中输入关键词，如"人物"，❷单击"搜索"按钮，如下图所示。

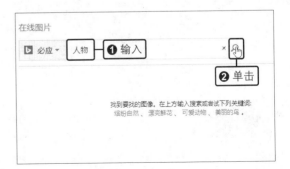

步骤03　选择并插入图片

　　此时搜索出了一系列关于"人物"的图片，❶选择需要的图片，❷单击"插入"按钮，如下图所示。

步骤05　拖动图片

　　将鼠标指针移至图片上方，拖动图片至适当的位置，如下图所示。

步骤07　旋转图片

　　为了让图片与画面更契合，需对其进行旋转。❶在"排列"组中单击"旋转"按钮，❷在下拉列表中选择"水平翻转"选项，如下图所示。

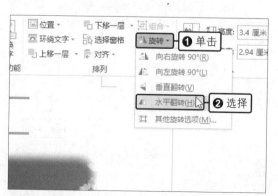

步骤04　设置环绕文字类型

　　此时在文档中可以看到插入的图片，适当调整图片大小。为了方便放置图片，❶右击图片，❷在弹出的快捷菜单中依次单击"环绕文字 > 浮于文字上方"选项，如下图所示。

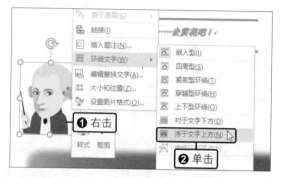

步骤06　更改图片的亮度和对比度

　　在"图片工具 - 格式"选项卡下，❶单击"调整"组中的"校正"按钮，❷在展开的库中选择合适的亮度和对比度，如下图所示。

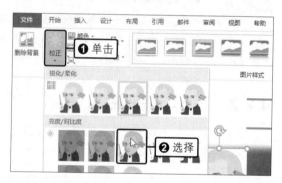

步骤08　缩小图片

　　将鼠标指针移至图片边缘位置，拖动鼠标，将图片调整为合适的大小，效果如下图所示。

生存技巧　设置环绕文字的位置

通常在设置图片为"紧密型环绕"格式后，该图片的四周会有文本内容。如果只需要在图片左侧显示文本内容而图片右侧为空白，可以选择图片，在"图片工具 - 格式"选项卡下单击"环绕文字"按钮，在展开的下拉列表中单击"其他布局选项"选项，在弹出的"布局"对话框中单击"紧密型"环绕方式，在"环绕文字"选项组中单击"只在左侧"单选按钮，然后单击"确定"按钮。

4.2.3　插入与编辑自选图形

自选图形的种类很多，包括圆形、长方形、菱形等基础图形，还包括线条、标注图形、箭头图形等。在文档中插入了图形后，还可在图形中输入和编辑文本。

原始文件：下载资源\实例文件\04\原始文件\插入与编辑自选图形.docx
最终文件：下载资源\实例文件\04\最终文件\插入与编辑自选图形.docx

步骤01　**插入形状**

打开原始文件，❶单击"插图"组中的"形状"按钮，❷在展开的形状库中选择"思想气泡：云"形状，如下图所示。

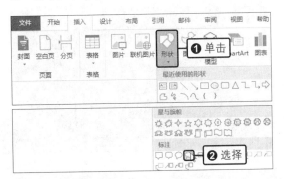

步骤02　**绘制形状**

此时鼠标指针呈十字形，拖动鼠标绘制形状，如下图所示。

步骤03　**单击对话框启动器**

释放鼠标即可完成自选图形的绘制。切换到"绘图工具 - 格式"选项卡，单击"形状样式"组中的对话框启动器，如下图所示。

步骤04　**设置形状的填充效果**

弹出"设置形状格式"窗格，❶在"填充"组中单击"渐变填充"单选按钮，❷设置第 1 个渐变光圈的"颜色"为"绿色"，❸设置第 1 个渐变光圈的"位置"为"30%"，如下图所示。

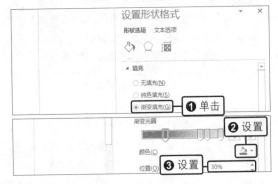

步骤05 设置形状的描边效果

❶在"线条"组中单击"实线"单选按钮，❷设置线条的颜色为"白色，背景1"，如下图所示。

步骤06 拖动调节标注指向

返回到文档中，可以看见设置格式后的形状效果。单击形状下方的标注指向按钮，拖动至合适的位置，如下图所示。

步骤07 输入文本内容

释放鼠标后，在形状中单击输入文本内容"快乐地赏花吧"，为了使文本排列成一行，将鼠标指针指向形状右下角，拖动鼠标改变形状的大小，如下图所示。

步骤08 查看设置形状后的最终效果

释放鼠标后，就完成了对形状的调整和编辑，此时可以看到整个形状的效果，如下图所示。当公司组织春游时，此文档即可作为一个很活泼的宣传简报。

小提示

绘图画布可以将多个形状组合起来，若需要插入多个形状，并对它们统一进行设计，就可以创建一个画布。在"插图"组中单击"形状"按钮，在展开的下拉列表中单击"新建绘图画布"选项，即可在文档中插入一个画布。要注意的是，画布中不能直接输入文本，而要通过文本框来实现。

生存技巧 编辑自选图形的顶点

若对插入的自选图形的整体外观不满意，可以对其顶点进行编辑。只需右击图形，在弹出的快捷菜单中单击"编辑顶点"命令，在所选图形的转折点处就会出现黑色方块，这便是图形的顶点。用鼠标左键拖动顶点可以调整其位置，图形的形状也随之更改，如右图所示。

生存技巧 设置自选图形的默认格式

如果需要绘制一组格式相同的自选图形，逐个绘制后再调整格式很耗时，是否有办法一次搞定呢？Word 考虑到了这点，只需要把一个自选图形的格式设置为想要的格式，然后右击它，在弹出的快捷菜单中选择"设置为默认形状"命令，之后再绘制其他自选图形时就将直接采用这个默认的格式。

4.2.4　插入屏幕剪辑

如果需要将屏幕上显示的某个应用程序的窗口或窗口的某个部分应用在文档中，可以使用 Word 提供的屏幕剪辑功能，截取整个窗口或窗口的某个部分插入到文档中。

原始文件： 下载资源\实例文件\04\原始文件\插入屏幕剪辑.docx
最终文件： 下载资源\实例文件\04\最终文件\插入屏幕剪辑.docx

步骤01　插入屏幕剪辑

打开原始文件，再打开网页浏览器搜索关于花和蝴蝶的图片，看到满意的图片后，切换回原始文件的 Word 窗口，❶单击"插入"选项卡下"插图"组中的"屏幕截图"按钮，❷在展开的列表中单击"屏幕剪辑"选项，如右图所示。

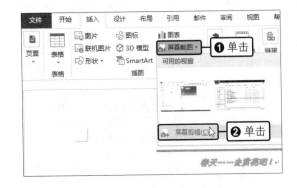

步骤02　截取图像

此时网页浏览器窗口进入被剪辑状态，拖动鼠标，框选窗口中需要剪辑的部分，如下图所示。

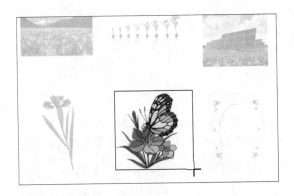

步骤03　调整图片

释放鼠标，文档中即插入了一张屏幕剪辑图片，❶右击图片，❷在弹出的快捷菜单中依次单击"环绕文字 > 浮于文字上方"选项，如下图所示。

步骤04　拖动图片

拖动图片至适当的位置后释放鼠标，此时图片背景为白色，看起来并不美观，如下图所示。

步骤05　删除背景

切换到"图片工具 - 格式"选项卡，单击"调整"组中的"删除背景"按钮，如下图所示。

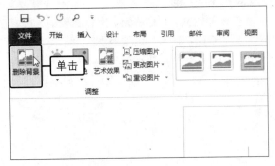

步骤06 确定背景的删除

此时 Word 会用洋红色标出要删除的区域，在"背景消除"选项卡下单击"关闭"组中的"保留更改"按钮，确定背景的删除，如下图所示。

步骤07 查看删除背景后的效果

此时可见图片的白色背景被删除，只保留蝴蝶和花朵的图像，一份精美的简报就完成了，效果如下图所示。综上所述，在文档中插入图片都需要适当地做出调整，图片的调整和编辑包括很多方面，可根据实际情况选择。

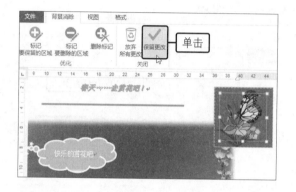

小提示

如果 Word 自动标记的部分不是需要删除的背景区域，可以在"背景消除"选项卡下单击"优化"组中的"标记要删除的区域"按钮，然后拖动鼠标手动绘制要删除的区域。

生存技巧 让图片更"瘦"一些

插入的图片越多、图片尺寸越大，文档的大小也会随之增加。若要将文档发给他人，就需要花费较长时间。为了对文档中的图片进行压缩，只需要在"图片工具 - 格式"选项卡下单击"压缩图片"按钮，在弹出的"压缩图片"对话框中设置"压缩选项"和"分辨率"即可。

4.2.5 插入图标

图标是具有指代意义、起标识作用的图形符号，它能高度浓缩并快捷传达信息，且便于记忆、通用性强。在文档中添加合适的图标，可以让文档获得质的飞跃。Word 2019 新增了丰富的图标库，让用户可以方便快捷地在文档中插入图标。

原始文件：下载资源\实例文件\04\原始文件\插入图标.docx
最终文件：下载资源\实例文件\04\最终文件\插入图标.docx

步骤01 插入图标

打开原始文件，❶将光标定位在要插入图标的位置，❷在"插入"选项卡下的"插图"组中单击"图标"按钮，如右图所示。

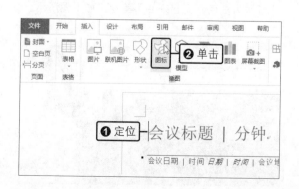

步骤02 选择图标

打开"插入图标"对话框，❶在左侧选择图标类型，❷在右侧单击要插入的图标，❸单击"插入"按钮，如下图所示。

步骤04 查看图标效果

可看到为图标应用了所选的填充颜色，效果如右图所示。

步骤03 设置图标填充颜色

可看到光标定位处插入了一个图标，❶选择该图标，❷在"图形工具-格式"选项卡下单击"图形填充"按钮，❸在展开的列表中选择合适的颜色，如下图所示。

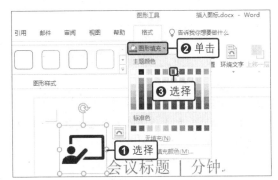

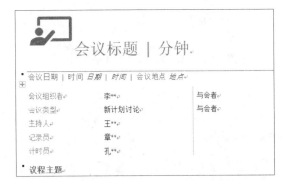

4.3 插入艺术字

艺术字是一种富于创意性、美观性和修饰性的特殊文本，一般应用于文档的标题或文档中需要修饰的内容。艺术字通常都是包含在一个文本框中的。

原始文件：下载资源\实例文件\04\原始文件\组织结构图.docx
最终文件：下载资源\实例文件\04\最终文件\插入艺术字.docx

步骤01 选择艺术字类型

打开原始文件，切换到"插入"选项卡，❶单击"文本"组中的"艺术字"按钮，❷在展开的艺术字样式库中选择合适的样式，如右图所示。

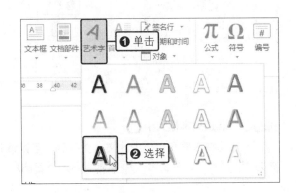

步骤02　查看插入艺术字的效果

此时在文档中插入了一个艺术字文本框，在文本框中包含提示文本"请在此放置您的文字"，如右图所示。

步骤03　输入文本

根据需要在文本框中输入文本内容"公司人员组织结构图"，如下图所示。

步骤04　为文本框应用形状样式

切换到"绘图工具-格式"选项卡，单击"形状样式"组中的快翻按钮，在展开的样式库中选择合适的样式，如下图所示。

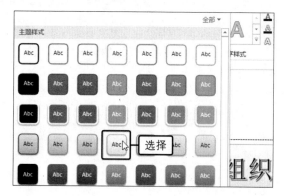

步骤05　更改文本框形状

❶在"插入形状"组中单击"编辑形状"按钮，❷在展开的下拉列表中单击"更改形状"选项，在展开的形状库中选择"矩形：棱台"，如下图所示。

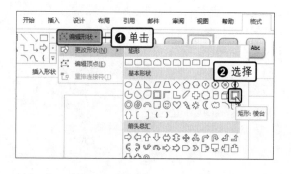

步骤06　查看更改效果

更改文本框的形状样式和形状类型后，文本框的显示效果如下图所示。

步骤07　调整文本框大小

为了让文本框和文档中的文本更匹配，可以调整文本框的大小。在"大小"组中设置文本框的高度为"3厘米"、宽度为"15厘米"，如下左图所示。

步骤08 查看调整文本框大小后的效果

调整好文本框的大小后，文本框的外形和文档中的文本更加匹配，如下右图所示。

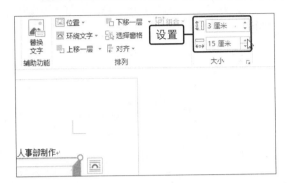

小提示

如果要调整文本框中艺术字的字体、字号等格式，可以先选择需要调整的文本，切换到"开始"选项卡下，在"字体"组中即可设置艺术字的字体、字号等格式选项。

生存技巧 快速分层叠放艺术字

如果文档中有多个艺术字叠放在一起，且需要调整叠放的层次，可以在"绘图工具 - 格式"选项卡下单击"选择窗格"按钮，在打开的"选择"窗格中选择需要调整的艺术字，再在"排列"组中单击"上移一层"或"下移一层"按钮调整叠放的层次。

生存技巧 旋转艺术字

插入的艺术字默认是水平显示的，若要让艺术字在页面中以一定的角度显示，可以旋转艺术字。选择艺术字后，在其文本框上方会出现一个旋转手柄，单击并拖动该旋转手柄，即可旋转艺术字，旋转至合适的角度后释放鼠标。

生存技巧 创建变形的艺术字效果

通过变换艺术字的外形可创建更丰富的显示效果。选择艺术字，在"绘图工具 - 格式"选项卡下单击"文本效果"按钮，在展开的下拉列表中单击"转换"选项，在展开的库中选择合适的样式即可，如右图所示为选择"槽形：下"的效果。

4.4 插入 SmartArt 图形

SmartArt 图形是一种文本和形状相结合的图形，它能以可视化的方式直观地表达出信息之间的关系。在日常工作中，SmartArt 图形主要用于制作流程图、组织结构图等。

原始文件：下载资源\实例文件\04\原始文件\插入艺术字.docx

最终文件：下载资源\实例文件\04\最终文件\插入SmartArt图形.docx

步骤01　选择 SmartArt 图形

打开原始文件，❶切换到"插入"选项卡，❷单击"插图"组中的"SmartArt"按钮，如下图所示。

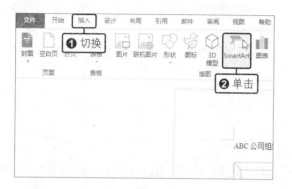

步骤02　选择图形类型

弹出"选择 SmartArt 图形"对话框，❶在左侧单击"层次结构"选项，❷在右侧的面板中单击"组织结构图"，如下图所示。

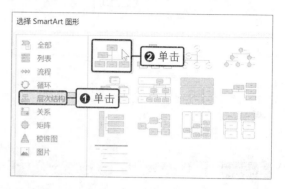

步骤03　查看插入图形后的效果

单击"确定"按钮后，在文档中插入了一个组织结构图，如下图所示。

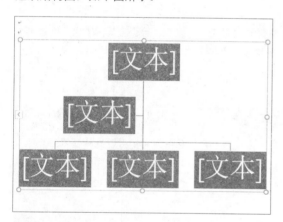

步骤04　输入文本内容

分别选择 SmartArt 图形中的形状，输入相应的文本内容，如下图所示。

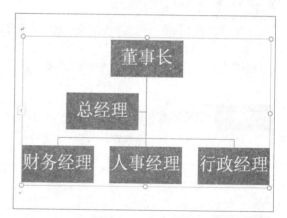

步骤05　添加形状

选择包含"行政经理"的形状，❶右击鼠标，❷在弹出的快捷菜单中依次单击"添加形状 > 在后面添加形状"命令，如下图所示。

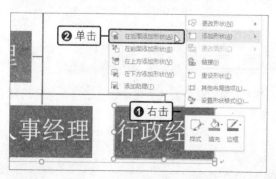

步骤06　查看添加形状后的效果

此时在所选形状的后面添加了一个形状，再输入相应的文本，如下图所示。

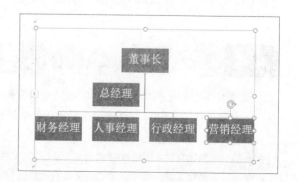

小提示

　　添加形状还可以借助文本窗格。单击 SmartArt 图形左侧的文本窗格展开按钮，会打开文本窗格，在窗格中每个符号占位符即代表一个形状，定位添加形状的位置，按下【Enter】键即可自动添加形状。

生存技巧　单独更改SmartArt图形中某个形状的外形

　　插入 SmartArt 图形后，可以随意更改其中任意一个形状的外形。选择要更改的形状，在 "SmartArt 工具 - 格式" 选项卡下单击 "更改形状" 按钮，在展开的形状库中选择其他形状即可。

步骤07　添加其他形状

　　根据需要在相应形状的上下左右添加其他形状，再在形状中输入文本，如下图所示。

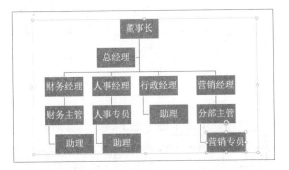

步骤08　更改图形颜色

　　切换到 "SmartArt 工具 - 设计" 选项卡，❶单击 "SmartArt 样式" 组中的 "更改颜色" 按钮，❷在展开的颜色库中选择合适的样式，如下图所示。

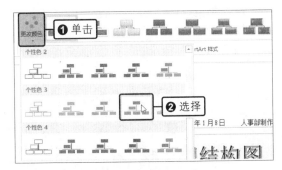

步骤09　更改图形样式

　　在 "SmartArt 样式" 组中单击样式库中的 "细微效果" 样式，如下图所示。

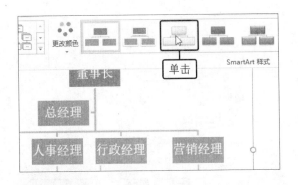

步骤10　查看美化图形后的效果

　　为 SmartArt 图形设置了颜色和样式后，图形的外观和整个文档的风格更匹配，效果如下图所示。

生存技巧　更改SmartArt图形布局

　　除了能更改单独的形状外，还可以更改 SmartArt 图形的整体布局，只需要在 "SmartArt 工具 - 设计" 选项卡下单击 "更改布局" 按钮，在展开的布局库中重新选择 SmartArt 布局样式即可。应用不同的布局可以从不同角度诠释信息与观点，从而更有效地传达信息。

4.5 添加数据图表

在文档中添加数据图表能帮助进行数据的分析。如果想让图表看起来更美观，还可以对图表的布局、样式、颜色等做出调整。

4.5.1 插入图表

插入图表时应该根据分析数据的需要来选择适合的图表类型。Word 中的图表类型有很多，其中常用的有柱形图、折线图和饼图等。

原始文件： 下载资源\实例文件\04\原始文件\各部门交际费比较.docx
最终文件： 下载资源\实例文件\04\最终文件\插入图表.docx

步骤01 插入图表

打开原始文件，切换到"插入"选项卡，单击"插图"组中的"图表"按钮，如下图所示。

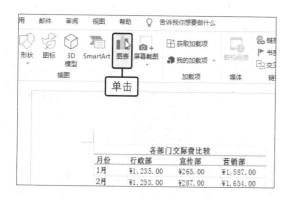

步骤02 选择图表类型

弹出"插入图表"对话框，❶在左侧单击"柱形图"选项，❷在右侧的选项面板中双击"簇状柱形图"选项，如下图所示。

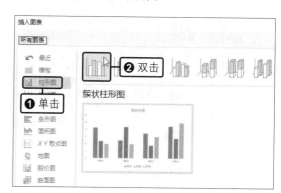

步骤03 查看插入图表后的效果

此时插入了一个"簇状柱形图"图表，并自动打开了一个 Excel 工作簿，如右图所示。

生存技巧 进入完整的Excel界面处理数据

在 Word 文档中插入图表后同时打开的 Excel 工作簿中未显示功能区，只能进行简单的数据输入和编辑。如果想要使用完整的 Excel 功能对数据进行处理，需在"图表工具-设计"选项卡下单击"编辑数据"下三角按钮，在展开的列表中单击"在 Excel 中编辑数据"选项，如右图所示。

4.5.2　编辑与美化图表

上一小节插入的图表只是一个通用的模板，其工作簿中的数据只是一些样例数据，用户还需在工作簿中输入要利用图表分析的实际数据，文档中的图表将会随着数据的输入自动更新。为了让图表的外观和文档的风格相匹配，通常还要对图表进行美化。

原始文件： 下载资源\实例文件\04\原始文件\插入图表.docx
最终文件： 下载资源\实例文件\04\最终文件\编辑与美化图表.docx

步骤01　编辑数据源

打开原始文件，选择图表，在"图表工具-设计"选项卡下单击"编辑数据"按钮，在打开的"Microsoft Word 中的图表"工作簿中输入相关的数据内容，如下图所示。

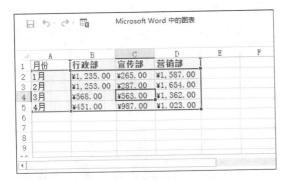

步骤02　查看编辑数据源后的图表效果

编辑完数据源后，图表自动进行了更新，效果如下图所示。

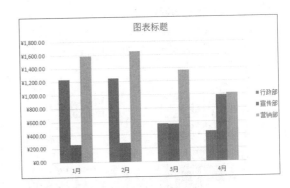

步骤03　选择图表布局

切换到"图表工具-设计"选项卡，❶单击"图表布局"组中的"快速布局"按钮，❷在展开的样式库中选择"布局 3"样式，如下图所示。

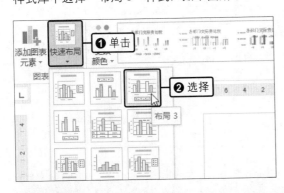

步骤04　输入图表标题

更改了图表布局后，在图表上方出现一个图表标题文本框，在文本框中输入图表标题，如下图所示。

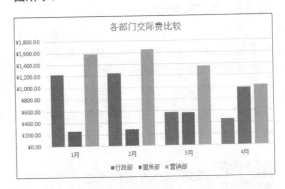

生存技巧　将Excel中制作的图表复制到Word

如果要在 Word 中使用的图表已经在 Excel 中做好，就可以直接在 Excel 中选择图表，然后复制粘贴到 Word 中。粘贴的图表右下角会出现一个粘贴按钮，单击该按钮，可以看到多种粘贴方式：使用目标主题和嵌入工作簿，即使用文档主题设置图表格式，并将 Excel 工作簿作为对象保存到 Word；使用目标主题和链接数据，即使用文档主题设置图表格式，同时将 Word 图表链接到原工作簿图表数据，原工作簿数据更新，Word 中的图表同步更新；粘贴为图片，即将图表作为图片插入到 Word。

步骤05 选择图表样式

选择图表中的数据系列，在"图表样式"组中单击快翻按钮，在展开的样式库中选择"样式14"，如下图所示。

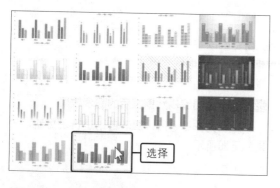

步骤07 更改图表颜色

❶单击"图表样式"组中的"更改颜色"按钮，❷在展开的样式库中选择"单色调色板12"，如下图所示。

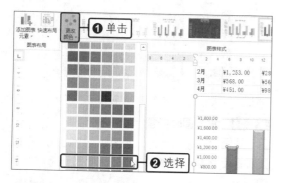

步骤09 调整图表大小

将鼠标指针放在图表的边缘，拖动鼠标，将图表调到合适的大小后，释放鼠标，此时可以看到图表的最终效果，如右图所示。

步骤06 查看更改图表样式后的效果

此时可看到对图表应用了所选择的预设样式，如下图所示。

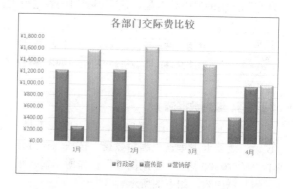

步骤08 查看更改颜色后的效果

此时可看到对图表应用了新的颜色样式，如下图所示。

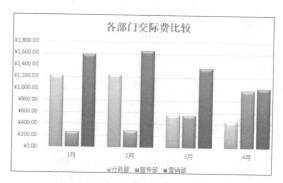

生存技巧 调整图表大小时保持宽高比例不变

在调整图表大小时，拖动图表边缘四个角上的控制点会同时改变图表的宽度和高度。若要保持图表的宽高比例不变，在拖动四个角上的控制点时需同时按住【Shift】键。

4.6 实战演练——制作公司简介

公司简介是用简明扼要的文字介绍公司基本情况的文档，能让人对公司有一个初步的了解。公司简介的内容主要包括公司性质、经营范围、经营理念、注册资本、员工人数、联系方式等。下面将结合应用图片、文本框、SmartArt 图形等制作一份公司简介文档。

原始文件： 下载资源\实例文件\04\原始文件\1.png
最终文件： 下载资源\实例文件\04\最终文件\公司简介.docx

步骤01　插入图片

　　新建一个空白的 Word 文档，首先为文档设计一个背景。将光标定位在要插入图片的位置，切换到"插入"选项卡，单击"插图"组中的"图片"按钮，如下图所示。

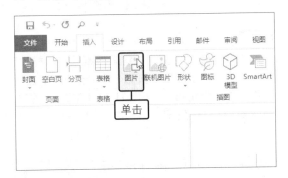

步骤02　选择图片

　　弹出"插入图片"对话框，❶找到图片保存的路径后，选择图片，❷单击"插入"按钮，如下图所示。

步骤03　设置图片的文字环绕方式

　　此时在文档中插入了一张图片，接着要改变图片的环绕方式，将图片设置为文档的背景。切换到"图片工具 - 格式"选项卡，❶单击"排列"组中的"环绕文字"按钮，❷在展开的下拉列表中单击"衬于文字下方"选项，如下图所示。

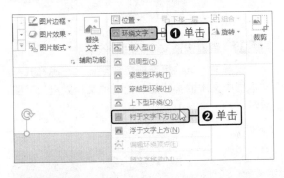

步骤04　插入文本框

　　拖动鼠标调整图片的大小。制作好文档背景后，可以在背景图片上插入文本框，用于放置文档的标题。切换到"插入"选项卡，❶单击"文本"组中的"文本框"按钮，❷在展开的下拉列表中单击"绘制横排文本框"选项，如下图所示。

生存技巧　为文档快速添加封面页

　　在"插入"选项卡中单击"封面"按钮，在展开的封面库中选择需要的封面样式，即可在当前文档的第一页前插入新的封面页。

步骤05 绘制文本框

此时鼠标指针呈十字形，在合适的位置拖动鼠标，绘制一个大小适当的文本框，如下图所示。

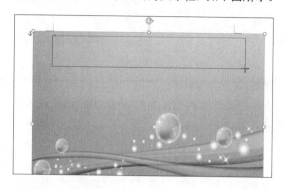

步骤06 绘制竖排文本框并输入文本

再绘制出一个竖排文本框，在文本框中输入相应的文本并设置好字号，如下图所示。

步骤07 设置透明度

按住【Ctrl】键，同时选择两个文本框，在"形状样式"组中单击对话框启动器，打开"设置形状格式"窗格，❶在"填充"选项组中单击"纯色填充"单选按钮，❷设置填充颜色的"透明度"为"100%"，如下图所示。

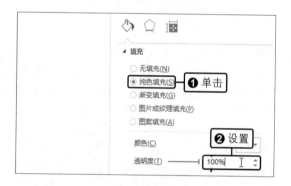

步骤08 设置边框

单击窗格的"关闭"按钮后，❶在"形状样式"组中单击"形状轮廓"按钮，❷在展开的下拉列表中单击"无轮廓"选项，即可去除文本框的轮廓线条，如下图所示。

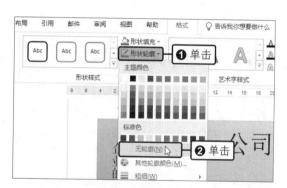

步骤09 设置字体样式

对文本框进行设置后，再对文本框中的文本进行设置。保持选中两个文本框，在"艺术字样式"组中单击快翻按钮，在展开的样式库中选择合适的样式，如下图所示。

步骤10 查看设置文本框后的效果

设置文本框的填充颜色透明度、轮廓样式和文本框中文本的样式后，此时的文档效果如下图所示。

步骤11　插入 SmartArt 图形

❶切换到"插入"选项卡，❷在"插图"组中单击"SmartArt"按钮，如下图所示。

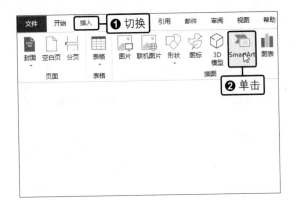

步骤13　输入文本

此时在文档中插入了一个 SmartArt 图形，设置图形的环绕方式为"浮于文字上方"，并拖动图形到合适的位置，为图形添加相应的文本，如下图所示。

步骤15　查看文档的最终效果

更改 SmartArt 图形中形状的类型后，文档被赋予一定的视觉动感，此时就完成了整个文档的制作，如右图所示。

步骤12　选择图形

弹出"选择 SmartArt 图形"对话框，❶在左侧单击"列表"选项，❷在右侧面板中双击"垂直重点列表"选项，如下图所示。

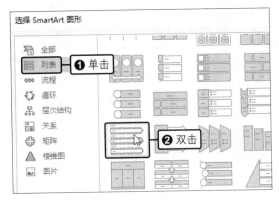

步骤14　更改形状

同时选中 SmartArt 图形中需要更改的形状，切换到"SmartArt 工具 - 格式"选项卡，❶单击"形状"组中的"更改形状"按钮，❷在展开的形状类型库中选择"双波形"，如下图所示。

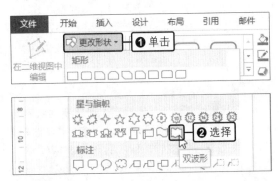

第5章 在文档中合理使用表格

表格是指按项目画成的格子，在格子中可填写文本，是组织和整理信息的一种常用手段。在 Word 文档中使用表格来呈现内容，能够获得简洁、清晰、有序的版面效果。Word 提供了丰富的表格制作功能，让用户能够轻松完成表格的创建和美化。

5.1 创建表格

要使用表格来表达内容，首先就需要学会创建表格。在 Word 文档中创建表格的方法有三种，分别为利用表格模板插入表格、手动绘制表格、利用对话框插入表格。

5.1.1 利用模板插入表格

利用表格模板来插入表格可以说是最常用的一种方法，但是，这种方法存在一定的局限性，因为表格模板最多只能创建 8 行 10 列的表格。

原始文件：下载资源\实例文件\05\原始文件\销售统计表.docx
最终文件：下载资源\实例文件\05\最终文件\利用模板插入表格.docx

步骤01 插入表格

打开原始文件，将光标定位在需要插入表格的位置，切换到"插入"选项卡，❶单击"表格"组中的"表格"按钮，❷在展开的表格模板中选择表格的行列为"4×4"，如下图所示。

步骤02 查看插入表格的效果

此时在文档中插入了一个 4 行 4 列的表格，如下图所示。

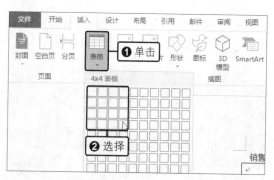

步骤03 输入内容

根据需要在表格中输入文本，即完成表格的创建，如右图所示。

销售统计表			
销售店铺	销售月份	销售数量	销售总金额
美好店	1月	158 件	39856
魅力店	1月	169 件	42153
美新店	1月	119 件	28654

快速插入Excel电子表格

在 Word 文档中可以插入一张拥有全部数据处理功能的 Excel 电子表格，从而间接增强 Word 的数据处理能力。只需要单击"表格"组中的"表格"按钮，在展开的下拉列表中单击"Excel 电子表格"选项，就会在文档中出现 Excel 的功能区和工作表。

5.1.2　手动绘制表格

如果要随心所欲地创建特殊格式的表格，就需要手动绘制表格。

原始文件： 下载资源\实例文件\05\原始文件\通讯簿.docx
最终文件： 下载资源\实例文件\05\最终文件\手动绘制表格.docx

步骤01　单击"绘制表格"选项

打开原始文件，❶单击"表格"组中的"表格"按钮，❷在展开的下拉列表中单击"绘制表格"选项，如下图所示。

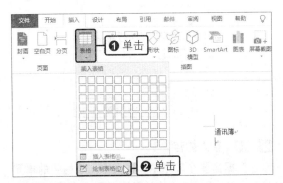

步骤02　绘制表格外框

此时鼠标指针呈铅笔形，在适当的位置拖动鼠标，绘制表格外框，如下图所示。

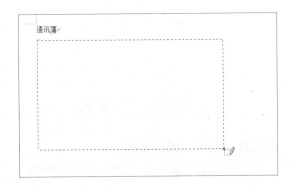

步骤03　绘制表格的行和列

释放鼠标后，继续绘制表格的行线和列线。完成整个表格的绘制，如下图所示。

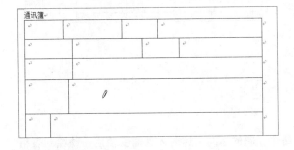

步骤04　输入内容

按【Esc】键，结束绘制表格，此时鼠标指针变为 I 形，表示可以进行文本的编辑。在绘制的表格中输入文本内容，如下图所示。

全选表格的方法

在 Word 中可以使用两种方法快速选择整个表格。方法一：将鼠标指针指向表格左上方，此时会出现 ⊞ 按钮，单击该按钮即可选择整个表格。方法二：将光标定位至表格中，在"表格工具 - 布局"选项卡中单击"选择"按钮，在展开的下拉列表中单击"选择表格"选项，也能选择整个表格。

5.1.3 利用对话框插入表格

利用对话框可以在创建表格之前设定好表格的尺寸、列宽等，快速创建满足要求的表格。

原始文件： 下载资源\实例文件\05\原始文件\考勤表.docx
最终文件： 下载资源\实例文件\05\最终文件\利用对话框插入表格.docx

步骤01 单击"插入表格"选项

打开原始文件，定位好光标，❶单击"表格"组中的"表格"按钮，❷在展开的下拉列表中单击"插入表格"选项，如下图所示。

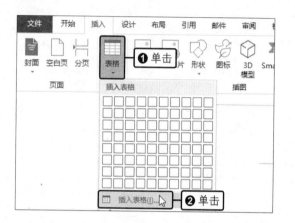

步骤02 设置表格的尺寸

弹出"插入表格"对话框，❶设置表格的"列数"为"15"、"行数"为"6"，❷单击"根据内容调整表格"单选按钮，❸单击"确定"按钮，如下图所示。

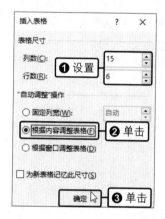

步骤03 查看插入表格的效果

此时在文档中插入了一个6行15列的表格，如下图所示。

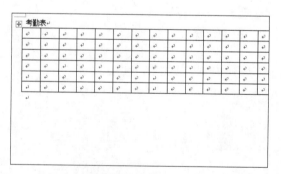

步骤04 输入内容

根据需要在表格中输入文本，表格中的单元格大小自动和文本内容的长度相匹配，如下图所示。

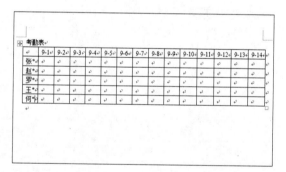

5.1.4 绘制斜线表头

制作表格时，有时候标题栏需要用斜线来区分两个标题的指向，这时候就需要使用手动绘制表格的功能绘制一条斜线，制作斜线表头。

原始文件： 下载资源\实例文件\05\原始文件\利用对话框插入表格.docx
最终文件： 下载资源\实例文件\05\最终文件\绘制斜线表头.docx

步骤01　单击"绘制表格"选项

打开原始文件，❶单击"表格"组中的"表格"按钮，❷在展开的下拉列表中单击"绘制表格"选项，如下图所示。

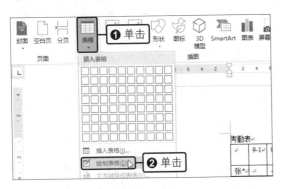

步骤02　绘制斜线

在需要绘制斜线的单元格中斜向拖动鼠标，绘制斜线，如下图所示。释放鼠标后，可以查看绘制的效果。

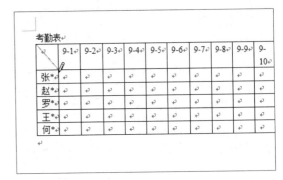

5.2　编辑表格

在文档中创建表格后，为了满足输入文本内容的需要，可以对表格进行编辑。表格的编辑操作一般包括在表格中插入行和列、对单元格进行合并和拆分、调整行高和列宽、调整表格的对齐方式等。

5.2.1　在表格中插入行和列

插入表格时，也许无法准确预估需要的行数和列数。在表格中添加文本内容时，如果表格中的行或列不够用，可以插入新的行或列。

原始文件： 下载资源\实例文件\05\原始文件\人力需求规划表.docx
最终文件： 下载资源\实例文件\05\最终文件\在表格中插入行和列.docx

步骤01　插入行

打开原始文件，❶将光标定位在需要在其下方插入行的单元格中，切换到"表格工具 - 布局"选项卡，❷单击"行和列"组中的"在下方插入"按钮，如下图所示。

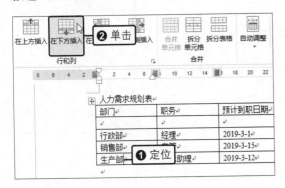

步骤02　查看插入行的效果

此时在光标所在行的下方插入了一行单元格，如下图所示。

步骤03 插入列

❶将光标定位在需要在其右侧插入列的单元格中，❷在"行和列"组中单击"在右侧插入"按钮，如下图所示。

步骤04 查看插入列的效果

此时新插入了一列。根据需要在新插入的行和列中添加文本内容，如下图所示。

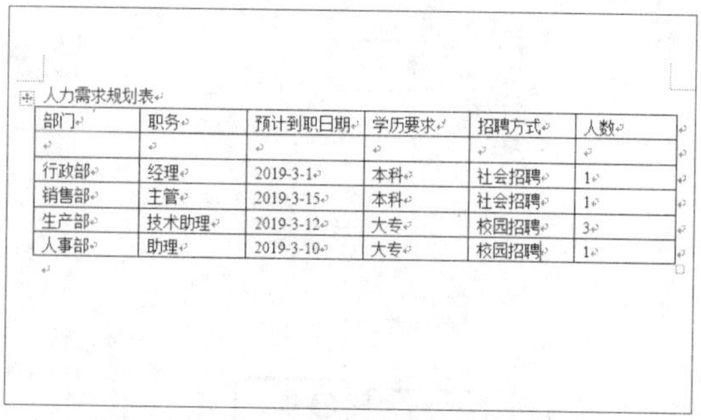

> **小提示**
>
> 可以为表格插入新的行和列，也可以删除表格中不需要的行和列。将光标定位在需要删除的行或列包含的任意单元格中，在"行和列"组中单击"删除"按钮，在展开的下拉列表中选择要执行的相应命令选项即可。

> **生存技巧 用【Enter】键增加表格行**
>
> 将光标定位在表格中某一行末尾的段落标记前，再按【Enter】键，即可在这一行的下方插入新的一行。

> **生存技巧 一次性插入多行或多列**
>
> 若要在表格中一次性插入多行或多列，例如插入 5 列，可以使用下面的方法快速完成：在表格中选择 5 列单元格并右击鼠标，在弹出的快捷菜单中单击"插入 > 在右侧插入列"或"插入 > 在左侧插入列"命令。选择几列单元格，就会一次性插入几列。插入多行单元格同理。

5.2.2　合并和拆分单元格

调整表格的格式时，有时会需要合并和拆分单元格。合并单元格即将多个相邻的单元格合并为一个单元格，而拆分单元格则是将一个单元格拆分为多个单元格。

原始文件：下载资源\实例文件\05\原始文件\在表格中插入行和列.docx

最终文件：下载资源\实例文件\05\最终文件\合并和拆分单元格.docx

步骤01 合并单元格

打开原始文件，❶选择要合并的多个相邻单元格，❷切换到"表格工具 - 布局"选项卡，单击"合并"组中的"合并单元格"按钮，如下左图所示。

步骤02 查看合并单元格的效果

此时可以看见所选单元格被合并了，采用同样的方法对表格中的其他单元格进行合并，效果如下右图所示。

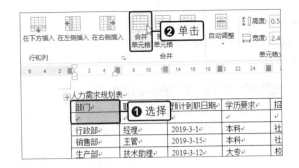

步骤03　拆分单元格

❶将光标定位在需要拆分的单元格中，❷单击"合并"组中的"拆分单元格"按钮，如下图所示。

步骤04　设置拆分的列数和行数

弹出"拆分单元格"对话框，❶设置"列数"为"1"、"行数"为"2"，❷单击"确定"按钮，如下图所示。

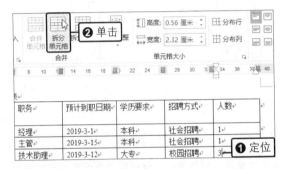

步骤05　查看拆分后的效果

此时将一个单元格拆分为两个单元格，在单元格中输入需要的内容，如下图所示。

人力需求规划表					
部门	职务	预计到职日期	学历要求	招聘方式	人数
行政部	经理	2019-3-1	本科	社会招聘	1
销售部	主管	2019-3-15	本科	社会招聘	1
生产部	技术助理	2019-3-12	大专	校园招聘	一部：1人
					二部：2人
人事部	助理	2019-3-10	大专	校园招聘	1

生存技巧　快速将表格一分为二

若要将整个表格分割成两个，例如将表格前 3 行分割为一个表格，剩余的行分割为另一个表格，可以将光标定位至表格的第 4 行任意单元格中，在"表格工具 - 布局"选项卡下单击"拆分表格"按钮，效果如下图所示。

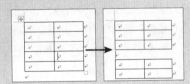

生存技巧　表格跨页时自动重复表格标题

编辑表格时难免会遇到表格跨页的情况，由于下一页的表格缺少标题，查看起来很不方便，手工添加标题又显得不够灵活。如果表格的标题位于第一行，可以将光标定位至第一行中，在"表格工具 - 布局"选项卡下单击"重复标题行"按钮，即可在下一页表格中自动重复显示第一行的标题。

5.2.3　自动调整行高与列宽

添加在表格中的文本内容的字号可能有大有小，或许还包含多行文本或一行较长的文本，这时候就需要调整单元格的行高和列宽，让单元格大小与文本内容相匹配。

步骤01 调整表格

打开原始文件，将光标定位在表格中，切换到"表格工具-布局"选项卡，❶单击"单元格大小"组中的"自动调整"按钮，❷在展开的下拉列表中单击"根据内容自动调整表格"选项，如下图所示。

步骤02 查看调整表格后的效果

此时可以看见表格的行高和列宽自动和表格中的文本内容相匹配，如下图所示。

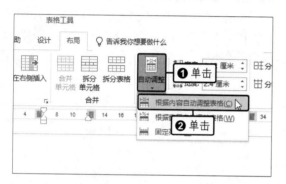

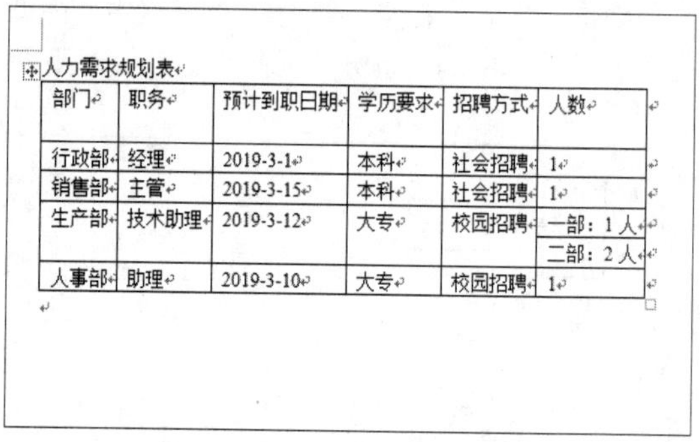

小提示

除了自动调整行高和列宽，还可以用鼠标拖动的方式调整行高和列宽：将鼠标指针移到列与列之间或行与行之间的表格线上，当鼠标指针变为双箭头时，按住鼠标左键不放并拖动，拖动至合适的位置后释放鼠标左键即可。

生存技巧 三线表的制作

编辑文档时常会用到三线表，在 Word 中可以轻松地制作出来。首先插入一个 10 列 5 行的表格，选择整个表格，在"表格工具-设计"选项卡下单击"边框"下三角按钮，在展开的列表中单击"边框和底纹"选项，弹出"边框和底纹"对话框，在"边框"选项卡下单击"无"，设置"宽度"为"1.5 磅"，在右侧"预览"选项组中单击和按钮，完成后单击"绘制表格"按钮，在表格第二行从左到右绘制一条线，粗细根据实际需求来调整。

5.2.4 调整表格的对齐方式

要让表格在页面中水平方向上整体靠左、居中或靠右放置，可以通过为表格设置不同的对齐方式来实现。

步骤01 单击"属性"按钮

打开原始文件，将光标定位在表格中任意位置，切换到"表格工具-布局"选项卡，单击"表"组中的"属性"按钮，如下左图所示。

步骤02　设置对齐方式

弹出"表格属性"对话框，❶切换到"表格"选项卡下，❷双击"对齐方式"组中的"居中"图标，如下右图所示。

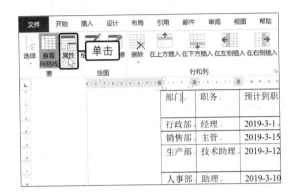 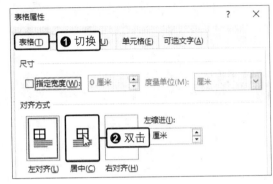

步骤03　查看对齐后的效果

此时将表格放置在页面的水平居中位置，再设置标题也水平居中，效果如右图所示。

5.2.5　调整表格内容的对齐方式

表格中添加的文本内容默认在单元格中靠左对齐，为了满足排版的需要，往往要适当地调整这些内容在单元格中的对齐方式，例如将内容居中或靠上右对齐等。

原始文件：下载资源\实例文件\05\原始文件\调整表格的对齐方式.docx
最终文件：下载资源\实例文件\05\最终文件\调整表格内容的对齐方式.docx

步骤01　选择对齐方式

打开原始文件，❶选择整个表格，❷切换到"表格工具 - 布局"选项卡，单击"对齐方式"组中的"水平居中"按钮，如下图所示。

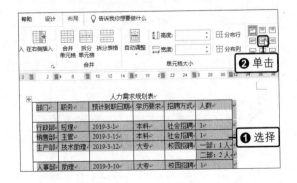

步骤02　查看居中对齐的效果

此时表格中的内容全部以水平居中的方式显示在各自单元格中，如下图所示。

部门	职务	预计到职日期	学历要求	招聘方式	人数
行政部	经理	2019-3-1	本科	社会招聘	1
销售部	主管	2019-3-15	本科	社会招聘	1
生产部	技术助理	2019-3-12	大专	校园招聘	一部：1 人 二部：2 人
人事部	助理	2019-3-10	大专	校园招聘	1

生存技巧 精确设置单元格大小与边距

在 Word 中，除了能根据表格内容来调整单元格的宽度和高度外，还可以精确设置单元格宽度和高度，只需要切换至"表格工具 - 布局"选项卡，在"单元格大小"组中输入"高度"和"宽度"值即可。对于单元格中文本与单元格边框的距离，在 Word 中也能精确调整。在"对齐方式"组中单击"单元格边距"按钮，在弹出的对话框中可以自定义单元格边距。

5.3 美化表格

运用前面学习的操作搭建好表格的框架并输入内容后，还需要对表格样式进行适当的设置，才能得到一个专业、美观的表格。Word 中有丰富的预设表格样式，可以直接套用，如果对预设的表格样式不满意，还可以通过自定义表格的边框和底纹来美化表格。

5.3.1 设置表格边框与底纹

在设置表格边框时可以选择不同的线条样式，还可以调整边框的颜色和粗细。给表格添加底纹时，也可以根据实际情况选择合适的颜色。

原始文件： 下载资源\实例文件\05\原始文件\各部门名额编制计划表.docx
最终文件： 下载资源\实例文件\05\最终文件\设置表格边框与底纹.docx

步骤01 选择边框样式

打开原始文件，将光标定位在表格中的任意位置，切换到"表格工具 - 设计"选项卡，❶单击"边框"组中的"笔样式"右侧的下三角按钮，❷在展开的样式库中选择合适的边框样式，如下图所示。

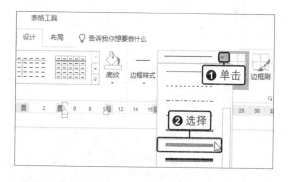

步骤02 选择笔颜色

❶在"边框"组中单击"笔颜色"下三角按钮，❷在展开的颜色库中选择"红色"，如下图所示。

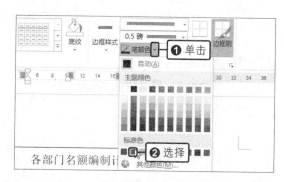

步骤03 绘制边框

选择好边框的样式和颜色后，可看见鼠标指针呈画笔形，单击要设置边框的表格线，如右图所示。

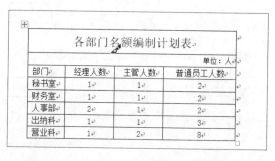

步骤04　查看绘制边框的效果

释放鼠标后即绘制出一条所选样式和颜色的边框，如下图所示。

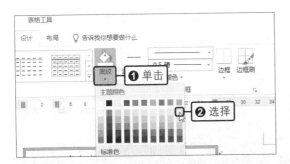

步骤05　绘制完所有边框

采用同样的方法给表格绘制不同的边框，如下图所示。

步骤06　选择底纹颜色

选择要添加底纹的单元格区域，❶在"表格样式"组中单击"底纹"下三角按钮，❷在展开的颜色库中选择"橙色，个性色6，淡色80%"，如下图所示。

步骤07　查看添加底纹后的效果

此时为单元格区域添加了底纹，将标题和内容区分开来，如下图所示。

小提示

除了通过绘制边框的方法为表格设置边框样式外，还可在"边框"组中单击"边框样式"下三角按钮，在展开的下拉列表中选择要添加的边框类型。

生存技巧　文本和表格之间的转换

在 Word 中，文本与表格是可以快速相互转换的。要由表格转换为文本，单击"表格工具 - 布局"选项卡中的"转换为文本"按钮，在弹出的对话框中选择文本分隔符，单击"确定"按钮即可；要由文本转换为表格，插入分隔符将文本分成列，使用段落标记表示要开始新行的位置，选择所有文本，在"插入"组中单击"表格"按钮，在展开的下拉列表中单击"文本转换成表格"选项，弹出"将文字转换成表格"对话框，设置表格尺寸、"自动调整"操作及文本分隔位置，单击"确定"按钮即可完成转换。

生存技巧　隐藏表格线

若要将表格的所有线条隐藏，可以单击表格左上角的全选按钮，在弹出的浮动工具栏中单击"边框"右侧的下三角按钮，在展开的列表中单击"无框线"选项，如右图所示。

5.3.2 套用表格样式

Word 预设了多种非常美观的表格样式，用户可以根据需求为表格套用合适的样式。

原始文件： 下载资源\实例文件\05\原始文件\各部门名额编制计划表.docx
最终文件： 下载资源\实例文件\05\最终文件\套用表格样式.docx

步骤01 选择表格样式

打开原始文件，选择表格，切换到"表格工具 - 设计"选项卡，单击"表格样式"组中的快翻按钮，在展开的样式库中选择合适的样式，如下图所示。

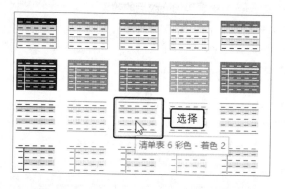

步骤02 查看套用表格样式后的效果

为表格套用了预设的表格样式后，快速地美化了表格，效果如下图所示。

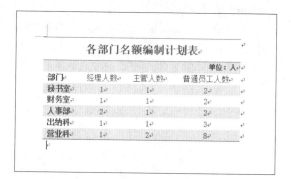

生存技巧 更改表格中文本的方向

表格中文本的方向一般是横排的，若想改变，可将鼠标指针定位在要改变文本方向的表格中右击，在弹出的快捷菜单中单击"文字方向"命令，随后在弹出的"文字方向 - 表格单元格"对话框中进行设置，如右图所示。

5.4 处理表格中的数据

在 Word 文档中插入的表格也可以像 Excel 工作表一样进行数据的处理，当然，处理 Word 文档中的表格数据时能使用的公式是相当有限的。例如，在求和公式中只能使用 LEFT、ABOVE 来对公式所在单元格的左侧连续单元格或上方连续单元格进行求和运算，而不能更自由地指定求和区域。

原始文件： 下载资源\实例文件\05\原始文件\套用表格样式.docx
最终文件： 下载资源\实例文件\05\最终文件\处理表格中的数据.docx

步骤01 单击"公式"按钮

打开原始文件，❶将光标定位在要显示计算结果的单元格中，切换到"表格工具 - 布局"选项卡，❷单击"数据"组中的"公式"按钮，如下左图所示。

步骤02 **输入公式**

弹出"公式"对话框，❶在"公式"文本框中输入"=SUM(LEFT)"，表示计算单元格左侧数据的和，❷单击"确定"按钮，如下右图所示。

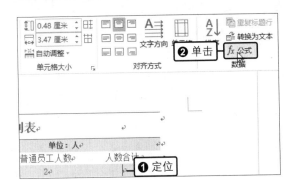

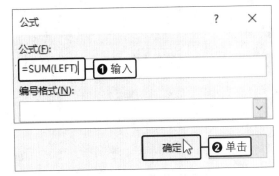

步骤03 **查看计算结果**

此时计算出了秘书室的名额总数为 4 人，如下图所示。

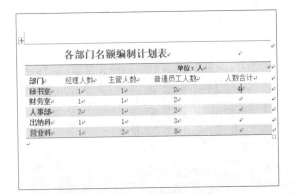

步骤04 **完成全部计算**

采用同样的方法可以计算出其他部门的名额总数，如下图所示。

生存技巧 **设置公式计算结果的格式**

应用公式对表格中的数据进行计算时，还可以为公式的计算结果设置显示格式。在"公式"对话框中设置好公式后，单击"编号格式"下三角按钮，在展开的列表中选择需要应用的格式，公式的计算结果即会以该格式显示。

5.5 实战演练——制作个人简历

个人简历是求职时广泛使用的一种书面材料，美观、得体的简历可在很大程度上提高求职的成功率。表格式简历能便于用人单位快速了解求职者的信息，下面就综合运用前面所学的操作，制作一份简洁、规范的表格式简历。

原始文件：下载资源\实例文件\05\原始文件\个人简历.docx
最终文件：下载资源\实例文件\05\最终文件\个人简历.docx

步骤01　单击"绘制表格"选项

打开原始文件，❶单击"插入"选项卡下"表格"组中的"表格"按钮，❷在展开的下拉列表中单击"绘制表格"选项，如下图所示。

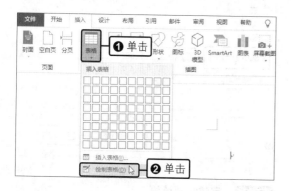

步骤02　绘制表格

此时鼠标指针呈铅笔形，在适当的位置拖动鼠标，绘制表格，如下图所示。

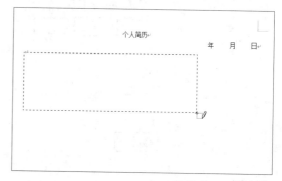

步骤03　绘制整个简历表

释放鼠标后，根据需要继续绘制表格的行线和列线，完成整个表格的绘制，如下图所示。

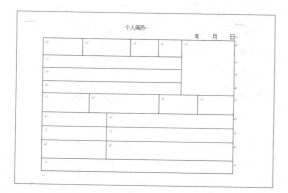

步骤04　选择对齐方式

在表格中输入文本，选择整个表格，切换到"表格工具-布局"选项卡，单击"对齐方式"组中的"水平居中"按钮，如下图所示。

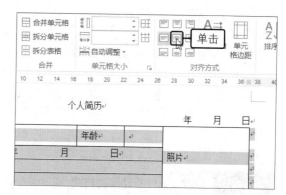

步骤05　改变对齐方式

此时表格中的文本内容全部处于水平居中位置。❶选择要设置其他对齐方式的单元格区域，❷在"对齐方式"组中单击"中部两端对齐"按钮，如下图所示。

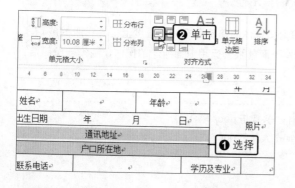

步骤06　设置行高

改变了单元格区域中内容的对齐方式后，❶选择要设置行高的单元格区域，❷在"单元格大小"组中单击"高度"数值调节按钮，设置表格的行高为"0.9厘米"，如下图所示。

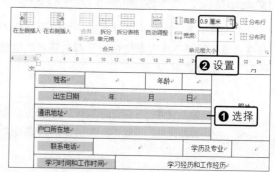

步骤07　查看调整表格后的效果

　　设置好所选单元格区域的行高后，根据需要再对其他单元格的行高或列宽进行设置，如下图所示。

步骤09　设置边框

　　弹出"边框和底纹"对话框，❶在"样式"列表框中选择边框的样式为"━━━"，❷设置边框的"宽度"为"2.25 磅"，❸单击"虚框"图标，如下图所示。

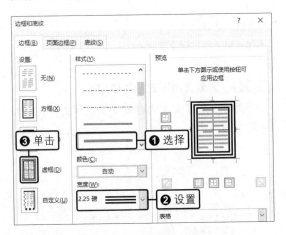

步骤11　查看简历表制作完成的效果

　　单击"确定"按钮后，为表格应用设置的边框和底纹，完成简历表的制作，如右图所示。

步骤08　单击"边框和底纹"选项

　　选择整个表格，切换到"表格工具 - 设计"选项卡，❶在"表格样式"组中单击"边框"下三角按钮，❷在展开的下拉列表中单击"边框和底纹"选项，如下图所示。

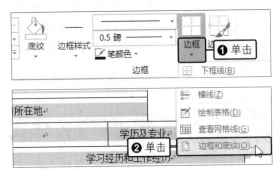

步骤10　设置底纹

　　切换到"底纹"选项卡，❶单击"填充"右侧的下三角按钮，❷在展开的颜色库中选择"白色，背景 1，深色 15%"，如下图所示。

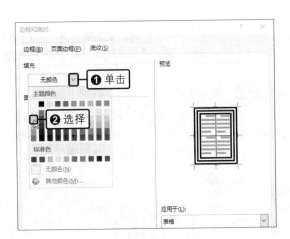

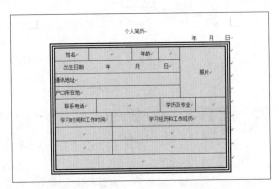

第6章 文档高级编辑技术

简单的文档制作功能并不能完全满足日常工作的需求，所以 Word 提供了许多文档的高级编辑技术。用户可以使用各种样式来快速格式化段落，可以为文档添加书签以快速找到要查阅的位置，还可以为文档生成相应的目录，或为文档中的某些内容添加脚注或尾注等。

6.1 为文档快速设置样式

要制作专业的文档，为文档设置样式是必不可少的操作。为文档快速设置样式的方法包括为文档套用预设的样式和使用格式刷快速复制已有的样式。

6.1.1 使用样式快速格式化段落

预设的样式库包含许多样式，例如，有专门用于文档标题的样式"标题1""标题2""标题3"等，也有专用于正文的样式"要点""引用""明显强调"等。

原始文件： 下载资源\实例文件\06\原始文件\借款管理办法.docx
最终文件： 下载资源\实例文件\06\最终文件\使用样式快速格式化段落.docx

步骤01 选择样式

打开原始文件，选择文本，在"开始"选项卡下单击"样式"组中的快翻按钮，在展开的样式库中选择"明显参考"样式，如下图所示。

步骤02 查看套用样式后的效果

此时为所选文本内容套用了选择的样式，如下图所示。

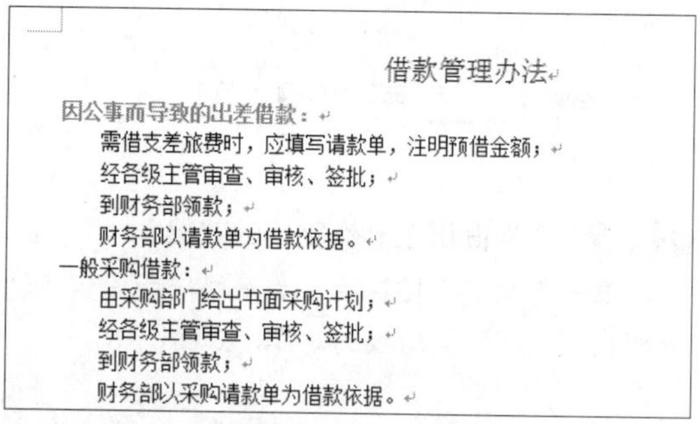

生存技巧　去掉标题前的符号

应用了"标题"样式后，标题文本前会出现一个黑色小方框符号，若要将其去掉，只需按照下面的方法进行操作。这里以取消"标题1"前的符号为例，在样式库中右击"标题1"样式，在弹出的快捷菜单中单击"修改"命令，弹出"修改样式"对话框，单击"格式"按钮，在展开的列表中单击"段落"选项，在弹出的对话框中切换至"换行和分页"选项卡，取消勾选"与下段同页"和"段中不分页"复选框，单击"确定"按钮即可。

6.1.2　使用格式刷快速复制样式

如果文档中已经设置好一个样式，并且需要将这个样式应用到其他段落中，使用格式刷是一个便捷的办法。

原始文件：下载资源\实例文件\06\原始文件\使用样式快速格式化段落.docx

最终文件：下载资源\实例文件\06\最终文件\使用格式刷快速复制样式.docx

步骤01　双击“格式刷”按钮

打开原始文件，❶选择设置了样式的文本内容，❷在“开始”选项卡下双击“剪贴板”组中的“格式刷”按钮，如下图所示。

❷ 双击
❶ 选择
因公事而导致的出差借款：
需借支差旅费时，应填写请款单，注明预借金额；
经各级主管审查、审核、签批；
到财务部领款；
财务部以请款单为借款依据。
一般采购借款：

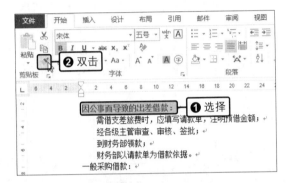

步骤02　使用格式刷

此时鼠标指针呈刷子形，选择需要套用样式的文本内容，如下图所示。

因公事而导致的出差借款：
需借支差旅费时，应填写请款单，注明预借金额；
经各级主管审查、审核、签批；
到财务部领款；
财务部以请款单为借款依据。
一般采购借款：
由采购部门给出书面采购计划；
经各级主管审查、审核、签批；
到财务部领款；
财务部以采购请款单为借款依据。
个人临时性借款：
有借款尚未还清者，一律不准再借。

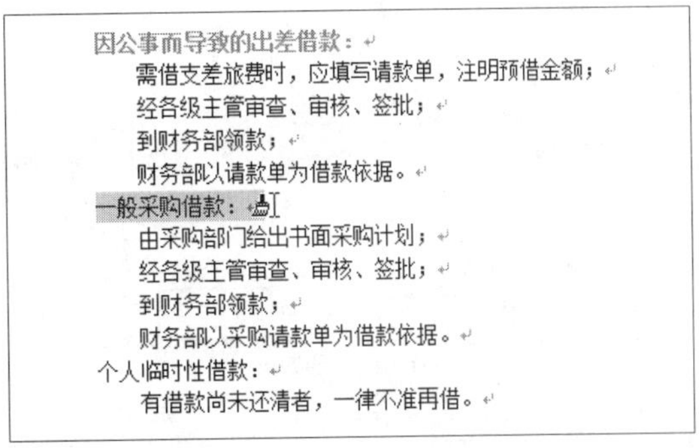

步骤03　重复使用格式刷

释放鼠标后即套用了样式，继续选择下一处需要套用样式的文本内容，如下图所示。

因公事而导致的出差借款：
需借支差旅费时，应填写请款单，注明预借金额；
经各级主管审查、审核、签批；
到财务部领款；
财务部以请款单为借款依据。
一般采购借款：
由采购部门给出书面采购计划；
经各级主管审查、审核、签批；
到财务部领款；
财务部以采购请款单为借款依据。
个人临时性借款：
有借款尚未还清者，一律不准再借。
借款人填写借款单，注明个人用途。

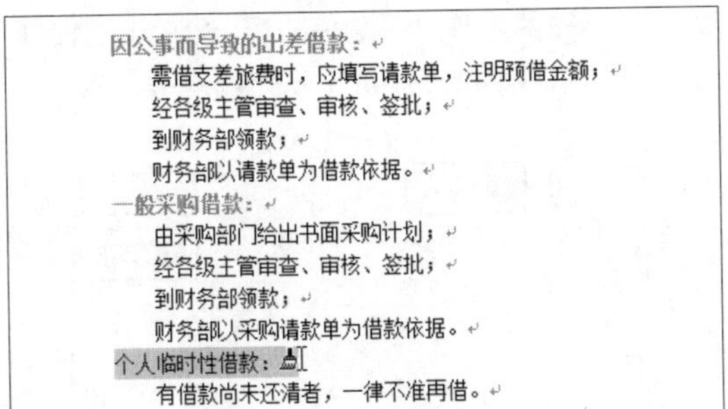

步骤04　查看复制样式后的效果

完成样式复制后的效果如下图所示。按【Esc】键退出样式复制状态。

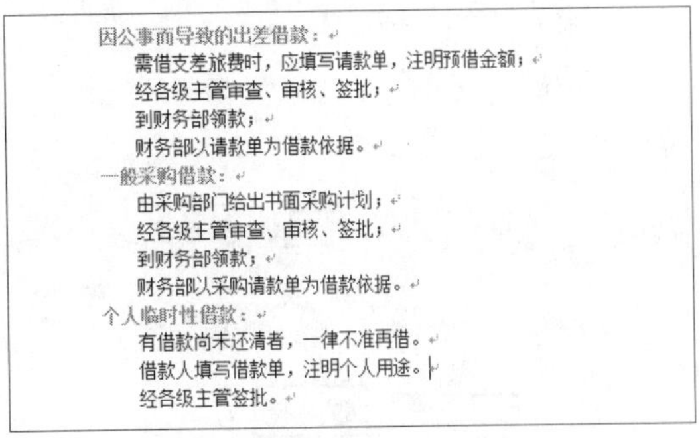

因公事而导致的出差借款：
需借支差旅费时，应填写请款单，注明预借金额；
经各级主管审查、审核、签批；
到财务部领款；
财务部以请款单为借款依据。
一般采购借款：
由采购部门给出书面采购计划；
经各级主管审查、审核、签批；
到财务部领款；
财务部以采购请款单为借款依据。
个人临时性借款：
有借款尚未还清者，一律不准再借。
借款人填写借款单，注明个人用途。
经各级主管签批。

小提示

单击“格式刷”按钮，只能对一处文本内容复制样式，当需要复制样式应用到另一处内容时，需再次选择设置了样式的段落，重新单击“格式刷”按钮。

生存技巧　格式刷的快捷键

要使用格式刷，除了直接单击或双击“格式刷”按钮以外，还可以使用快捷键，即【Ctrl+Shift+C】和【Ctrl+Shift+V】组合键。首先选择已设置好样式的文本，然后按下【Ctrl+Shift+C】组合键，再选择要套用样式的文本，按下【Ctrl+Shift+V】组合键即可。

6.2 添加书签标记查阅位置

　　添加书签就是在文档中的某个位置做一个标记，并创建出能够自动跳转到这个位置的超链接。对于内容较多的文档来说，书签显得尤为重要。

　　原始文件： 下载资源\实例文件\06\原始文件\借款管理办法.docx
　　最终文件： 下载资源\实例文件\06\最终文件\添加书签.docx

步骤01　添加书签

　　打开原始文件，❶选择要设置书签的文本内容，切换到"插入"选项卡，❷单击"链接"组中的"书签"按钮，如下图所示。

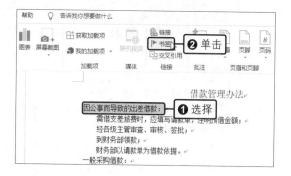

步骤02　设置书签名称

　　弹出"书签"对话框，❶在"书签名"文本框中输入书签的名称为"出差借款"，❷单击"位置"单选按钮，❸单击"添加"按钮，如下图所示。

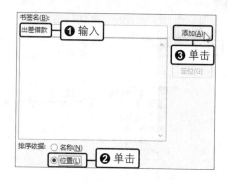

步骤03　添加第二个书签

　　❶选择第二处要设置书签的文本内容，❷单击"链接"组中的"书签"按钮，如下图所示。

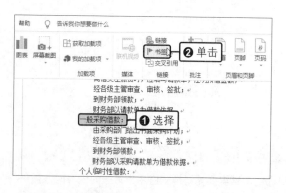

步骤04　设置书签名称

　　打开"书签"对话框，在列表框中显示设置好的第一个书签，❶在"书签名"文本框中输入第二个书签的名称"采购借款"，❷单击"位置"单选按钮，❸单击"添加"按钮，如下图所示。

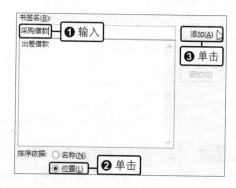

步骤05　使用书签

　　采用同样的方法添加第三个书签"个人借款"。如果需要查阅采购借款的具体规定，打开"书签"对话框，❶在列表框中单击"采购借款"选项，❷单击"定位"按钮，如下左图所示。

步骤06　查看使用书签的效果

　　此时文档中将自动跳转到此书签处，可很快找到需要查看的内容，如下右图所示。

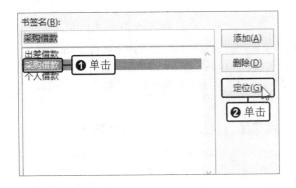

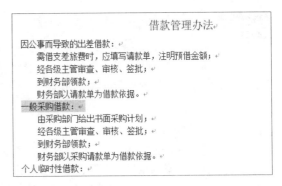

生存技巧　删除书签

如果对添加的书签不满意，可将其删除。打开"书签"对话框，在"书签名"下的列表框中选择要删除的书签，然后单击"删除"按钮即可，如右图所示。

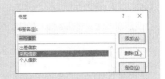

6.3　自动生成文档目录

若文档中有许多标题，这时候就需要有一个目录，以便快速通过标题找到需要查看的内容。在 Word 中，可以利用文档大纲创建文档目录，并根据需要更新目录的内容。

6.3.1　设置文档大纲级别

创建目录之前，必须为文档的各级标题、正文等设置相应的大纲级别，这样在创建目录时才能自动将标题提取出来。

原始文件： 下载资源\实例文件\06\原始文件\公司的入职培训.docx
最终文件： 下载资源\实例文件\06\最终文件\设置文档大纲级别.docx

步骤01　切换到大纲视图

打开原始文件，切换到"视图"选项卡，单击"视图"组中的"大纲"按钮，如下图所示。

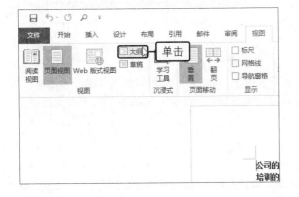

步骤02　查看大纲视图的效果

进入到大纲视图中，可以看到所有段落均为默认的正文文本大纲级别，如下图所示。

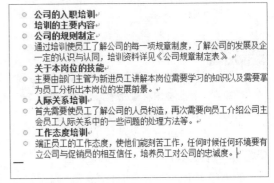

生存技巧 **设置文档网格**

在 Word 中，可以为文档使用网格线并对其进行相关设置。在“视图”选项卡下勾选“网格线”复选框，即可显示网格线。若要调整每行的字数和每页的行数，可以在“布局”选项卡下单击“页面设置”组中的对话框启动器，在弹出的对话框中切换至“文档网格”选项卡，在其中调整相关参数即可。

步骤03 **设置大纲级别**

选择文档的主标题，❶在“大纲显示”选项卡下单击“大纲工具”组中“大纲级别”右侧的下三角按钮，❷在展开的下拉列表中单击“1 级”选项，如下图所示。

步骤04 **查看设置大纲级别后的效果**

设置了主标题的级别后，可以看见段落前的符号改变了，如下图所示。

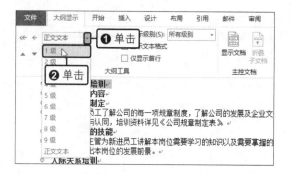

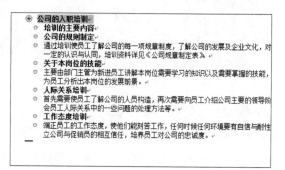

步骤05 **继续设置大纲级别**

选择“培训的主要内容”文本内容，❶单击“大纲工具”组中“大纲级别”右侧的下三角按钮，❷在展开的列表中单击“2 级”选项，如下图所示。

步骤06 **完成级别设置**

设置其他小标题的级别为“3 级”，如下图所示。

生存技巧 **让页面自动滚动**

使用 Word 查看长篇文档时，常常用鼠标滚轮进行翻页操作，其实还可以使用鼠标让页面自动滚动。只需要在文档中按鼠标滚轮键，此时会出现↕符号，向下移动鼠标即可自动向下滚动，向上移动鼠标则自动向上滚动，单击鼠标左键则退出此状态。

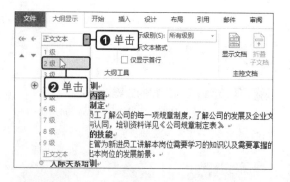

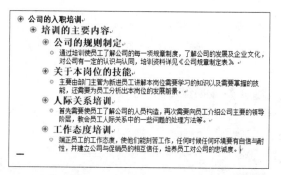

步骤07 **折叠内容**

设置了大纲级别后，即可按照大纲级别来显示内容。❶将光标定位在“培训的主要内容”之前，❷在“大纲工具”组中单击“折叠”按钮，如下左图所示。

步骤08　查看折叠内容后的效果

此时"培训的主要内容"之下的文本内容就被折叠，只显示 3 级标题的内容，如下右图所示。

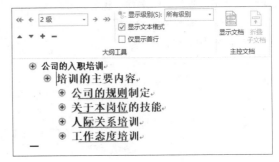

步骤09　展开内容

❶将光标定位在"公司的规则制定"之前，❷在"大纲工具"组中单击"展开"按钮，如下图所示。

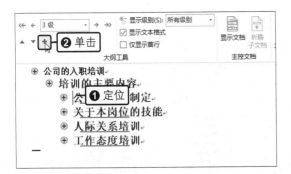

步骤10　查看展开内容后的效果

❶此时"公司的规则制定"之下的正文文本被显示出来，❷完成文档大纲级别的设置后，即可单击"关闭"组中的"关闭大纲视图"按钮，如下图所示。

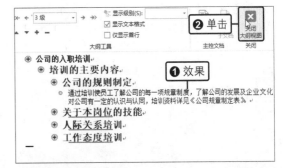

步骤11　返回普通视图

关闭大纲视图后，返回到普通视图中，可看见保留了设置好的段落级别格式，如下图所示。

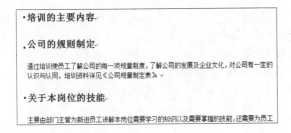

生存技巧　批量调整标题级别

在编辑文档时，若发现文档层级结构出现问题，想要将标题的级别全部往下降一级（例如，一级标题变为二级标题，二级标题变为三级标题，依次类推），使用手动方式逐个调整既麻烦又容易出错。此时可以切换到大纲视图，显示出各级标题后，同时选择各级标题，然后在"大纲工具"组中单击"降级"按钮，就能完成标题级别的批量调整了。

6.3.2　插入目录

在插入目录之前，可以通过"导航"窗格查看目录的内容是否完整，然后再选择一个合适的目录样式来自动生成目录。

原始文件： 下载资源\实例文件\06\原始文件\设置文档大纲级别.docx

最终文件： 下载资源\实例文件\06\最终文件\插入目录.docx

步骤01 勾选"导航窗格"复选框

打开原始文件，为了查看文档所有标题的层级结构，可以先打开"导航"窗格。切换到"视图"选项卡，勾选"显示"组中的"导航窗格"复选框，如下图所示。

步骤02 查看"导航"窗格

此时在窗口左侧打开了"导航"窗格，在"导航"窗格中显示了文档中所有可以纳入目录的标题，如下图所示。

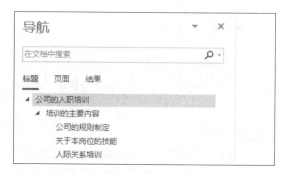

步骤03 选择目录样式

将光标定位在要放置目录的位置，切换到"引用"选项卡，❶单击"目录"组中的"目录"按钮，❷在展开的目录样式库中选择"自动目录1"样式，如下图所示。

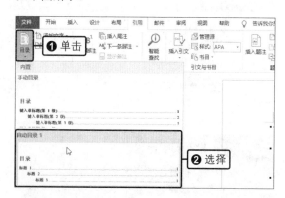

步骤04 查看插入目录后的效果

此时根据文档的所有标题内容生成了一个目录，如下图所示。

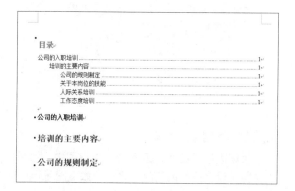

生存技巧 自定义目录

如果对目录样式库中的样式不满意，可自行设置目录样式。单击"目录"按钮，在展开的列表中单击"自定义目录"选项，打开"目录"对话框，在"目录"选项卡下可对是否显示目录页码、页码的对齐方式进行设置，并可为目录中页码前的制表符前导符选择合适的样式。此外，还可以在"常规"选项组下对目录的格式和显示级别进行调整。

6.3.3 更新目录

当文档中的标题或页数发生了变化时，就需要更新目录，让目录的内容随着标题或页数的变化而变化。

原始文件： 下载资源\实例文件\06\原始文件\插入目录.docx

最终文件： 下载资源\实例文件\06\最终文件\更新目录.docx

步骤01　修改标题内容

打开原始文件，修改标题内容，如下图所示。

步骤03　选择更新目录的方式

弹出"更新目录"对话框，❶单击"更新整个目录"单选按钮，❷单击"确定"按钮，如下图所示。

步骤02　更新目录

❶选择目录，❷在弹出的浮动工具栏中单击"更新目录"按钮，如下图所示。

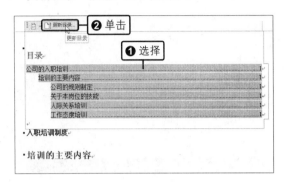

步骤04　查看更新目录后的效果

此时可以看见目录内容已按照修改后的标题进行了更新，如下图所示。

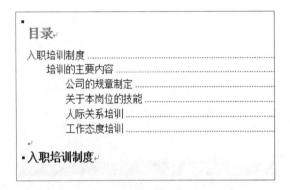

6.4　使用脚注和尾注标出引文出处

脚注和尾注都可用于对文档内容进行解释、批注或说明出处等，不同的是，脚注位于当前页的底部，而尾注位于整个文档的结尾处。

原始文件：下载资源\实例文件\06\原始文件\市场部会议规定.docx
最终文件：下载资源\实例文件\06\最终文件\使用脚注和尾注.docx

步骤01　插入脚注

打开原始文件，❶将光标定位在"部门"文本内容之后，❷切换到"引用"选项卡，❸单击"脚注"组中的"插入脚注"按钮，如右图所示。

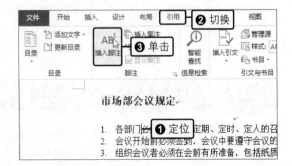

步骤02　输入脚注内容

此时在本页的底部出现脚注 1，输入脚注的内容，如下图所示。

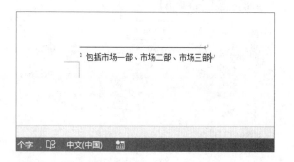

步骤04　输入脚注内容

此时在本页的底部出现脚注 2，输入第二个脚注的内容，如下图所示。

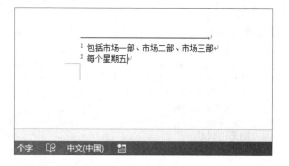

步骤06　输入尾注内容

此时在文档的结尾处插入了一个尾注，输入尾注的内容，如下图所示。

步骤03　插入第二个脚注

在文档内容中可以看见第一个脚注标号，❶将光标定位在"定期"文本内容之后，❷单击"脚注"组中的"插入脚注"按钮，如下图所示。

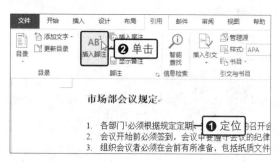

步骤05　插入尾注

在文档内容中可看见已插入了两个脚注标号，❶将光标定位在"纪律"文本内容之后，❷单击"脚注"组中的"插入尾注"按钮，如下图所示。

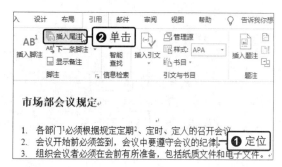

步骤07　显示脚注或尾注内容

插入了脚注和尾注后，将鼠标指针指向文档中的标号，即可在标号处显示对应的脚注或尾注内容，如下图所示。

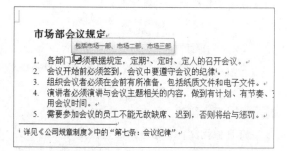

6.5 使用题注为图片自动添加编号

题注是显示在对象下方的文本，用于对对象进行说明。如果需要在文档中插入多张图片，可以利用题注对图片进行自动编号。

原始文件： 下载资源\实例文件\06\原始文件\幻灯片背景图－收集.docx、幻灯片背景图2.png
最终文件： 下载资源\实例文件\06\最终文件\添加题注.docx

步骤01　插入题注

打开原始文件，❶选择图片，❷切换到"引用"选项卡，❸单击"题注"组中的"插入题注"按钮，如下图所示。

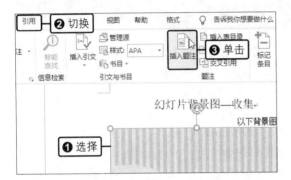

步骤02　创建标签

弹出"题注"对话框，单击"新建标签"按钮，如下图所示。

步骤03　输入标签名称

弹出"新建标签"对话框，❶在"标签"文本框中输入"背景图"，❷单击"确定"按钮，如下图所示。

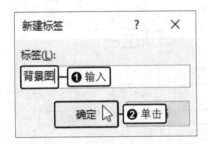

步骤04　单击"确定"按钮

返回到"题注"对话框中，此时可以看见题注自动变成了"背景图 1"，单击"确定"按钮，如下图所示。

步骤05　查看插入题注后的效果

返回到文档中，可以看见在图片的下方显示了题注"背景图 1"，如右图所示。

生存技巧 | 设置标签的位置

一般情况下，标签会自动放置在所选图片的下方，但是有时会需要让标签位于图片上方，此时可以在"题注"对话框中单击"位置"后的下三角按钮，在展开的列表中选择"所选项目上方"选项。

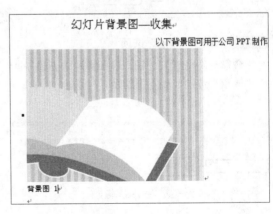

步骤06　查看自动插入题注的效果

在文档中插入第二张图片"幻灯片背景图 2.png"，然后打开"题注"对话框，无须任何设置，直接单击"确定"按钮，返回文档中，可以看见插入的图片下方自动显示题注"背景图 2"，如下左图所示。

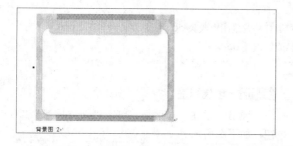

背景图 2·

6.6　实战演练——制作创业计划书

　　创业计划书是一份全方位的商业计划，用于递交给投资人，以便他们评判企业或项目是否值得投资。下面将综合运用前面所学的操作，为一份创业计划书快速设置简洁、规范的格式，并创建目录，以方便投资人翻阅。

原始文件：下载资源\实例文件\06\原始文件\创业计划书.docx
最终文件：下载资源\实例文件\06\最终文件\创业计划书.docx

步骤01　新建样式

　　打开原始文件，选择标题以外的文本内容，❶在"开始"选项卡下单击"样式"组中的对话框启动器，打开"样式"窗格，❷在"样式"窗格中单击"新建样式"按钮，如下图所示。

步骤02　设置字体格式

　　弹出"根据格式设置创建新样式"对话框，❶在"名称"文本框中输入"新样式"，❷在"格式"选项组下，设置字体为"黑体"、字号为"五号"、颜色为"深蓝，文字 2"，如下图所示。

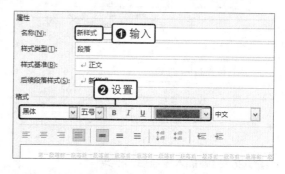

步骤03　单击"段落"选项

　　❶单击"格式"按钮，❷在展开的列表中单击"段落"选项，如下图所示。

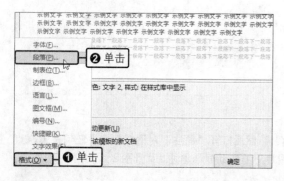

步骤04　设置段落格式

　　弹出"段落"对话框，在"缩进和间距"选项卡下的"缩进"选项组中，设置"特殊格式"为"首行缩进"，如下图所示。

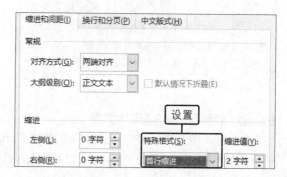

步骤05　查看应用新样式后的效果

依次单击"确定"按钮，返回到文档中，此时可以看到为所选内容套用了新建的样式，如下图所示。

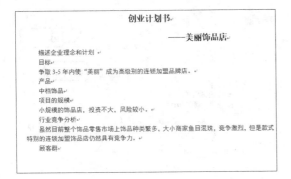

步骤07　启用格式刷

此时为文本内容应用了所选的样式，❶选择文本内容，❷在"剪贴板"组中单击"格式刷"按钮，如下图所示。

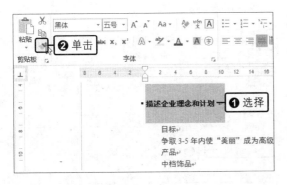

步骤09　切换到大纲视图

释放鼠标后，可看见复制了样式的效果。切换到"视图"选项卡，单击"视图"组中的"大纲"按钮，如下图所示。

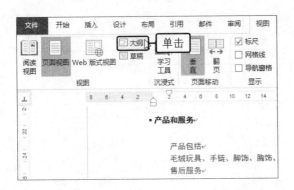

步骤06　套用预设样式

选择"描述企业理念和计划"文本内容，在"样式"组中单击快翻按钮，在展开的样式库中选择"第2级标题"样式，如下图所示。

步骤08　复制样式

此时鼠标指针呈刷子形，选择要应用样式的文本内容，如下图所示。

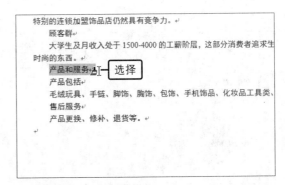

步骤10　设置大纲级别

切换到"大纲显示"选项卡，设置了"第2级标题"样式的文本内容已自动设置为大纲级别的"2级"，❶选择文档的主标题，在"大纲工具"组中单击"大纲级别"右侧的下三角按钮，❷在展开的下拉列表中单击"1级"选项，如下图所示。

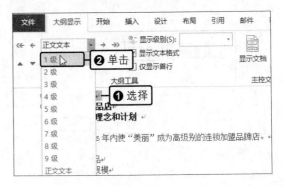

步骤11 完成大纲级别的设置

重复上述方法，为文档中的标题设置不同的大纲级别，如下图所示。

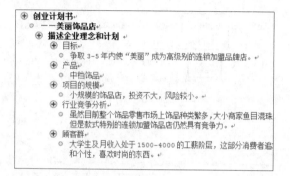

步骤12 显示级别

在"大纲工具"组中，❶单击"显示级别"右侧的下三角按钮，❷在展开的下拉列表中单击"3级"选项，如下图所示。

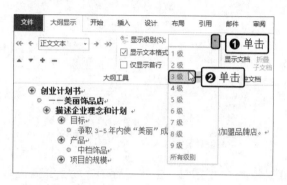

步骤13 查看显示级别的效果

此时可见文档中3级以上级别的标题全部显示出来，而正文文本被隐藏了。单击"关闭大纲视图"按钮，如下图所示。

步骤14 插入目录

将光标定位在要插入目录的位置，切换到"引用"选项卡，❶单击"目录"组中的"目录"按钮，❷在展开的列表中单击"自定义目录"选项，如下图所示。

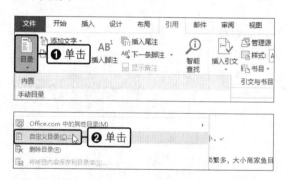

步骤15 选择目录格式

弹出"目录"对话框，❶在"常规"选项组下设置目录的"格式"为"现代"，❷单击"确定"按钮，如下图所示。

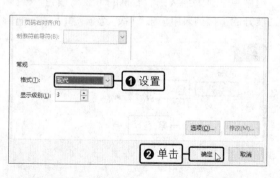

步骤16 查看插入目录后的效果

此时插入了一个样式为"现代"的目录，如下图所示。

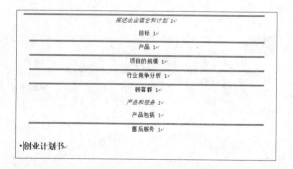

第7章 Excel 2019基本操作

Excel 是专用于数据处理和分析的 Office 组件。Excel 创建的文件称为工作簿，工作簿由工作表组成，工作表则由单元格组成，因此，Excel 的基本操作主要就是对工作表和单元格的操作，此外还包括数据的输入和格式设置、工作表的美化等。

7.1 工作表的基本操作

工作表是用户输入或编辑数据的载体，也是用户的主要操作对象。用户在工作表中存储或处理数据前，应该对工作表的基本操作有相应的了解。例如，为了便于记忆和查找，对工作表进行重命名或更改工作表标签颜色；当默认的工作表数量不够用时，可在工作簿中插入工作表等。

7.1.1 插入工作表

新建的工作簿包含的工作表数量有限，当用户需要更多的工作表时，可以插入新工作表。插入新工作表的方法很多，下面介绍其中操作最为简单、方便的一种方法——利用"新工作表"按钮插入空白工作表。

原始文件：下载资源\实例文件\07\原始文件\员工薪资管理表.xlsx
最终文件：下载资源\实例文件\07\最终文件\插入工作表.xlsx

步骤01 **单击"新工作表"按钮**

打开原始文件，在"员工考勤表"工作表标签右侧单击"新工作表"按钮，如下图所示。

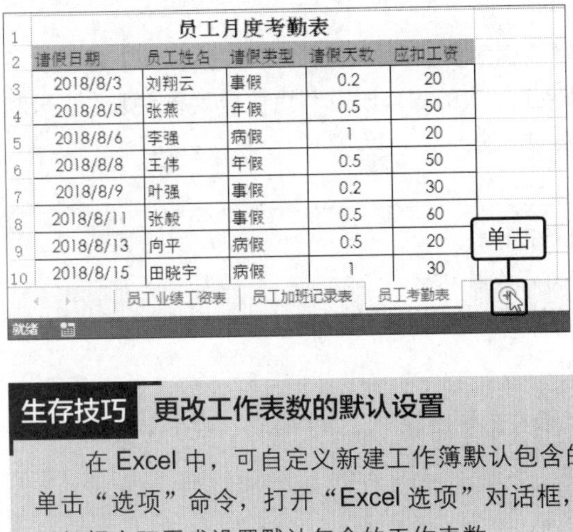

步骤02 **查看插入工作表后的效果**

此时在"员工考勤表"工作表右侧插入了一张空白工作表，并且工作表标签自动命名为"Sheet 1"，如下图所示。

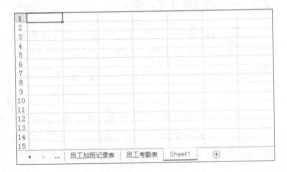

生存技巧 **更改工作表数的默认设置**

在 Excel 中，可自定义新建工作簿默认包含的工作表数。单击"文件"按钮，在弹出的视图菜单中单击"选项"命令，打开"Excel 选项"对话框，在"常规"选项面板的"新建工作簿时"选项组中，可根据实际需求设置默认包含的工作表数。

7.1.2　重命名工作表

新建工作表默认以 "Sheet+*n*"（*n*=1，2，3，…）的形式命名，但在实际工作中，这种命名方式不利于查找和记忆。用户可根据工作表的内容重命名工作表，使其更加形象。

原始文件：下载资源\实例文件\07\原始文件\重命名工作表.xlsx
最终文件：下载资源\实例文件\07\最终文件\重命名工作表.xlsx

步骤01　单击"重命名"命令

打开原始文件，❶右击 "Sheet1" 工作表标签，❷在弹出的快捷菜单中单击 "重命名" 命令，如右图所示。

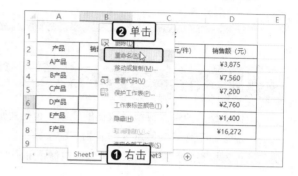

步骤02　工作表标签处于可编辑状态

此时 "Sheet1" 工作表标签呈灰底，处于可编辑状态，如下图所示。

步骤03　输入工作表名称

输入新的工作表标签为 "1 月销售记录"，如下图所示，按【Enter】键确认。

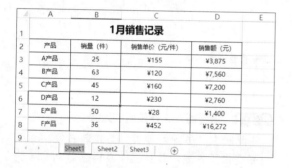

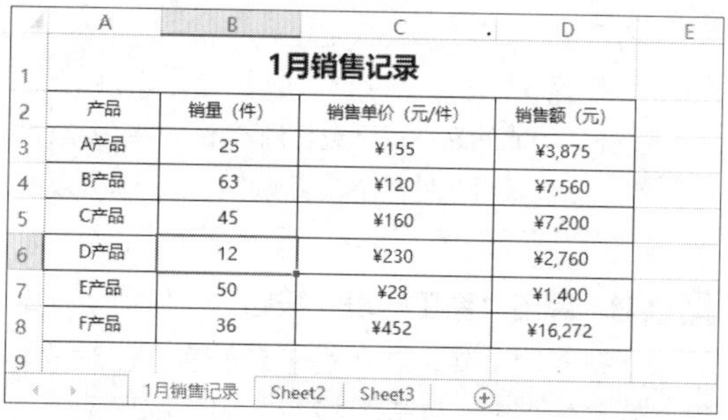

7.1.3　删除工作表

若不再需要使用某一张工作表，可将其删除。当需要删除多张工作表时，可按住【Ctrl】键依次单击需要删除的多张工作表标签，再执行删除操作。删除工作表的操作既可利用快捷菜单完成，也可利用功能区按钮完成。下面介绍利用快捷菜单删除工作表的方法。

原始文件：下载资源\实例文件\07\原始文件\删除工作表.xlsx
最终文件：下载资源\实例文件\07\最终文件\删除工作表.xlsx

步骤01　选择需要删除的工作表

打开原始文件，这里需要将最后一张工作表删除，❶右击要删除的工作表标签，❷在弹出的快捷菜单中单击 "删除" 命令，如下左图所示。

步骤02　确定删除

弹出提示框，提示将永久删除工作表，单击"删除"按钮，如下右图所示。

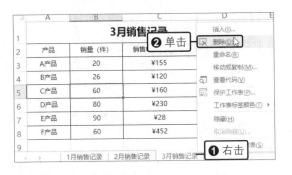
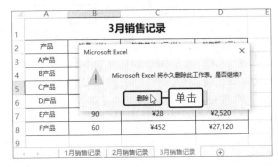

步骤03　查看删除工作表后的效果

此时所选工作表就被删除了，如右图所示。

	2月销售记录		
产品	销量（件）	销售单价（元/件）	销售额（元）
A产品	20	¥155	¥3,100
B产品	40	¥120	¥4,800
C产品	45	¥160	¥7,200
D产品	70	¥230	¥16,100
E产品	80	¥28	¥2,240
F产品	60	¥452	¥27,120

1月销售记录　2月销售记录　⊕

生存技巧　**利用功能区删除工作表**

利用功能区删除工作表的方法为：选择要删除的工作表标签后，在"开始"选项卡下的"单元格"组中单击"删除"下三角按钮，在展开的列表中单击"删除工作表"选项。

7.1.4　移动和复制工作表

工作表的移动和复制可在同一工作簿中进行，也可在不同工作簿之间进行，具体方法有两种：第一种是通过鼠标拖动来完成，第二种是通过对话框来完成。在同一工作簿中移动和复制工作表，使用鼠标拖动来完成会更快捷。而在不同工作簿之间移动和复制工作表，使用对话框来完成会更方便。下面以在同一工作簿中使用对话框复制工作表为例讲解具体操作。

原始文件： 下载资源\实例文件\07\原始文件\移动和复制工作表.xlsx
最终文件： 下载资源\实例文件\07\最终文件\移动和复制工作表.xlsx

步骤01　单击"移动或复制"命令

打开原始文件，❶右击"1月销售记录"工作表标签，❷在弹出的快捷菜单中单击"移动或复制"命令，如下左图所示。

步骤02　选择目标位置

弹出"移动或复制工作表"对话框，❶在"下列选定工作表之前"列表框中选择移动或复制的目标位置，这里单击"（移至最后）"选项，❷因为要复制工作表，所以勾选"建立副本"复选框，❸单击"确定"按钮，如下右图所示。

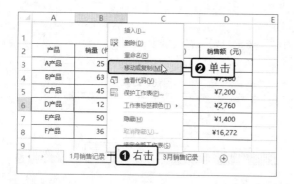

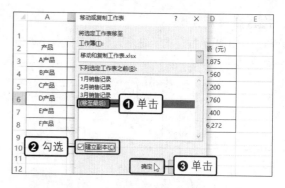

步骤03　查看复制工作表的效果

此时系统会将复制出的工作表以"1月销售记录（2）"命名，并且放置在工作表标签区域的最后，如下图所示。

步骤04　重命名工作表并修改数据

将复制出的工作表重命名为"4月销售记录"，并对工作表中的数据进行修改和完善，效果如下图所示。

	1月销售记录		
产品	销量（件）	销售单价（元/件）	销售额（元）
A产品	25	¥155	¥3,875
B产品	63	¥120	¥7,560
C产品	45	¥160	¥7,200
D产品	12	¥230	¥2,760
E产品	50	¥28	¥1,400
F产品	36	¥452	¥16,272

	4月销售记录		
产品	销量（件）	销售单价（元/件）	销售额（元）
A产品	60	¥155	¥9,300
B产品	78	¥120	¥9,360
C产品	58	¥160	¥9,280
D产品	96	¥230	¥22,080
E产品	100	¥28	¥2,800
F产品	25	¥452	¥11,300

小提示

在同一工作簿中使用鼠标拖动来移动工作表的方法是：在需要移动的工作表标签上按住鼠标左键并横向拖动，此时标签左侧会显示一个黑色倒三角形用于标识移动的目标位置，拖动至适当位置时释放鼠标即可。若要复制工作表，在拖动时需按住【Ctrl】键。

若要在不同工作簿之间移动或复制工作表，需先将源工作簿和目标工作簿同时打开，再按上面介绍的方法操作。若使用"移动或复制工作表"对话框，则要注意在对话框的"将选定工作表移至工作簿"下拉列表框中选择正确的目标工作簿。

生存技巧　批量移动和复制工作表

一般情况下，移动和复制工作表是逐个进行的，若要同时移动或复制多个工作表，则可按住【Ctrl】键选择多个工作表，再执行移动或复制操作。

生存技巧　冻结工作表部分行/列

在浏览大型工作表时，常会遇到滚动工作表时标题行或标题列随着滚动条的下移或右移而不见的情况。如果它们始终固定在某个位置显示，会极大地方便用户查看数据。在 Excel 中，通过"冻结窗格"功能可以达到这样的目的。在"视图"选项卡下的"窗口"组中单击"冻结窗格"按钮，在展开的列表中选择"冻结窗格""冻结首行""冻结首列"选项，就能实现相应的效果。

7.1.5　更改工作表标签颜色

当一个工作簿中包含多张工作表时，用颜色突出显示工作表标签可帮助用户迅速找到所需工作表。

原始文件： 下载资源\实例文件\07\原始文件\更改工作表标签颜色.xlsx
最终文件： 下载资源\实例文件\07\最终文件\更改工作表标签颜色.xlsx

步骤01　设置工作表标签颜色

打开原始文件，❶右击"1 月销售记录"工作表标签，❷在弹出的快捷菜单中单击"工作表标签颜色 > 其他颜色"命令，如下图所示。

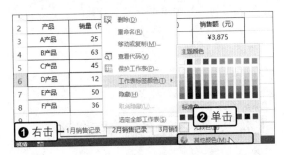

步骤03　查看更改工作表标签颜色后的效果

返回到工作表中，此时"1 月销售记录"的工作表标签变为所选的颜色，如下图所示。

	产品	销量（件）	销售单价（元/件）	销售额（元）
2				
3	A产品	20	¥155	¥3,100
4	B产品	40	¥120	¥4,800
5	C产品	45	¥160	¥7,200
6	D产品	70	¥230	¥16,100
7	E产品	80	¥28	¥2,240
8	F产品	60	¥452	¥27,120
9				

1月销售记录　2月销售记录　3月销售记录

步骤02　选择颜色

弹出"颜色"对话框，❶切换至"标准"选项卡，❷选择标签颜色，❸单击"确定"按钮，如下图所示。

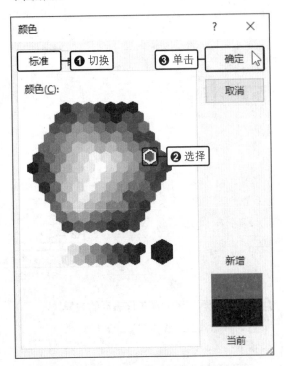

7.1.6　隐藏与显示工作表

若不希望某一工作表被其他人查看或编辑，可将该工作表隐藏起来。当需要查看或编辑隐藏的工作表时，可再将其显示出来。

原始文件： 下载资源\实例文件\07\原始文件\隐藏与显示工作表.xlsx
最终文件： 下载资源\实例文件\07\最终文件\隐藏与显示工作表.xlsx

步骤01　单击"隐藏"命令

打开原始文件，❶右击要隐藏的工作表标签，❷在弹出的快捷菜单中单击"隐藏"命令，如下左图所示。

步骤02　查看隐藏工作表后的效果

此时工作表已经不可见，工作簿窗口只显示未隐藏的工作表的标签，如下右图所示。

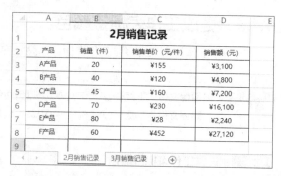

步骤03 单击"取消隐藏工作表"选项

❶单击"开始"选项卡下"单元格"组中的"格式"按钮，❷在展开的下拉列表中单击"隐藏和取消隐藏"选项，在级联列表中单击"取消隐藏工作表"选项，如下图所示。

步骤04 选择需要取消隐藏的工作表

弹出"取消隐藏"对话框，❶在"取消隐藏工作表"列表框中单击要取消隐藏的工作表，如"1月销售记录"，❷单击"确定"按钮，如下图所示。

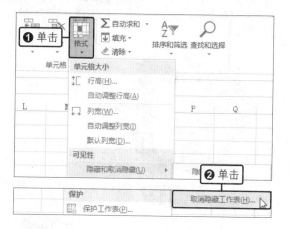

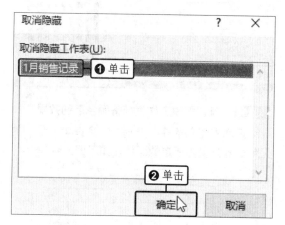

步骤05 查看取消隐藏工作表后的效果

此时隐藏的工作表"1月销售记录"就显示出来了，如下图所示。

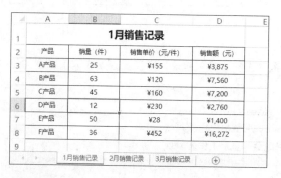

生存技巧 彻底隐藏工作表

使用功能区或右键菜单的隐藏命令，只能暂时隐藏工作表，要彻底隐藏工作表，必须在需要隐藏的工作表中按【Alt+F11】组合键进入VBA编辑状态，按【F4】键展开"属性"窗格，单击Visible选项右侧的下三角按钮，在展开的下拉列表中单击"2-xlSheetVeryHidden"选项，再在菜单栏中依次单击"工具 >VBAProject 属性"命令，在弹出的对话框中切换至"保护"选项卡，勾选"查看时锁定工程"复选框，并输入密码，再单击"确定"按钮。

生存技巧 列或行的隐藏和恢复显示

选择需要隐藏的列或行，然后右击鼠标，在弹出的快捷菜单中单击"隐藏"命令，所选列或行即被隐藏。恢复显示行的方法为：假设被隐藏的是第5行，则拖动选择第4行至第6行，然后右击鼠标，在弹出的快捷菜单中单击"取消隐藏"命令。列的恢复显示同理。

7.2　单元格的基本操作

工作表中每个行、列交叉就形成一个单元格，它是存放数据的最小单位。在制作和完善表格的过程中，会插入、删除、合并单元格，调整行高、列宽，这些都是单元格的基本操作。

7.2.1　插入单元格

在编辑表格时，常常需要在指定位置插入一些单元格来输入新的数据，完善表格效果。

 原始文件： 下载资源\实例文件\07\原始文件\面试结果分析表.xlsx
最终文件： 下载资源\实例文件\07\最终文件\插入单元格.xlsx

步骤01　单击"插入单元格"选项

打开原始文件，❶选择目标单元格，如单元格 E3，❷在"单元格"组中单击"插入"右侧的下三角按钮，❸在展开的下拉列表中单击"插入单元格"选项，如下图所示。

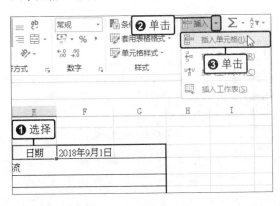

步骤02　选择插入位置

弹出"插入"对话框，❶单击"活动单元格右移"单选按钮，❷单击"确定"按钮，如下图所示。

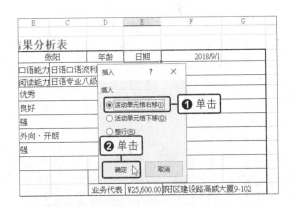

步骤03　查看插入单元格后的效果

随后可看到单元格 E3 右侧的内容全部向右移动了一个单元格，此时的单元格 E3 为一个空白单元格，在其中输入数据，如下图所示。

生存技巧　隔行插入空行

在填满数据的数据表中隔行添加空行的情形并不少见，例如，需要分隔某些数据让表格更加清晰或方便分开打印。那么如何实现隔行自动插入空行呢？最简单的方法是先在数据区域一侧按列填充 1、3、5 等奇数序列到最后一行数据，接着继续在最后一个奇数数据行的下一行依次填充 2、4、6 等偶数序列，填充完毕后，使用升序排列该列数据，这样便自动在数据区域中隔行插入了空行。

7.2.2　删除单元格

当表格中出现一些多余的单元格时，可删除这些单元格，此操作既可通过功能区完成，也可通过快捷菜单命令完成。

原始文件：下载资源\实例文件\07\原始文件\插入单元格.xlsx
最终文件：下载资源\实例文件\07\最终文件\删除单元格.xlsx

步骤01 单击“删除”命令

打开原始文件，❶选择并右击目标单元格区域，如 B12 : C13，❷在弹出的快捷菜单中单击“删除”命令，如下图所示。

面试结果分析表
剪切(T)
复制(C)
粘贴选项:
选择性粘贴(S)...
插入(I)...
删除(D)...
清除内容(N)
快速分析(Q)
筛选(E)
排序(O)
❶ 选择并右击
❷ 单击

步骤02 选择删除方式

弹出“删除”对话框，❶单击“右侧单元格左移”单选按钮，❷单击“确定”按钮，如下图所示。

删除
右侧单元格左移(L)
下方单元格上移(U)
整行(R)
确定
取消
❶ 单击
❷ 单击

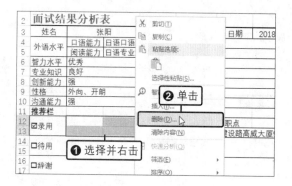

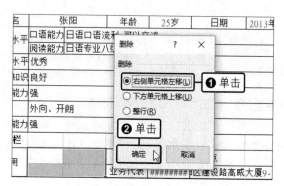

步骤03 查看删除单元格后的效果

所选单元格区域就被删除了，而其右侧的单元格向左移动，如右图所示。

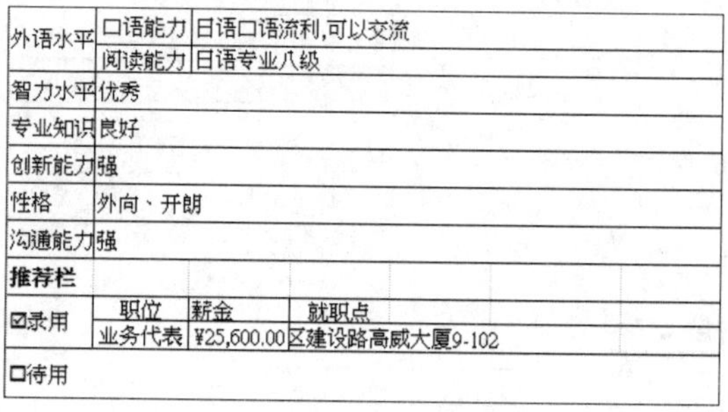

外语水平
口语能力
日语口语流利,可以交流
阅读能力
日语专业八级
智力水平
优秀
专业知识
良好
创新能力
强
性格
外向、开朗
沟通能力
强
推荐栏
☑录用
职位
薪金
就职点
业务代表
¥25,600.00
区建设路高威大厦9-102
☐待用

7.2.3 合并单元格

当单元格不能容纳较长的文本或数据时，可将同一行或同一列的几个单元格合并为一个单元格。Excel 提供了三种合并方式，分别是“合并后居中”“跨越合并”“合并单元格”，不同的合并方式能达到不同的合并效果，其中以“合并后居中”最为常用。

原始文件：下载资源\实例文件\07\原始文件\删除单元格.xlsx
最终文件：下载资源\实例文件\07\最终文件\合并单元格.xlsx

步骤01 单击“合并后居中”选项

打开原始文件，❶选择要合并的单元格区域，如 A1 : G2，❷在“对齐方式”组中单击“合并后居中”右侧的下三角按钮，❸在展开的列表中单击“合并后居中”选项，如下左图所示。

步骤02 查看合并后的效果

此时单元格区域 A1 : G2 就合并为一个单元格，其中的文本呈居中显示。按照这种方法对表格中的其他单元格进行合并，如下右图所示。

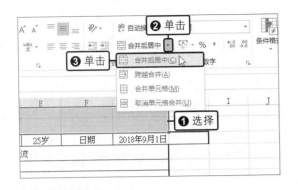 

跨越合并

　　"跨越合并"能快速将所选单元格区域按行分开合并，下面举例说明：同时选择单元格区域 A2：C3 和单元格区域 E5：F6，然后在"开始"选项卡下的"对齐方式"组中单击"合并后居中"右侧的下三角按钮，在展开的列表中单击"跨越合并"选项，此时所选单元格区域中处于同一行的单元格区域 A2：C2、A3：C3、E5：F5、E6：F6 被各自合并。

7.2.4　添加与删除行/列

　　用户在完善表格时，可在表格的指定位置添加行或列，若表格中有多余的行或列，可将其删除。

原始文件： 下载资源\实例文件\07\原始文件\合并单元格.xlsx
最终文件： 下载资源\实例文件\07\最终文件\添加与删除行/列.xlsx

步骤01　插入列

　　打开原始文件，❶选择并右击要在其左侧插入列的列，❷在弹出的快捷菜单中单击"插入"命令，如下图所示。

步骤02　查看插入列的效果

　　此时在所选列的左侧插入了新的一列，所选列及其右侧的列相应右移。合并需要合并的单元格，输入相关内容，如下图所示。

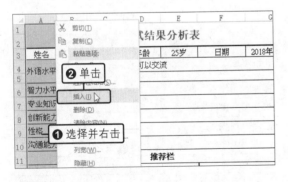 

步骤03　删除行

　　❶选择要删除的行，如第 11 行，❷在"单元格"组中单击"删除"右侧的下三角按钮，❸在展开的下拉列表中单击"删除工作表行"选项，如下左图所示。

步骤04　查看删除行的效果

　　此时所选行就消失了，而其下方的内容自动上移一行，如下右图所示。

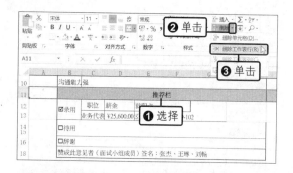

生存技巧　**快速删除空行**

如果表格中有很多无规律的空行（如第5、9、12、19行为空行）需要删除，可按以下方法快速完成：在表格内容的最后一列新建一个"排序"列，往下填充一个数字序列至表格最后一行，再将表格按第一列升序排序，此时可看到那些空行已被排列到表格末尾，选择这些行并删除，再将表格按"排序"列升序排序，恢复原来的数据顺序，最后删除"排序"列。

7.2.5　调整行高与列宽

当单元格中的数据或文本较长时，可以对行高或列宽进行设置，以美化工作表。行高与列宽既可精确设置，也可通过拖动鼠标设置，还可根据单元格内容自动调整。

原始文件：下载资源\实例文件\07\原始文件\添加与删除行/列.xlsx

最终文件：下载资源\实例文件\07\最终文件\调整行高与列宽.xlsx

步骤01　单击"行高"选项

打开原始文件，❶选择需要调整行高的单元格区域，如A3：H17，❷在"开始"选项卡下单击"单元格"组中的"格式"按钮，❸在展开的下拉列表中单击"行高"选项，如下图所示。

步骤02　输入行高值

弹出"行高"对话框，❶在"行高"文本框中输入行高数值，如15，❷单击"确定"按钮，如下图所示。

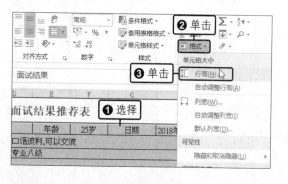
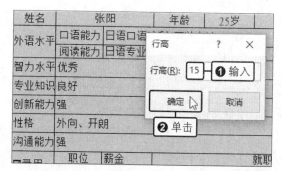

步骤03　查看调整行高后的效果

返回到工作表中，所选单元格区域的行高已调整为用户设置的行高值，如下左图所示。

步骤04　自动调整列宽

❶选择需调整列宽的单元格区域，如A3：H17，❷单击"单元格"组中的"格式"按钮，❸在展开的下拉列表中单击"自动调整列宽"选项，如下右图所示。

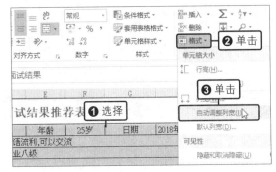

步骤05　查看调整列宽后的效果

返回到工作表中，系统会按照单元格内容的长短来调整列宽，如下图所示。

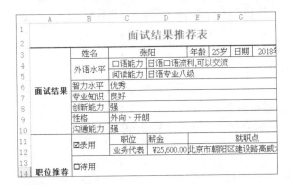

生存技巧　将较长数据换行显示

如果单元格中文本内容太长，想要换行显示，有两种方法可以实现：一种是在"对齐方式"组中单击"自动换行"按钮，可自动按照单元格的宽度将超出的内容换行显示；另一种是强制换行，将光标定位在需要换行的文本前，按【Alt+Enter】组合键，光标后的文本便会强制换到下一行显示。

7.3 在单元格中输入数据

在单元格中输入数据是制作表格必不可少的操作。为了正确输入数据，需要对数据输入方法进行了解。例如，输入以 0 开头的数据时，应在输入数据前输入单撇号"'"；又如，在输入分数时，要在分数前输入"0"和一个空格。为了快速输入数据，还应对数据输入的技巧进行了解。例如，在多个单元格中输入相同数据时，可利用【Ctrl+Enter】组合键来完成；当输入的数据具有一定规律时，可利用快速填充功能来完成。

7.3.1 输入文本

通常情况下，用户可在单元格中直接输入文本，也可通过编辑栏来输入文本。

原始文件： 无
最终文件： 下载资源\实例文件\07\最终文件\输入文本.xlsx

步骤01　输入文本

新建空白工作簿，将单元格区域 A1:G1 合并，输入所需文本，如"工作时间记录卡"，此时在编辑栏中也显示了输入的文本，如下左图所示。按【Enter】键确定输入。

步骤02　继续输入文本并设置格式

按照以上方法，继续完成工作时间记录卡中相关文本的输入，并设置文本的格式及表格框线，如下右图所示。

生存技巧　调整输入数据后的单元格指针移动方向

默认情况下，输入数据后按【Enter】键，会自动跳转到下方的单元格，但用户可根据自己的喜好设置自动跳转到右侧的单元格，具体方法为：打开“Excel 选项”对话框，在“高级”选项面板中单击“方向”下三角按钮，在展开的下拉列表中单击“向右”选项，然后单击“确定”按钮。

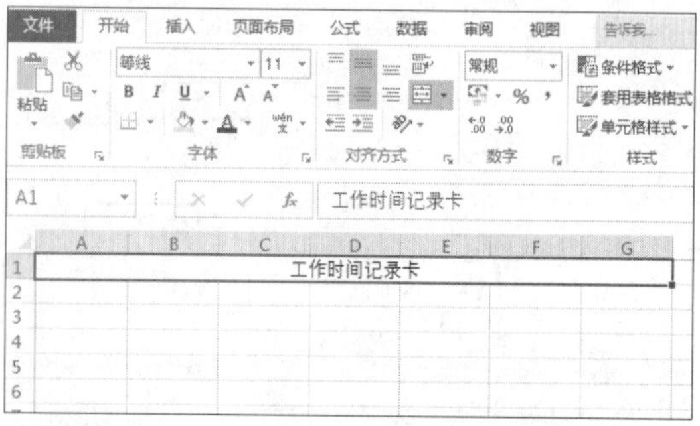

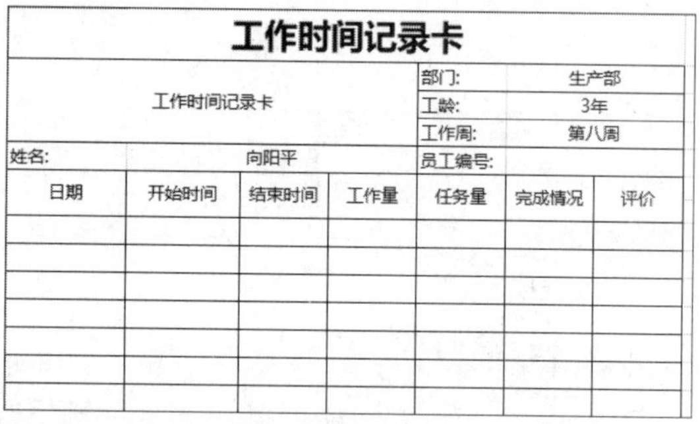

7.3.2　输入以0开头的数据

在表格中直接输入以 0 开头的数据，按【Enter】键后不会显示 0，只显示 0 之后的数据，这并不是用户想要的显示结果，此时有两种方法可供选择：一种是将单元格格式设置为文本，另一种是在输入以 0 开头的数据前输入单撇号“'”。

原始文件： 下载资源\实例文件\07\原始文件\输入文本.xlsx

最终文件： 下载资源\实例文件\07\最终文件\输入以0开头的数据.xlsx

步骤01　输入以0开头的数据

打开原始文件，选择单元格 F5，并输入“'0005”，如下图所示。

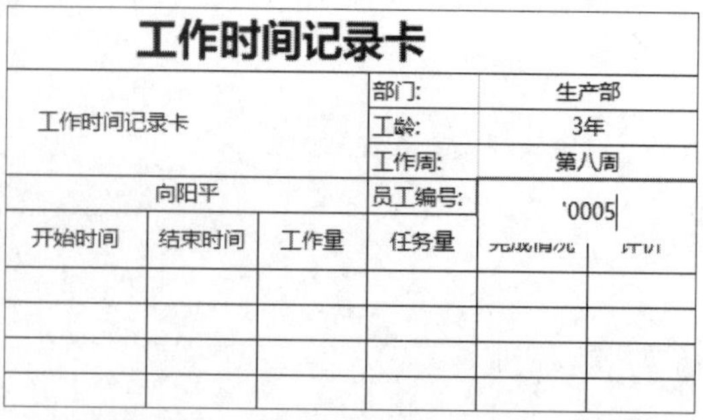

步骤02　查看输入以0开头数据的效果

按【Enter】键后，单元格中显示“0005”，单撇号并不会出现在单元格中，在单元格的左上角有一个绿色的三角形符号，这说明系统自动将数据处理为文本型，如下图所示。

生存技巧　负数的输入技巧

在 Excel 中，如需要输入负数 -500，除了直接在键盘上按减号键再输入数字外，还可按下面的方法输入：选择需要输入负数的单元格，输入带括号的数字“(500)”，按【Enter】键，此时单元格中显示负数“-500”。

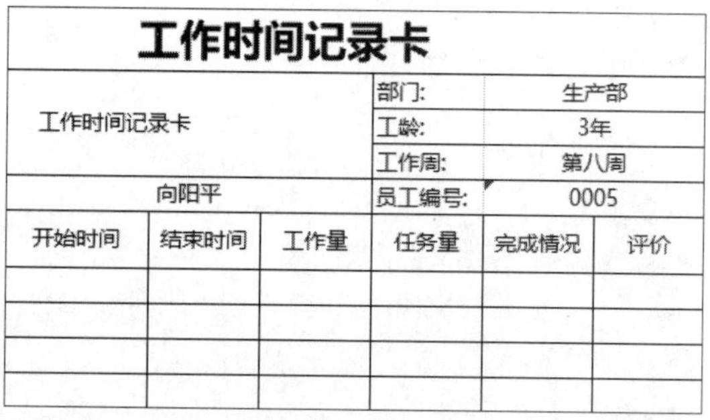

7.3.3　输入日期和时间

在单元格中输入日期时，需要在年、月、日之间添加"/"或"-"，在输入时间时，需要在时、分、秒之间添加"："，以便 Excel 识别。当然，还可以在"设置单元格格式"对话框中设置日期或时间的显示方式。

原始文件： 下载资源\实例文件\07\原始文件\输入以0开头的数据.xlsx
最终文件： 下载资源\实例文件\07\最终文件\输入日期和时间.xlsx

步骤01　输入日期

打开原始文件，在单元格 A8 中输入日期"2018-1-15"，如下图所示。

步骤02　查看输入日期后的效果

按【Enter】键，单元格 A8 中显示"2018/1/15"。按照以上方法，完成单元格区域 A9:A14 中日期的输入，如下图所示。

步骤03　输入时间

选择单元格 B8 并输入"9:00"，如下图所示。

步骤04　查看输入时间后的效果

按【Enter】键后，在单元格 B8 中显示"9:00"，编辑栏中显示的是"9:00:00"。按照以上方法完成其他单元格内容的输入，如下图所示。

生存技巧　快速输入当前日期和时间

在 Excel 中可用快捷键输入当前的日期和时间。选择准备输入日期或时间的单元格，按【Ctrl+;】组合键可输入当前日期，按【Ctrl+Shift+;】组合键可输入当前时间。

7.3.4 输入分数

分数的格式是"分子/分母"，为了区分分数和日期，在单元格中输入分数时，要在分数前输入"0"和一个空格。

原始文件：下载资源\实例文件\07\原始文件\输入日期和时间.xlsx
最终文件：下载资源\实例文件\07\最终文件\输入分数.xlsx

步骤01 输入分数

打开原始文件，填写第一条记录的工作量和任务量数据后，选择单元格F8，输入"0 空格 4/5"，如下图所示。

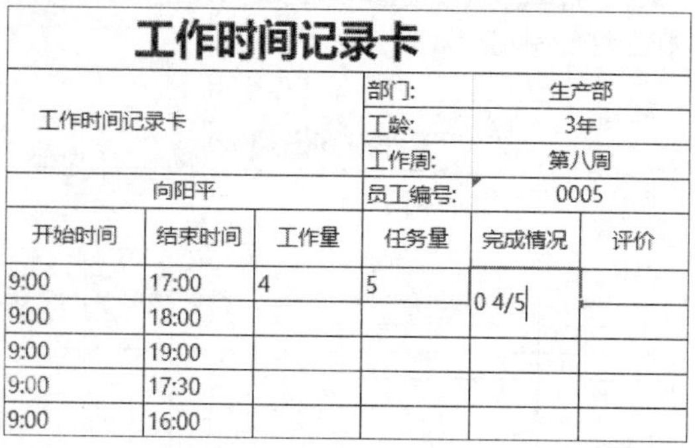

步骤02 查看输入分数后的效果

按【Enter】键确定输入，再次选择单元格F8，在编辑栏中以小数"0.8"的形式来显示分数，如下图所示。

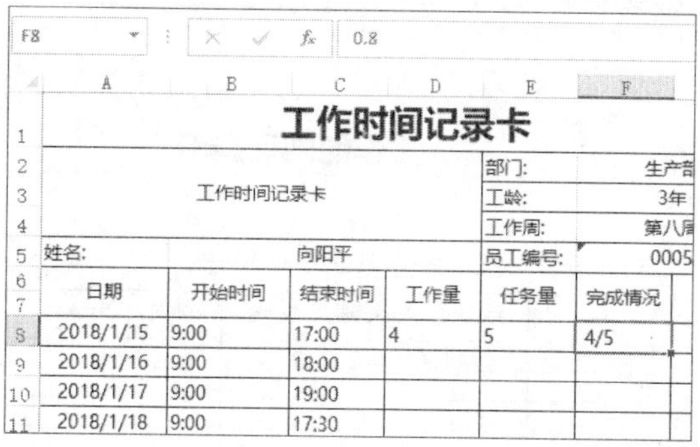

7.3.5 在多个单元格中输入相同数据

如果要在多个连续或不连续的单元格中输入相同数据，有一种比较快捷的方式，即利用【Ctrl+Enter】组合键。

原始文件：下载资源\实例文件\07\原始文件\输入分数.xlsx
最终文件：下载资源\实例文件\07\最终文件\在多个单元格中输入相同数据.xlsx

步骤01 选择多个单元格

打开原始文件，选择单元格D9，按住【Ctrl】键，依次单击单元格D11、D13、D14，在键盘上输入"5"，如下图所示。

步骤02 按【Ctrl+Enter】组合键

按【Ctrl+Enter】组合键，此时所选单元格中都输入了"5"，如下图所示。

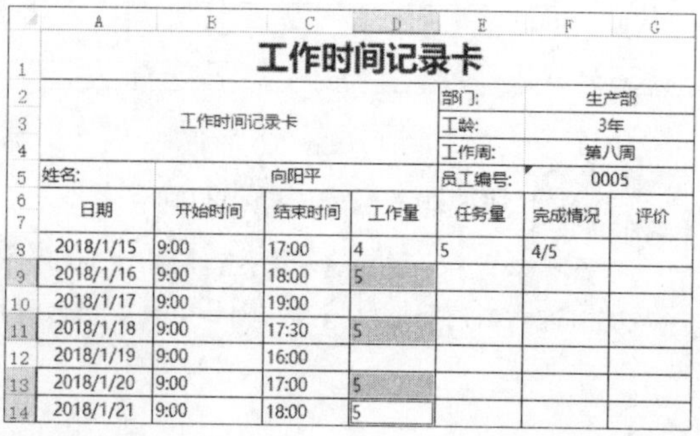

生存技巧　为数据自动插入小数点

如果输入到数据表中的数据大多带有小数点，为减少操作，希望能自动省略小数点的输入，可利用 Excel 提供的自动插入小数点的功能：在“Excel 选项”对话框的“高级”选项面板中勾选“自动插入小数点”复选框，并设置自动插入小数的位数，假设设置为“2”，那么当用户预备输入“0.03”时，只需输入“3”，按【Enter】键后单元格中就会自动显示“0.03”，非常方便。

7.3.6　快速填充数据

若想在相邻的多个单元格中输入相同或具有一定规律的数据，可以利用 Excel 的快速填充数据功能，此功能可通过拖动法或自动填充命令来实现。

原始文件： 下载资源\实例文件\07\原始文件\在多个单元格中输入相同数据.xlsx
最终文件： 下载资源\实例文件\07\最终文件\快速填充数据.xlsx

步骤01　向下拖动鼠标

打开原始文件，❶选择单元格 E8，并将鼠标指针放在其右下角，当指针变成十字形状时，❷按住鼠标左键不放向下拖动，如下图所示。

工作时间记录卡					
工作时间记录卡			部门:	生产部	
			工龄:	3年	
			工作周:	第八周	
姓名:	向阳平		员工编号:	0005	
日期	开始时间	结束时间	工作量	任务量	完成情况
2018/1/15	9:00	17:00	4	5	
2018/1/16	9:00	18:00	5		
2018/1/17	9:00	19:00			
2018/1/18	9:00	17:30	5		
2018/1/19	9:00	16:00			
2018/1/20	9:00	17:00	5		
2018/1/21	9:00	18:00	5		
总计					

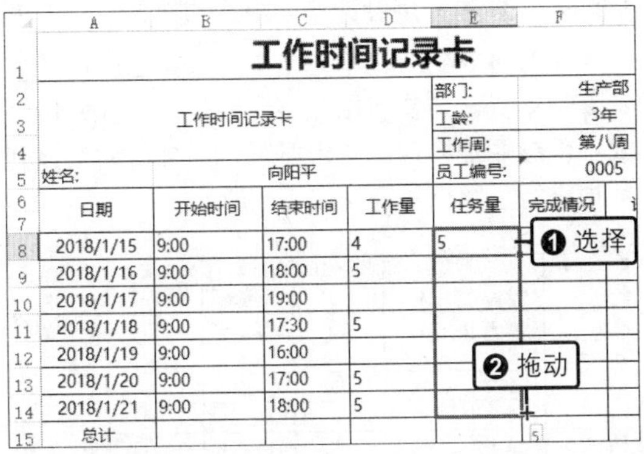

步骤02　查看快速填充数据后的效果

拖动至适当位置后释放鼠标，此时鼠标指针经过的单元格都被填充了单元格 E8 中已有的数字“5”，如下图所示。

工作时间记录卡					
工作时间记录卡			部门:	生产部	
			工龄:	3年	
			工作周:	第八周	
姓名:	向阳平		员工编号:	0005	
日期	开始时间	结束时间	工作量	任务量	完成情况
2018/1/15	9:00	17:00	4	5	4/5
2018/1/16	9:00	18:00	5	5	
2018/1/17	9:00	19:00		5	
2018/1/18	9:00	17:30	5	5	
2018/1/19	9:00	16:00		5	
2018/1/20	9:00	17:00	5	5	
2018/1/21	9:00	18:00	5	5	
总计					

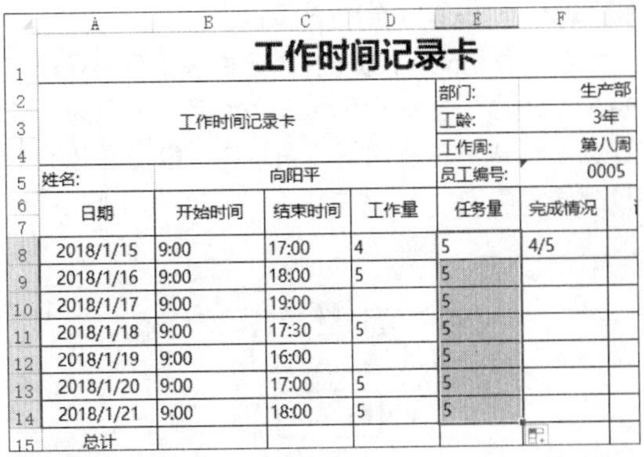

步骤03　继续完成输入

在其他单元格中输入文本和数据，并完善表格，如下图所示。

工作时间记录卡						
工作时间记录卡			部门:	生产部		
			工龄:	3年		
			工作周:	第八周		
姓名:	向阳平		员工编号:	0005		
日期	开始时间	结束时间	工作量	任务量	完成情况	评价
2018/1/15	9:00	17:00	4	5	4/5	良好
2018/1/16	9:00	18:00	5	5	1	优秀
2018/1/17	9:00	19:00	4	5	4/5	良好
2018/1/18	9:00	17:30	5	5	1	优秀
2018/1/19	9:00	16:00	4	5	4/5	良好
2018/1/20	9:00	17:00	5	5	1	优秀
2018/1/21	9:00	18:00	5	5	1	优秀
总计			32	35	32/35	优秀

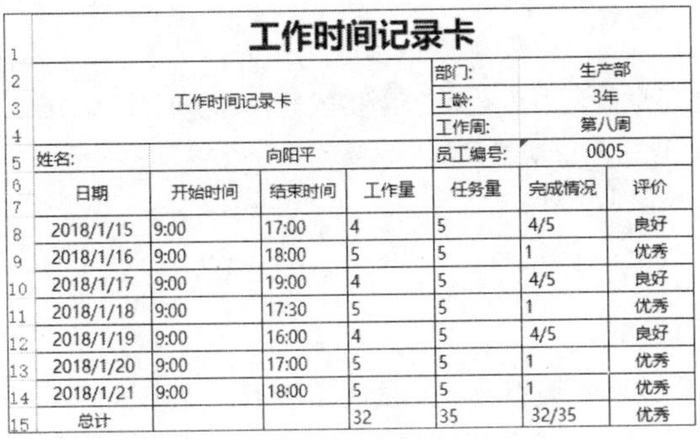

小提示

除了用拖动法，还可用“填充”命令来填充数据。在选择单元格区域后，切换至“开始”选项卡，在“编辑”组中单击“填充”下三角按钮，在展开的列表中单击各个方向选项，此时所选单元格区域就会按方向进行填充。若要填充的数据具有一定的规律，可在展开的下拉列表中单击“序列”命令，在“序列”对话框中设置填充方式、步长值、终止值，这样就能实现特定的序列填充。

生存技巧 快速填充工作日

在登记考勤或其他工作日记录时，需要在日期列输入工作日的日期，若对照日历逐个输入，不仅麻烦还容易出错。此时可在单元格中输入第一个日期数据，将鼠标指针放置在该单元格的右下角，当鼠标指针变为十字形状时，单击并向下拖动至合适的位置后释放鼠标，单击右下角的"自动填充选项"按钮，在展开的列表中单击"以工作日填充"单选按钮，即可在自动填充的日期序列中排除非工作日日期。

7.4 设置数字格式

对于货币、小数、日期等类型的数据，可根据需要设置数字格式。例如，货币类数据可通过设置数字格式快速变更货币符号，又或者将小数、分数设置为百分比格式等。

7.4.1 设置会计专用格式

在会计工作中应用 Excel 时，需将数据设置为会计专用格式。

原始文件：下载资源\实例文件\07\原始文件\月度考勤统计表.xlsx
最终文件：下载资源\实例文件\07\最终文件\设置会计专用格式.xlsx

步骤01 应用会计专用格式

打开原始文件，❶选择单元格区域 G3：G13，❷在"开始"选项卡下单击"数字"组中的"会计数字格式"右侧的下三角按钮，❸在展开的下拉列表中单击"中文（中国）"选项，如下图所示。

步骤02 查看应用会计专用格式的效果

此时可看到所选单元格中的数据已应用了会计专用格式。与货币格式不同的是，会计专用格式不仅会添加相应的货币符号，还会自动对该列数据进行小数点对齐，如下图所示。

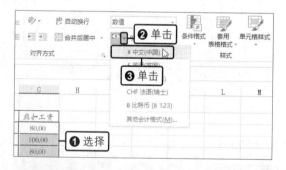

员工姓名	部门	实到天数	应到天数	出勤率	请假天数	应扣工资
田凯	销售部	14	30	0.4666667	4	¥ 80.00
将名	销售部	16	30	0.5333333	5	¥ 100.00
寇自强	行政部	18	30	0.6	4	¥ 80.00
王艳	供应部	19	30	0.6333333	3	¥ 60.00
周波	行政部	20	30	0.6666667	2	¥ 40.00
谭丽莉	供应部	16	30	0.5333333	3	¥ 60.00
袁明	行政部	23	30	0.7666667	3	¥ 60.00
李春明	行政部	24	30	0.8	4	¥ 40.00
陈雨	销售部	15	30	0.5	4	¥ 80.00
刘晓强	供应部	16	30	0.5333333	5	¥ 100.00
高盛	供应部	20	30	0.6666667	2	¥ 40.00

生存技巧 设置"长日期"格式的日期

Excel 中内置了多种"日期"格式，如长日期、短日期等。假设当前日期格式为"2019/1/1"，若要将其设置为"2019 年 1 月 1 日"的长日期格式，需选择输入日期的单元格，切换至"开始"选项卡，在"数字"组中的"数字格式"下拉列表框中选择"长日期"选项。

7.4.2 设置百分比格式

为了让表格中的数据更加清晰明了，可将小数或分数设置为百分比格式。设置百分比格式既可以在"数字"组中完成，也可以单击"数字"组的对话框启动器，在"设置单元格格式"对话框中完成。

原始文件： 下载资源\实例文件\07\原始文件\设置会计专用格式.xlsx
最终文件： 下载资源\实例文件\07\最终文件\设置百分比格式.xlsx

步骤01　单击"数字"组对话框启动器

打开原始文件，❶选择单元格区域 E3：E13，❷单击"数字"组右下角的对话框启动器，如下图所示。

步骤02　设置百分比格式

弹出"设置单元格格式"对话框，❶在"数字"选项卡下的"分类"列表框中单击"百分比"选项，❷设置"小数位数"为"0"，如下图所示。

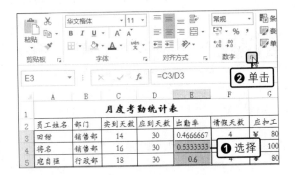

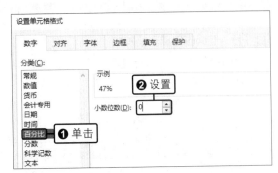

步骤03　查看设置百分比格式后的效果

单击"确定"按钮，返回工作表，此时所选单元格区域内的数据都以百分比格式显示，如右图所示。

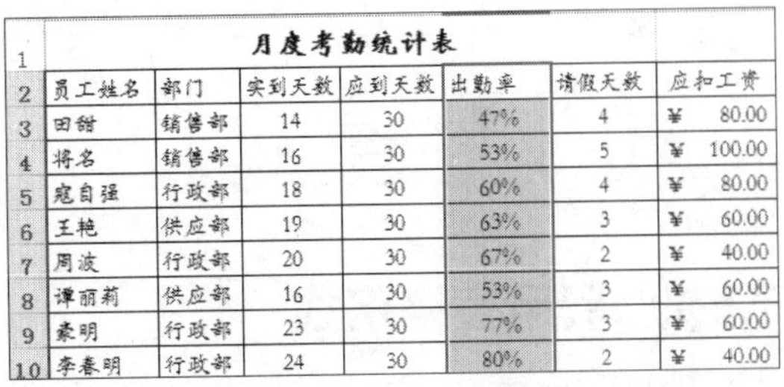

7.5　美化工作表

完成工作表内容的输入后，可通过套用单元格样式、表格格式或者自定义单元格样式来创建更美观的工作表。

7.5.1　套用单元格样式

Excel 中预设了多种单元格样式，通过套用单元格样式可以快速获得专业的外观效果，省去了手动设置的麻烦。

原始文件： 下载资源\实例文件\07\原始文件\商品库存统计表.xlsx
最终文件： 下载资源\实例文件\07\最终文件\套用单元格样式.xlsx

步骤01　选择"标题"样式

打开原始文件，❶选择单元格区域 A1：F1，❷在"样式"组中单击"单元格样式"按钮，❸在展开的样式库中选择"标题 1"样式，如下左图所示。

步骤02　查看应用样式后的效果

此时所选单元格区域就应用了选择的单元格样式，如下右图所示。

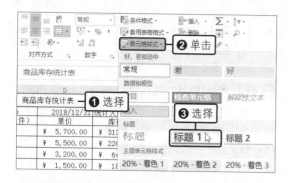

步骤03　继续应用单元格样式

用同样的方法将单元格区域 A3 : F3 设置为 "玫瑰红，40%- 着色 2" 的样式，可以看到相应的效果，如下图所示。

生存技巧　**将单元格样式添加到快速访问工具栏**

单元格样式种类比较多，但经常使用的比较少，因此可以将其添加到快速访问工具栏中，以便于快速使用。右击要使用的单元格样式，在弹出的快捷菜单中单击"添加到快速访问工具栏"命令即可，如下图所示。

7.5.2　套用表格格式

利用 Excel 内置的表格格式能将表格快速格式化，创建出漂亮的表格。

原始文件：下载资源\实例文件\07\原始文件\套用单元格样式.xlsx
最终文件：下载资源\实例文件\07\最终文件\套用表格格式.xlsx

步骤01　选择表格格式

打开原始文件，❶选择单元格区域 A3 : F12，❷单击"套用表格格式"按钮，❸在展开的列表中选择样式，如下图所示。

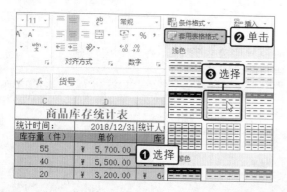

步骤02　选择表格格式的数据来源

弹出"套用表格格式"对话框，❶勾选"表包含标题"复选框，❷单击"确定"按钮，如下图所示。

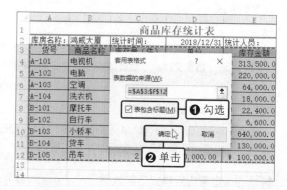

步骤03 查看套用表格格式后的效果

返回工作表，此时所选单元格区域就套用了所选的表格格式，如下图所示。

	A	B	C	D	E	F
1			商品库存统计表			
2	库房名称:	鸿威大厦	统计时间:	2018/12/31	统计人员:	周敬骏
3	编号	商品名称	库存量（件）	单价	库存金额	备注
4	A-101	电视机	55	￥ 5,700.00	￥ 313,500.00	1件有损坏
5	A-102	电脑	40	￥ 5,500.00	￥ 220,000.00	无损坏
6	A-103	空调	20	￥ 3,200.00	￥ 64,000.00	无损坏
7	A-104	洗衣机	12	￥ 1,500.00	￥ 18,000.00	无损坏
8	B-101	摩托车	8	￥ 2,800.00	￥ 22,400.00	2件有损坏
9	B-102	自行车	12	￥ 550.00	￥ 6,600.00	3件有损坏
10	B-103	小轿车	8	￥ 80,000.00	￥ 640,000.00	无损坏
11	B-104	货车	2	￥ 65,000.00	￥ 130,000.00	无损坏
12	B-105	吊车	2	￥ 50,000.00	￥ 100,000.00	无损坏

生存技巧　新建表格格式

除了套用预设的表格格式，还可以新建自定义的表格格式。单击"套用表格格式"按钮，在展开的列表中单击"新建表格样式"选项，然后在弹出的"新建表样式"对话框中设置格式即可。

7.5.3　自定义单元格样式

除了套用 Excel 中预设的单元格样式外，还可以根据需要自定义单元格样式。

原始文件：下载资源\实例文件\07\原始文件\套用表格格式.xlsx
最终文件：下载资源\实例文件\07\最终文件\自定义单元格样式.xlsx

步骤01 单击"新建单元格样式"选项

打开原始文件，❶在"样式"组中单击"单元格样式"按钮，❷在展开的下拉列表中单击"新建单元格样式"选项，如下图所示。

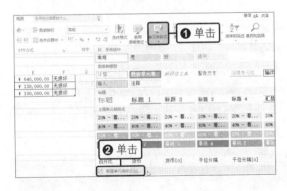

步骤02 自定义样式名称

弹出"样式"对话框，❶在"样式名"文本框中输入"自定义样式 1"，❷取消勾选"数字"复选框，❸单击"格式"按钮，如下图所示。

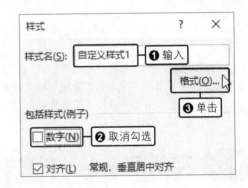

步骤03 设置字体格式

弹出"设置单元格格式"对话框，切换至"字体"选项卡，❶将"字体""字形""字号"分别设置为"黑体""加粗""12"，❷设置"下画线"为"双下画线"，如下图所示。

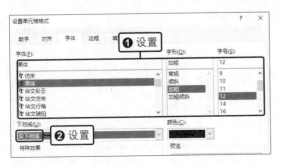

步骤04 设置背景色

❶切换至"填充"选项卡，❷在"背景色"下单击"橙色"，如下图所示，然后依次单击"确定"按钮。

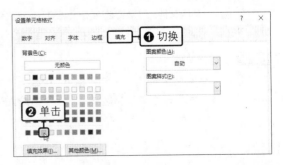

生存技巧 **使用单元格样式对数字进行格式设置**

除了可以在"设置单元格格式"对话框中和"数字"组中进行数字格式设置以外，还可以直接使用"单元格样式"下三角按钮中的"数字格式"，如右图所示。

步骤05 选择"自定义样式1"样式

❶同时选择单元格 B2、D2、F2，❷在"样式"组中单击"单元格样式"按钮，❸选择"自定义样式 1"样式，如下图所示。

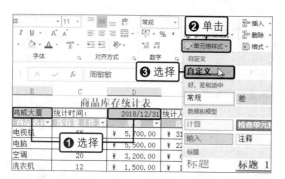

步骤06 查看应用自定义单元格样式后的效果

此时所选单元格就应用了自定义的单元格样式，如下图所示。

A	B	C	D	E
		商品库存统计表		
库房名称：	鸿威大厦	统计时间：	2018/12/31	统计人员：
货号	商品名称	库存量（件）	单价	库存金额
A-101	电视机	55	¥ 5,700.00	¥ 313,500.0
A-102	电脑	40	¥ 5,500.00	¥ 220,000.0
A-103	空调	20	¥ 3,200.00	¥ 64,000.0
A-104	洗衣机	12	¥ 1,500.00	¥ 18,000.0
B-101	摩托车	8	¥ 2,800.00	¥ 22,400.0
B-102	自行车	12	¥ 550.00	¥ 6,600.0
B-103	小轿车	8	¥ 80,000.00	¥ 640,000.0
B-104	货车	2	¥ 65,000.00	¥ 130,000.0
B-105	吊车	2	¥ 50,000.00	¥ 100,000.0

生存技巧 **合并样式**

若要将在当前工作簿中新创建的单元格样式应用于其他工作簿中，可以通过"合并样式"将这些单元格样式从当前工作簿复制到另一工作簿。先打开包含要复制单元格样式的工作簿，再打开要将单元格样式复制到的工作簿，单击"单元格样式"按钮，在展开的下拉列表中单击"合并样式"选项，在"合并样式来源"列表框中单击包含要复制样式的工作簿，单击"确定"按钮后，在当前工作簿的单元格样式库中即可看到合并过来的新单元格样式。

7.6 实战演练——制作报价单

报价单就是供应商提供给客户的产品价格清单，需要列明产品的名称、品牌、规格、单价等信息。下面将利用 Excel 制作一份报价单，在创建的空白工作表中输入报价单的内容，再对报价单的外观进行美化。

原始文件：无
最终文件：下载资源\实例文件\07\最终文件\制作报价单.xlsx

步骤01 输入文本

新建一个空白工作表，在单元格 A1 中输入"商品报价单"，在单元格 A2 中输入"公司名称：美儿护肤有限公司"，在单元格区域 A3：E3 中输入表头信息，如下左图所示。

步骤02　输入时间

　　选择单元格 E2，并输入"2018-1-1"，按【Enter】键后单元格中显示的是"2018/1/1"，❶再次选择单元格 E2，❷在"数字"组中单击"数字格式"右侧的下三角按钮，❸在展开的下拉列表中单击"长日期"选项，如下右图所示。

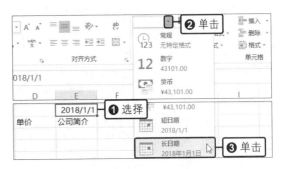

步骤03　输入以0开头的数据

　　此时单元格 E2 中的日期变为"2018 年 1 月 1 日"。❶在单元格 A4 中输入"'01"，按【Enter】键，单元格中显示"01"，❷将鼠标指针放在单元格 A4 右下角，当指针变成十字形状时，按住鼠标左键不放向下拖动，如下图所示。

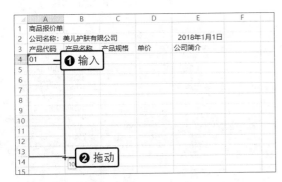

步骤04　查看填充后的效果

　　在适当位置释放鼠标后，鼠标指针经过的单元格都填充了数据，如下图所示。

步骤05　设置货币格式

　　在相应单元格中输入相应内容，❶选择单元格区域 D4∶D13，切换至"开始"选项卡，❷在"数字"组中单击"会计数字格式"右侧的下三角按钮，❸在展开的下拉列表中单击"中文（中国）"选项，如下图所示。

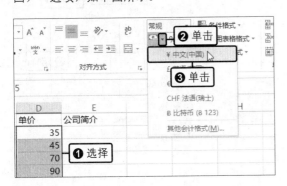

步骤06　在多个单元格中输入相同数据

　　此时单元格数据添加了货币格式。按住【Ctrl】键，依次单击选择单元格 E4、E6、E9、E11、E13，在单元格 E13 中输入"国内知名品牌"，按【Ctrl+Enter】组合键，此时所选单元格中都输入了"国内知名品牌"，如下图所示。

	A	B	C	D	E	F
1	商品报价单					
2	公司名称：	美儿护肤有限公司			2018年1月1日	
3	产品代码	产品名称	产品规格	单价	公司简介	
4	01	洗面奶	100ml	￥　35.00	国内知名品牌	
5	02	洗面奶	150ml	￥　45.00		
6	03	保湿水	100ml	￥　70.00	国内知名品牌	
7	04	保湿水	150ml	￥　90.00		
8	05	面霜	50ml	￥　60.00		
9	06	面霜	100ml	￥　80.00	国内知名品牌	
10	07	BB霜	70ml	￥　60.00		
11	08	BB霜	100ml	￥　75.00	国内知名品牌	
12	09	防晒霜	20ml	￥　30.00		
13	10	防晒霜	50ml	￥　55.00	国内知名品牌	

步骤07 合并单元格

在相应单元格中输入相应内容，❶选择单元格区域 A1：E1，❷在"对齐方式"组中单击"合并后居中"右侧的下三角按钮，❸在展开的下拉列表中单击"合并后居中"选项，如下图所示。

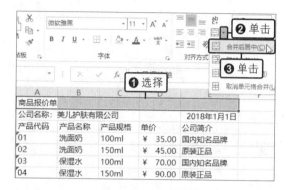

步骤08 单击"行高"选项

此时所选单元格区域被合并为一个单元格，其中的文本居中显示。继续对单元格区域 A2：C2 和 D2：E2 进行合并。❶选择单元格区域 A3：E13，❷单击"格式"按钮，❸单击"行高"选项，如下图所示。

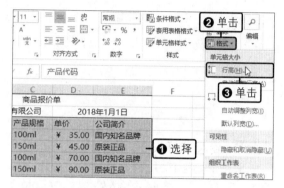

步骤09 设置行高值

弹出"行高"对话框，❶输入行高值为"15"，❷单击"确定"按钮，如下图所示。

步骤10 设置列宽

返回工作表，所选单元格的行高得到调整，使用相同方法调整列宽，效果如下图所示。

步骤11 套用单元格样式

❶选择单元格 A1，❷在"样式"组中单击"单元格样式"按钮，❸在展开的样式库中选择"标题"样式，如下图所示。

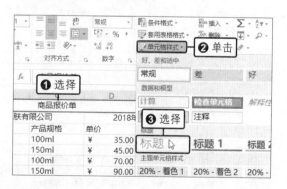

步骤12 选择表格格式

❶选择单元格区域 A3：E13，❷单击"套用表格格式"按钮，❸在展开的列表中选择合适的格式，如下图所示。

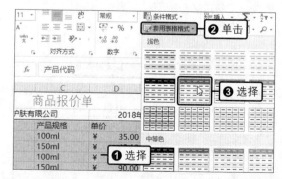

步骤13　选择表格格式的数据来源

弹出"套用表格式"对话框，❶勾选"表包含标题"复选框，❷单击"确定"按钮，如下图所示。

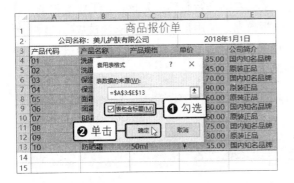

步骤14　重命名工作表

此时所选单元格区域就应用了所选的表格格式。❶右击"Sheet 1"工作表标签，❷在弹出的快捷菜单中单击"重命名"命令，如下图所示。

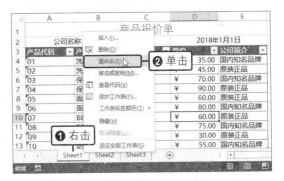

步骤16　查看重命名工作表后的效果

输入"商品报价单"，按【Enter】键，效果如右图所示。

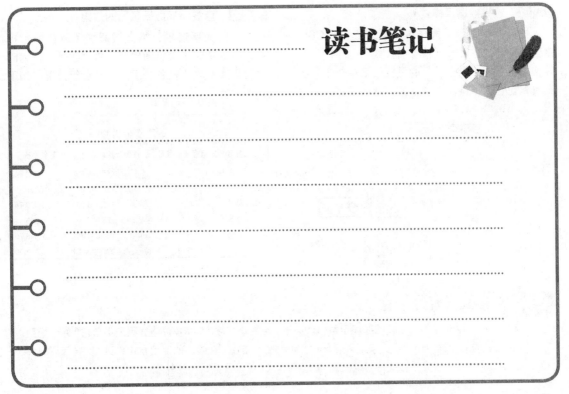

读书笔记

第8章 数据整理与计算

在工作表中输入数据主要是为了对数据进行整理和分析。在工作表中输入数据后，可以使用条件格式来分析数据，使用排序和筛选来查找数据，使用分类汇总来统计数据。除了手动输入数据外，Excel 还支持从多种数据来源中提取数据，用于进一步的分析。

8.1 使用条件格式突出显示特殊数据

条件格式就是当单元格中的数值满足某种条件时为单元格应用相应的格式，常用的条件格式有数据条、色阶和图标集。

8.1.1 数据条

数据条就是有颜色的条形。在单元格中添加数据条后，可以根据数据条的长短来判断单元格中数值的大小。数据条越长则数据越大，数据条越短则数据越小。

原始文件： 下载资源\实例文件\08\原始文件\5月奖金明细.xlsx
最终文件： 下载资源\实例文件\08\最终文件\数据条.xlsx

步骤01 选择数据条样式

打开原始文件，选择单元格区域 C3：C8，❶在"开始"选项卡下单击"样式"组中的"条件格式"按钮，❷在展开的下拉列表中单击"数据条 > 蓝色数据条"选项，如下图所示。

步骤02 查看添加数据条后的效果

此时为所选单元格区域添加了蓝色的数据条，数据条越长表示销售商品总金额越大，此时就可以直观地比较各员工的销售业绩情况，如下图所示。

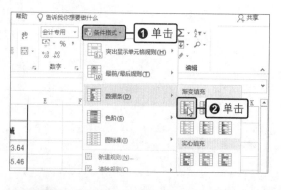

生存技巧 隐藏数据条中的数值

套用数据条格式的单元格会同时显示数值和条形。若要隐藏数值，在条件格式列表中单击"管理规则"选项，在弹出的对话框中选择数据条规则后单击"编辑规则"按钮，在弹出的对话框中勾选"仅显示数据条"复选框，依次单击"确定"按钮即可。在编辑规则时，还可设置数据条的外观。

8.1.2 色阶

色阶就是指在一个单元格区域中填充深浅不同的颜色，通过颜色的深浅就可以比较单元格中数值的大小。

原始文件： 下载资源\实例文件\08\原始文件\数据条.xlsx
最终文件： 下载资源\实例文件\08\最终文件\色阶.xlsx

步骤01 选择色阶样式

打开原始文件，选择单元格区域 D3 : D8，❶单击"样式"组中的"条件格式"按钮，❷在展开的下拉列表中单击"色阶 > 绿 - 白色阶"选项，如下图所示。

步骤02 查看添加色阶后的效果

此时在所选单元格区域中添加了绿 - 白色阶的条件格式。颜色越深表示员工奖金提成越多，颜色越接近纯白色表示员工奖金提成越少，如下图所示。

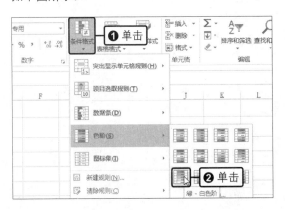

A	B	C	D
5月奖金明细			
姓名	销售商品数量	销售商品总金额	奖金提成
张罗	156	152,364.00	1,523.64
李红	206	178,546.00	1,785.46
陈城	198	142,356.00	1,423.56
程晨	116	136,542.00	1,365.42
高翔	136	154,879.00	1,548.79
王三	213	201,100.00	2,011.00

8.1.3 图标集

图标集的样式有很多，一般分为代表方向的箭头形，代表形状的圆点形和方形，代表标记的旗帜形、钩叉形等。根据图标集的方向或颜色也可以分析数据的大小。

原始文件： 下载资源\实例文件\08\原始文件\色阶.xlsx
最终文件： 下载资源\实例文件\08\最终文件\图标集.xlsx

步骤01 选择图标集

打开原始文件，选择单元格区域 B3 : B8，❶单击"样式"组中的"条件格式"按钮，❷在展开的下拉列表中单击"图标集"选项，在展开的级联列表中单击"方向"组中的"三向箭头（彩色）"选项，如下左图所示。

步骤02 查看添加图标集后的效果

此时为单元格区域添加了图标集，绿色的向上箭头表示销售商品数量较高的值，黄色的横向箭头表示销售商品数量位于中间的值，红色的向下箭头表示销售商品数量较低的值。通过图标集可以明显看出哪些员工销售的商品数量多、哪些员工销售的商品数量少，如下右图所示。

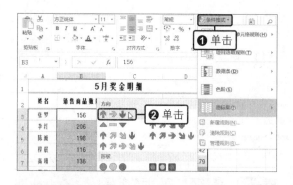

生存技巧 **设置间隔底纹**

使用条件格式可以添加间隔底纹。选择需要设置底纹的单元格区域，单击"条件格式"按钮，在展开的下拉列表中单击"新建规则"选项，弹出"新建格式规则"对话框，在"选择规则类型"列表框中单击"使用公式确定要设置格式的单元格"选项，在"为符合此公式的值设置格式"文本框中输入公式"=MOD(ROW(),2)=0"，单击"格式"按钮，弹出"设置单元格格式"对话框，在"填充"选项卡的"背景色"选项组中设置要填充的底纹颜色，最后依次单击"确定"按钮。

8.2 数据的排序

为了便于比较工作表中的数据，可以先对数据进行排序。对数据进行排序的方法包括简单排序、根据特定的条件排序和根据自定义序列排序。

8.2.1 简单排序

简单排序就是将一列中的数据按升序或降序排列，只需在"排序和筛选"组中单击"升序"或"降序"按钮，即可完成排序的操作。

原始文件： 下载资源\实例文件\08\原始文件\任务量统计.xlsx
最终文件： 下载资源\实例文件\08\最终文件\简单排序.xlsx

步骤01 **单击"降序"按钮**

打开原始文件，选择 C 列中任意单元格，切换到"数据"选项卡，单击"排序和筛选"组中的"降序"按钮，如下图所示。

步骤02 **查看排序后的效果**

此时可以看见以"完成固定任务的数量"为依据进行了降序排列，杨西完成的固定任务的数量最高，如下图所示。

	A	B	C	D
1			任务量统计	
2	姓名	所属部门	完成固定任务的数量	完成奖金任务的数量
3	杨西	漫画部	210	22
4	王桑	设计部	200	30
5	何玉	设计部	190	25
6	张倩	基础编辑部	190	20
7	吴欣	漫画部	180	21
8	陈芝	基础编辑部	180	27
9	李欣欣	漫画部	170	19
10				

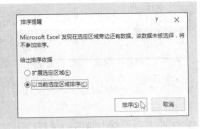

当工作表中有多列相邻的数据时，如果选择其中一列，然后单击"升序"或"降序"按钮，会弹出"排序提醒"对话框，提醒用户是否只排序当前区域，如右图所示。如果是，则单击"以当前选定区域排序"单选按钮；如果想要在排序当前列的同时还排序相邻的列，则单击"扩展选定区域"单选按钮。

8.2.2　根据条件进行排序

在"排序"对话框中，不仅可以设置主要的排序条件，还可以设置一种或多种次要的排序条件，使工作表能根据复合的条件进行排序。

原始文件：下载资源\实例文件\08\原始文件\任务量统计.xlsx
最终文件：下载资源\实例文件\08\最终文件\根据条件进行排序.xlsx

步骤01　单击"排序"按钮

打开原始文件，单击数据区域中的任意单元格，切换到"数据"选项卡，单击"排序和筛选"组中的"排序"按钮，如下图所示。

步骤02　设置主要条件

弹出"排序"对话框，❶设置"主要关键字"为"完成固定任务的数量"、"排序依据"为"单元格值"、"次序"为"升序"，❷单击"添加条件"按钮，如下图所示。

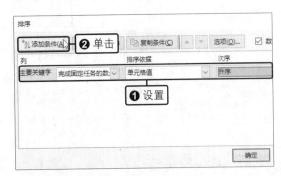

步骤03　设置次要条件

此时显示了一个次要条件，❶设置"次要关键字"为"完成奖金任务的数量"、"排序依据"为单元格值"、"次序"为"升序"，❷单击"确定"按钮，如下图所示。

步骤04　查看排序后的效果

返回工作表后，可以看见工作表中数据的排序效果：先以"完成固定任务的数量"为依据进行升序排列，当"完成固定任务的数量"相同的时候，再以"完成奖金任务的数量"为依据进行升序排列，如下图所示。

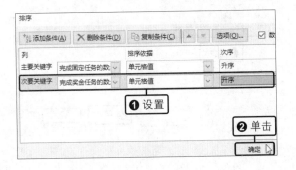

生存技巧 对3列或3列以上的数据进行排序

若要对 3 列或 3 列以上的数据进行排序，可在"排序"对话框中设置"主要关键字"，单击"添加条件"按钮，添加"次要关键字"后，再单击"添加条件"按钮，此时会出现第 2 个"次要关键字"，继续设置排序条件，直到添加完所有条件。完成后，数据区域会按照关键字的优先级依次排列数据。

8.2.3 根据自定义序列排序

排序方式一般可以设置为"升序"或"降序"，但是有些内容并不存在升降的关系，这时候可以根据实际需求设置自定义的序列用于排序。

原始文件：下载资源\实例文件\08\原始文件\任务量统计.xlsx
最终文件：下载资源\实例文件\08\最终文件\根据自定义序列排序.xlsx

步骤01 单击"排序"按钮

打开原始文件，选择数据区域中的任意单元格，切换到"数据"选项卡，单击"排序和筛选"组中的"排序"按钮，如下图所示。

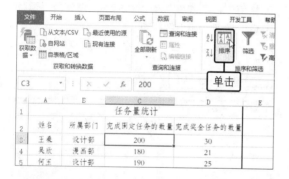

步骤02 自定义序列

弹出"排序"对话框，在"次序"下拉列表框中选择"自定义序列"选项，如下图所示。

步骤03 输入序列

弹出"自定义序列"对话框，❶在"输入序列"文本框中输入自定义的序列顺序，各选项间按【Enter】键分隔，❷单击"添加"按钮，如下图所示。

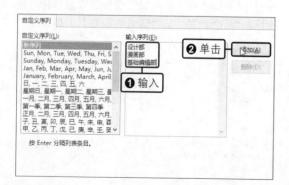

步骤04 添加序列

❶此时在"自定义序列"列表框中显示出自定义的序列内容，❷单击"确定"按钮，如下图所示。

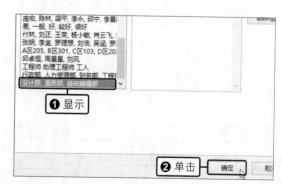

小提示

在"自定义序列"对话框中，可以单击"删除"按钮删除"自定义序列"列表框中已有的序列。

步骤05　设置排序条件

返回到"排序"对话框，系统自动显示了自定义的次序，❶设置"主要关键字"为"所属部门"、"排序依据"为"单元格值"，❷单击"确定"按钮，如下图所示。

步骤06　查看自定义排序的效果

返回工作表，可以看见 B 列单元格中的"所属部门"根据自定义的序列进行了排序，如下图所示。

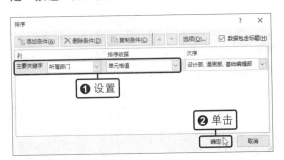

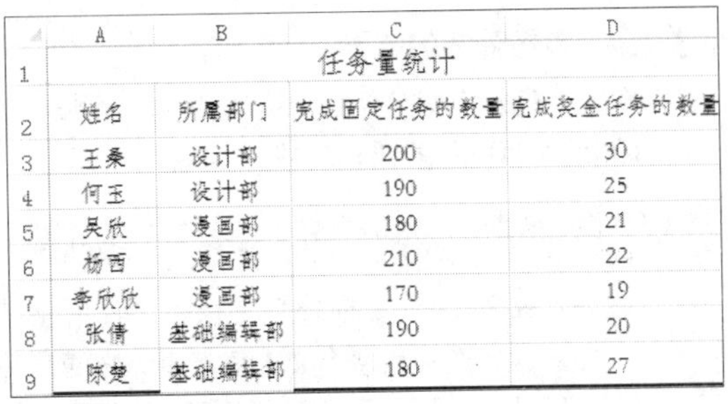

	A	B	C	D
1			任务量统计	
2	姓名	所属部门	完成固定任务的数量	完成奖金任务的数量
3	王秦	设计部	200	30
4	何玉	设计部	190	25
5	吴欣	漫画部	180	21
6	杨西	漫画部	210	22
7	李欣欣	漫画部	170	19
8	张倩	基础编辑部	190	20
9	陈楚	基础编辑部	180	27

生存技巧　按颜色排序

为相同类型的单元格设置单元格颜色或字体颜色后，还可以按"单元格颜色"或"字体颜色"进行排序。只需在设置"主要关键字"或"次要关键字"后，在"排序依据"下拉列表框中选择"单元格颜色"或"字体颜色"，并在"次序"下拉列表框中选择相应的颜色，就会按照优先级对单元格或字体颜色进行排序。

8.3 ▸ 数据的筛选

要在一个包含大量数据的工作表中快速找到满足指定条件的数据，可以使用筛选功能。筛选数据分为自动筛选、根据特定条件筛选和高级筛选三种类型。

8.3.1　自动筛选

自动筛选是最简单的筛选方法，只需在筛选下拉列表中选择筛选的内容即可完成筛选。

原始文件： 下载资源\实例文件\08\原始文件\课程安排.xlsx
最终文件： 下载资源\实例文件\08\最终文件\自动筛选.xlsx

步骤01　单击"筛选"按钮

打开原始文件，❶选择单元格区域 A2 : F2，❷切换到"数据"选项卡，单击"排序和筛选"组中的"筛选"按钮，如下左图所示。

步骤02　选择筛选条件

此时在各字段右下角显示出筛选按钮，❶单击单元格 C2 右下角的筛选按钮，❷在展开的下拉列表中的列表框中勾选"10:00-12:00"复选框，如下右图所示。

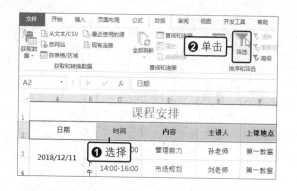

步骤03　查看筛选的结果

　　单击"确定"按钮后，筛选出所有上课时间为"10:00-12:00"的课程安排，如右图所示。

小提示

　　在 Excel 2019 中，筛选列表提供了搜索文本框，简单的筛选使用搜索文本框将更为方便。

生存技巧　按颜色筛选

　　筛选的方式有很多，除了在筛选下拉列表中勾选以外，还可以按颜色筛选，但使用这种筛选方式的前提是单元格区域中的数据有颜色上的区分，如右图所示。

8.3.2　根据特定条件筛选

　　筛选功能提供的特定条件有"等于""不等于""开头是""结尾是"等多种，可完成更复杂的筛选。

原始文件： 下载资源\实例文件\08\原始文件\自动筛选.xlsx
最终文件： 下载资源\实例文件\08\最终文件\根据特定条件筛选.xlsx

步骤01　清除筛选

　　打开原始文件，在进行其他筛选前，需先清除已有的筛选条件。❶单击单元格 C2 右下角的筛选按钮，❷在展开的列表中单击"从'时间'中清除筛选"选项，如下图所示。

步骤02　选择特定条件

　　❶单击单元格 E2 右下角的筛选按钮，❷在展开的下拉列表中单击"文本筛选 > 开头是"选项，如下图所示。

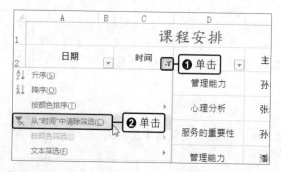
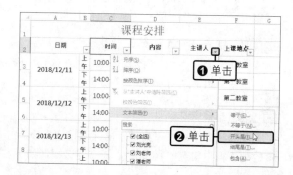

步骤03 输入筛选的条件

弹出"自定义自动筛选方式"对话框，在"主讲人"下方的文本框中输入"刘"，如下图所示。

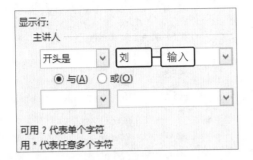

步骤04 查看筛选结果

单击"确定"按钮，此时筛选出所有主讲人姓刘的课程安排，如下图所示。

生存技巧 **使用功能区按钮清除筛选**

清除筛选是为了返回原来的数据内容，除了使用步骤01中的方法，还可以直接单击"数据"选项卡下"排序和筛选"组中的"筛选"按钮或"清除"按钮，如右图所示。

8.3.3 高级筛选

高级筛选可筛选出同时满足多个条件的内容，或满足多个条件中的某个条件的内容。

原始文件：下载资源\实例文件\08\原始文件\根据特定条件筛选.xlsx
最终文件：下载资源\实例文件\08\最终文件\高级筛选.xlsx

步骤01 设置筛选的条件

打开原始文件，❶在单元格区域 H2：I3 中输入筛选的条件内容，❷在"数据"选项卡下单击"排序和筛选"组中的"高级"按钮，如下图所示。

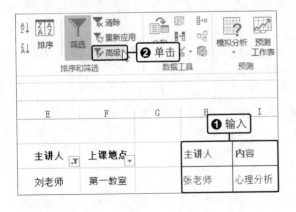

步骤02 单击单元格引用按钮

弹出"高级筛选"对话框，在"列表区域"文本框中自动显示了数据区域的位置，单击"条件区域"右侧的单元格引用按钮，如下图所示。

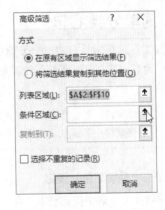

步骤03 选择条件区域

❶选择单元格区域 H2：I3 作为条件区域，❷单击单元格引用按钮，如下左图所示。

步骤04 确定筛选

返回到"高级筛选"对话框，单击"确定"按钮，如下右图所示。

步骤05 查看筛选的结果

此时可以看见，工作表中已经筛选出了主讲人为"张老师"且课程内容为"心理分析"的课程安排，如下图所示。

生存技巧 在受保护的视图中自动筛选

Excel 的工作表保护功能允许用户设置在受保护的工作表中可以进行的操作类型，其中就包括自动筛选。选择表格中的任意单元格，单击"筛选"按钮，在"审阅"选项卡下的"更改"组中单击"保护工作表"按钮，在列表框中勾选"使用自动筛选"复选框，单击"确定"按钮。此时虽然工作表处于保护状态，不能对任何单元格进行修改，但仍然可以使用"自动筛选"功能。

8.4 数据的分类汇总

分类汇总是指将工作表中的数据按照种类划分，通过对分类字段自动插入小计和合计，汇总计算多个相关的数据项。分类汇总的方法分为简单分类汇总和嵌套分类汇总。

8.4.1 简单分类汇总

简单分类汇总是指只针对一个分类字段的汇总。在对数据进行分类汇总之前，一定要保证分类字段是按照一定顺序排列的，否则无法得到正确的汇总结果。

原始文件： 下载资源\实例文件\08\原始文件\商品销售统计.xlsx
最终文件： 下载资源\实例文件\08\最终文件\简单分类汇总.xlsx

步骤01 单击"分类汇总"按钮

打开原始文件，表中数据已按"商品名称"归类排列。选择数据区域中的任意单元格，切换到"数据"选项卡，单击"分级显示"组中的"分类汇总"按钮，如下左图所示。

步骤02　设置汇总条件

弹出"分类汇总"对话框，❶设置"分类字段"为"商品名称"、"汇总方式"为"求和"，❷在"选定汇总项"列表框中勾选"数量"和"销售额"复选框，如下右图所示。

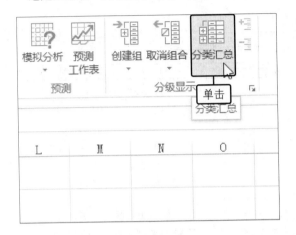

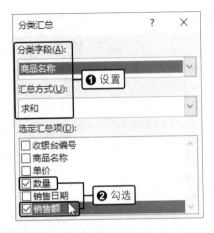

步骤03　查看汇总的结果

单击"确定"按钮后可以看见分类汇总的结果，如下图所示。

生存技巧　隐藏或显示分类汇总数据

在进行数据的分类汇总时，有时可能需要隐藏暂时不需要的数据，突出显示最重要的汇总数据，可以在分类汇总后的工作表中单击工作表编辑区左侧的分级隐藏符号⊟，此时可以发现相应级别的数据被隐藏，同时分级隐藏符号⊟变为分级显示符号⊞。在工作表的左上角单击级别符号①，工作表中就只显示最终的汇总结果，其他数据被隐藏起来。

小提示

创建分类汇总后，可在"分级显示"组中单击"隐藏明细数据"按钮，将数据明细隐藏起来，只显示汇总结果。

8.4.2　嵌套分类汇总

嵌套分类汇总是指多条件的汇总，即以一种条件汇总后，在该条件汇总的明细数据中再以第二种条件汇总。例如，汇总了每种商品的销售额后，再对每种商品在同一销售日期的销售额进行汇总。

原始文件：下载资源\实例文件\08\原始文件\商品销售统计.xlsx
最终文件：下载资源\实例文件\08\最终文件\嵌套分类汇总.xlsx

步骤01　单击"排序"按钮

打开原始文件，❶选择数据区域中的任意单元格，❷在"数据"选项卡下单击"排序和筛选"组中的"排序"按钮，如下左图所示。

步骤02 设置主要条件

弹出"排序"对话框，❶设置"主要关键字"为"商品名称"、"排序依据"为"单元格值"、"次序"为"升序"，❷单击"添加条件"按钮，如下右图所示。

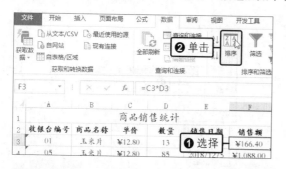
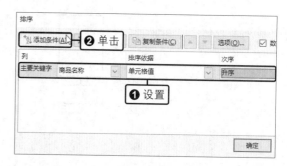

生存技巧 快速创建组合

为了更方便地查看和研究数据，可以对数据进行分级组合。先选择需要创建为组的行或列，在"数据"选项卡下的"分级显示"组中单击"组合"下三角按钮，在展开的下拉列表中单击"组合"选项，在弹出的对话框中设置按行或按列创建，再单击"确定"按钮。此时所选的行或列会自动划分为一个组，并和分类汇总一样会显示折叠符号。

步骤03 设置次要条件

❶设置"次要关键字"为"销售日期"、"次序"为"升序"，❷单击"确定"按钮，如下图所示。

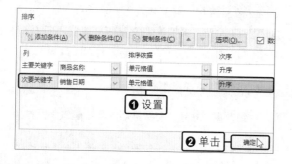

步骤04 单击"分类汇总"按钮

对工作表进行排序后，单击"分级显示"组中的"分类汇总"按钮，如下图所示。

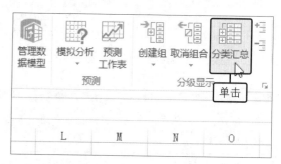

步骤05 设置分类汇总的条件

弹出"分类汇总"对话框，❶设置"分类字段"为"商品名称"、"汇总方式"为"求和"，❷勾选"销售额"复选框，如下图所示。

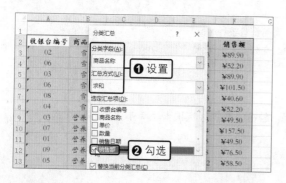

步骤06 查看分类汇总的结果

单击"确定"按钮，显示出每种商品的销售额总和，如下图所示。

步骤07　设置分类汇总的第二个条件

再次打开"分类汇总"对话框，❶设置"分类字段"为"销售日期"、"汇总方式"为"求和"，❷在"选定汇总项"列表框中勾选"销售额"复选框，❸取消勾选"替换当前分类汇总"复选框，如下图所示。

步骤08　查看嵌套汇总的结果

单击"确定"按钮，显示嵌套分类汇总结果，不仅统计了每种商品的销售额总和，还统计了每种商品在同一日期的销售额总和，如下图所示。

 自动分级显示数据

要自动分级显示数据，首先得让 Excel 明确哪些是汇总数据、哪些是明细数据，所以输入基本的数据后，要先手动建立汇总行，并在汇总行中编辑公式汇总计算，之后再选择整个需要建立分级显示的数据区域，在"创建组"下拉列表中单击"自动建立分级显示"选项，这样就可一次性快速建立所有的分级显示信息了。

8.4.3　删除分类汇总

如果不再需要工作表中的分类汇总，可以在"分类汇总"对话框中单击"全部删除"按钮，将工作表中的分类汇总清除。

原始文件： 下载资源\实例文件\08\原始文件\嵌套分类汇总.xlsx
最终文件： 下载资源\实例文件\08\最终文件\删除分类汇总.xlsx

步骤01　删除分类汇总

打开原始文件，打开"分类汇总"对话框，单击"全部删除"按钮，如下图所示。

步骤02　查看删除分类汇总后的效果

此时自动返回到工作表中，可以看到所有分类汇总都被删除了，如下图所示。

收银台编号	商品名称	单价	数量	销售日期	销售额
		商品销售统计			
02	雪碧	¥2.90	31	2018/12/3	¥89.90
06	雪碧	¥2.90	18	2018/12/3	¥52.20
03	雪碧	¥2.90	31	2018/12/5	¥89.90
06	雪碧	¥2.90	35	2018/12/6	¥101.50
08	雪碧	¥2.90	14	2018/12/8	¥40.60
04	雪碧	¥2.90	18	2018/12/12	¥52.20
03	营养快线	¥4.50	11	2018/12/3	¥49.50
07	营养快线	¥4.50	35	2018/12/4	¥157.50
01	营养快线	¥4.50	11	2018/12/5	¥49.50
09	营养快线	¥4.50	17	2018/12/6	¥76.50
09	营养快线	¥4.50	13	2018/12/12	¥58.50
01	玉米片	¥12.80	13	2018/12/3	¥166.40

8.5 获取和转换数据

"获取和转换"功能可以从不同的数据来源中提取数据，如关系型数据库、文本、XML 文件、OData 提要、Web 页面、Hadoop 的 HDFS 等，并能够将不同来源的数据源整合在一起，建立好数据模型，为进一步的数据分析做好充足的准备。

原始文件： 下载资源\实例文件\08\原始文件\获取和转换案例数据.accdb
最终文件： 下载资源\实例文件\08\最终文件\获取和转换数据.xlsx

步骤01　从数据库中选择数据

新建一个空白的工作簿，❶在"数据"选项卡下的"获取和转换数据"组中单击"获取数据"按钮，❷在展开的列表中单击"自数据库 > 从 Microsoft Access 数据库"选项，如下图所示。

步骤02　导入数据

弹出"导入数据"对话框，❶选择 Access 数据库文件，❷单击"导入"按钮，如下图所示。

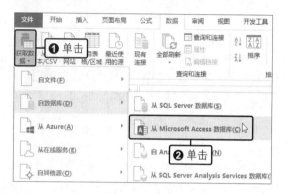

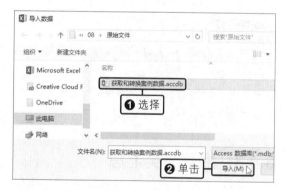

步骤03　显示各个表格的详细内容

此时会弹出"导航器"对话框，可在左侧看到该 Access 数据库文件中的 4 个数据表格。选择任意一个表格，如"T0010_订单信息"，即可在右侧面板中预览该表格的数据内容，如下图所示。

步骤04　勾选多个表格复选框

❶勾选"选择多项"复选框，并同时勾选要导入的表格，❷随后单击"加载"按钮右侧的下三角按钮，在展开的列表中选择"加载到"选项，如下图所示。

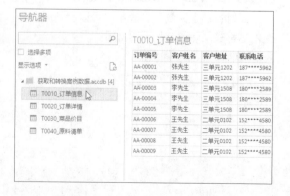

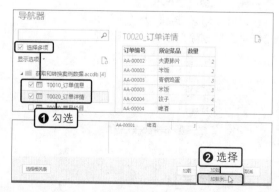

步骤05　加载表格到表中

弹出"导入数据"对话框，❶单击"表"单选按钮，❷勾选"将此数据添加到数据模型"复选框，❸最后单击"确定"按钮，如下图所示。

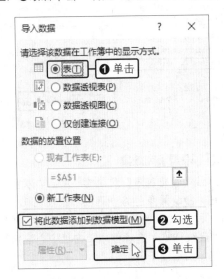

步骤07　预览数据

完成数据导入后，可以看到 Excel 工作表的右侧出现了"查询&连接"窗格，且在其中列出了刚刚导入的经过处理的数据库表格。当鼠标悬停在每一个工作簿查询的名称上时，可以预览部分数据，如右图所示。

步骤06　查看导入的数据

返回工作簿中，即可看到新生成了两个工作表，其内容就是 Access 数据库中的两个表格，如下图所示。

	A	B	C	D	E	F
1	订单编号	所定菜品	数量			
2	AA-00002	夫妻肺片	2			
3	AA-00002	米饭	2			
4	AA-00003	青椒鸡蛋	3			
5	AA-00003	米饭	3			
6	AA-00004	饺子	4			
7	AA-00004	啤酒	4			
8	AA-00005	夫妻肺片	5			
9	AA-00005	饺子	5			
10	AA-00005	啤酒	5			
11	AA-00006	夫妻肺片	6			
12	AA-00006	饺子	6			
13	AA-00006	啤酒	6			
14	AA-00007	饺子	7			
15	AA-00007	米饭	7			
16	AA-00008	蒜苔炒肉	8			
17	AA-00008	夫妻肺片	8			
18	AA-00008	米饭	8			
19	AA-00009	鱼香肉丝	9			
20	AA-00009	米饭	9			
21	AA-00001	饺子	1			
22	AA-00001	啤酒	1			

8.6　实战演练——制作培训统计表

大多数公司都会对新入职的员工进行培训，此时就会用到培训统计表。通过整理和分析培训统计表中的数据，可以对员工的表现做出比较。

原始文件: 下载资源\实例文件\08\原始文件\新员工培训.xlsx
最终文件: 下载资源\实例文件\08\最终文件\新员工培训.xlsx

步骤01　新建规则

打开原始文件，❶选择单元格区域 C4 : F12，❷在"开始"选项卡下单击"样式"组中的"条件格式"按钮，❸在展开的下拉列表中单击"新建规则"选项，如下左图所示。

步骤02　设置规则

弹出"新建格式规则"对话框，❶选择规则的类型为"只为包含以下内容的单元格设置格式"，❷设置规则的条件为"单元格值""等于""90"，❸单击"格式"按钮，如下右图所示。

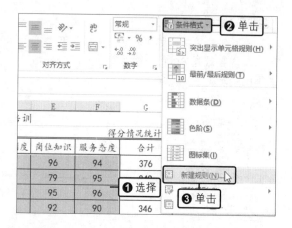

步骤03 单击"填充效果"按钮

弹出"设置单元格格式"对话框，❶切换到"填充"选项卡，❷单击"填充效果"按钮，如下图所示。

步骤04 设置填充效果

弹出"填充效果"对话框，单击"双色"单选按钮，❶设置颜色为"蓝色，个性色1，淡色60%"和"水绿色，个性色5，淡色60%"，❷在"底纹样式"选项组中单击"中心辐射"单选按钮，如下图所示。

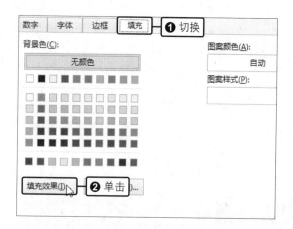

步骤05 预览填充效果

单击"确定"按钮，返回"设置单元格格式"对话框，可以预览设置的单元格格式，单击"确定"按钮，如下图所示。

步骤06 预览格式规则

返回"新建格式规则"对话框，❶此时可以预览条件格式的效果，❷单击"确定"按钮，如下图所示。

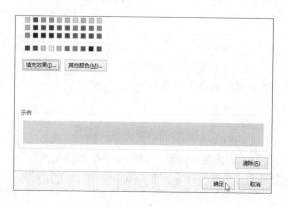

步骤07 查看使用自定义的条件格式后的效果

返回工作表，可以看到对成绩等于 90 分的单元格应用了自定义的格式，如下图所示。

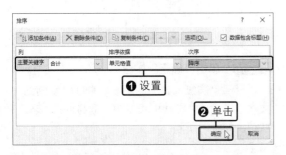

步骤09 设置排序的条件

弹出"排序"对话框，❶设置"主要关键字"为"合计"、"排序依据"为"单元格值"、"次序"为"降序"，❷单击"确定"按钮，如下图所示。

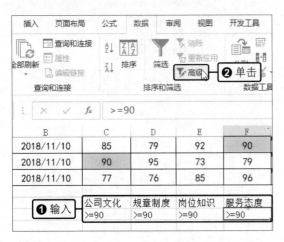

步骤11 设置高级筛选的条件

❶在单元格区域 C14：F15 中输入筛选的条件内容，即需要满足各项培训课程的得分都不低于 90 分。❷在"数据"选项卡下单击"排序和筛选"组中的"高级"按钮，如下图所示。

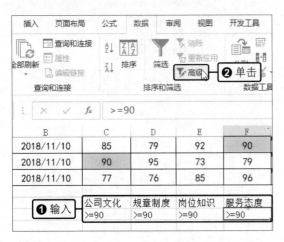

步骤08 单击"排序"按钮

❶选择单元格区域 A3：G12，❷在"数据"选项卡下单击"排序和筛选"组中的"排序"按钮，如下图所示。

步骤10 查看排序的结果

此时表格内容根据总分的大小以降序排列，可以看出每个员工的总分高低，如下图所示。

步骤12 选择筛选的方式

弹出"高级筛选"对话框，❶单击"将筛选结果复制到其他位置"单选按钮，❷单击"列表区域"右侧的单元格引用按钮，如下图所示。

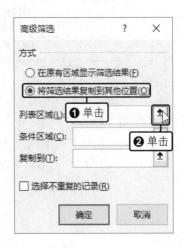

小提示

当数据区域中有合并单元格时，使用"升序"或"降序"按钮对数据进行排序会导致排序失败，此时可选择需要排序又不包含合并单元格的数据区域，使用"排序"对话框进行排序。

步骤13 选择列表区域

❶选择单元格区域 A3：G12，引用工作表的主要内容，❷再次单击单元格引用按钮，如下图所示。

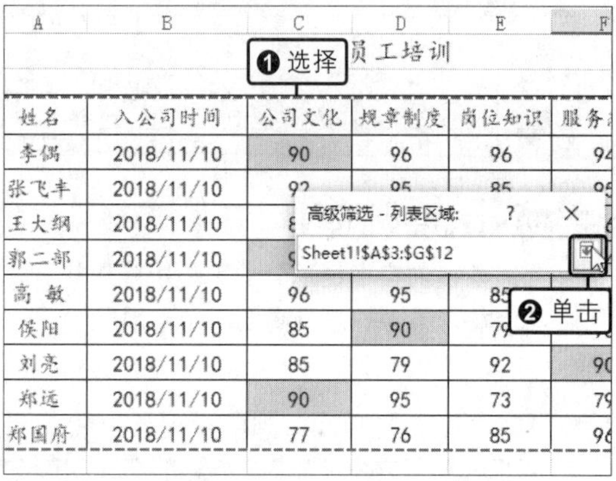

步骤14 单击单元格引用按钮

❶此时在"列表区域"中显示了引用的单元格地址，❷单击"条件区域"右侧的单元格引用按钮，如下图所示。

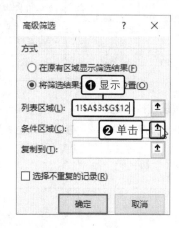

步骤15 选择条件区域

❶选择单元格区域 C14：F15 作为条件区域，❷单击单元格引用按钮，如下图所示。

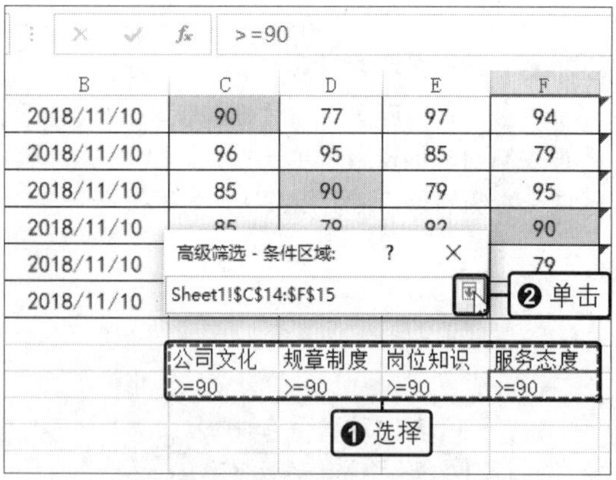

步骤16 单击"确定"按钮

返回"高级筛选"对话框，❶在"复制到"文本框中输入"Sheet1!$A$16"，❷单击"确定"按钮，如下图所示。

步骤17 查看筛选的结果

此时按照设置的条件筛选出满足条件的员工，并将筛选的结果复制到指定的位置上，效果如右图所示。

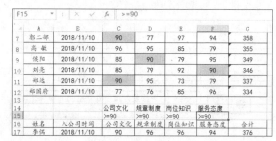

第9章 数据分析

Excel 具有强大的数据分析功能，用户只需为每一个分析工具提供数据和参数，该工具就会使用适当的统计或工程宏函数计算出相应的结果，并将它们显示在输出表格中。除此之外，还可以使用数据透视表对数据进行灵活的汇总分析，并用数据透视图呈现结果。

9.1 使用分析工具分析数据

在进行复杂的数据分析时，可使用分析工具库节省步骤和时间。有的分析工具不仅能显示结果，还能同时生成图表。这里主要介绍 5 种常用的分析工具：描述统计、相关系数、回归分析、抽样分析、预测工作表。需注意的是，"数据分析"工具默认是不加载的，要使用该工具，需在"Excel 选项"的"加载项"中自行添加。

9.1.1 使用描述统计分析法

描述统计是通过数学方法对数据资料进行整理与分析的。使用 Excel 的描述统计工具，可以轻松得到一组数据的平均值、最大值、最小值、求和值、数字项个数、平均差等。

本小节将使用描述统计分析法分析某商场家用电器的销售数据。

原始文件： 下载资源\实例文件\09\原始文件\使用描述统计分析法.xlsx
最终文件： 下载资源\实例文件\09\最终文件\使用描述统计分析法.xlsx

步骤01 单击"数据分析"按钮

打开原始文件，❶切换至"数据"选项卡，❷在"分析"组中单击"数据分析"按钮，如下图所示。

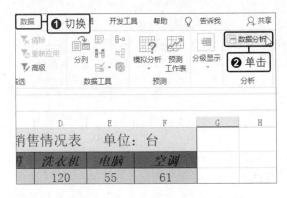

步骤02 选择"描述统计"分析工具

弹出"数据分析"对话框，❶在"分析工具"列表框中单击"描述统计"选项，❷单击"确定"按钮，如下图所示。

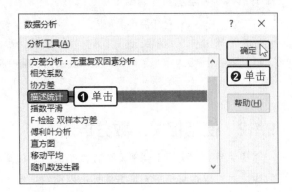

步骤03　设置输入选项

弹出"描述统计"对话框，❶在"输入"选项组中设置"输入区域"为 B2:F14，❷在"分组方式"选项组中单击"逐列"单选按钮，❸勾选"标志位于第一行"复选框，如下图所示。

步骤04　设置输出选项

❶在"输出选项"选项组中单击"输出区域"单选按钮，❷在右侧文本框中设置输出区域为 G2，❸勾选"汇总统计"复选框，❹再勾选"第 K 大值"和"第 K 小值"复选框，并输入值为"3"，如下图所示。

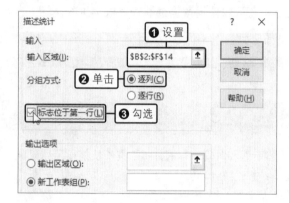

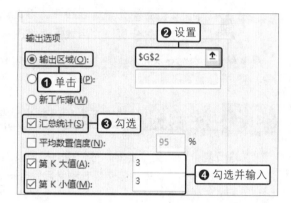

步骤05　显示描述统计分析结果

单击"确定"按钮，在指定位置显示描述统计分析结果，如右图所示。从分析结果可以看出洗衣机的平均值、求和值最高，说明喜爱该商品的用户很多；而电视机的峰度接近 -1，说明该商品每月的销售量变化不大。

电视机		冰箱		洗衣机		电脑		空调	
平均	115.0833	平均	62.16667	平均	132.4167	平均	61.5	平均	130.5
标准误差	3.394421	标准误差	3.94053	标准误差	5.189527	标准误差	2.13023	标准误差	28.724
中位数	110	中位数	60	中位数	130	中位数	60.5	中位数	80.5
众数	110	众数	55	众数	120	众数	55	众数	#N/A
标准差	11.75862	标准差	13.6504	标准差	17.97705	标准差	7.379332	标准差	99.50286
方差	138.2652	方差	186.3333	方差	323.1742	方差	54.45455	方差	9900.818
峰度	-1.05245	峰度	1.982149	峰度	2.990906	峰度	1.160074	峰度	-0.24053
偏度	0.469748	偏度	1.230981	偏度	1.606033	偏度	0.703675	偏度	1.092579
区域	35	区域	50	区域	63	区域	28	区域	277
最小值	100	最小值	45	最小值	115	最小值	50	最小值	43
最大值	135	最大值	95	最大值	178	最大值	78	最大值	320
求和	1381	求和	746	求和	1589	求和	738	求和	1566
观测数	12	观测数	12	观测数	12	观测数	12	观测数	12

小提示

在"描述统计"对话框的"输出选项"选项组中，"汇总统计"是显示描述统计结果，"平均数置信度"是需要输出包含均值的置信度，"第 K 大值"是根据需要指定输出数据中的第几个最大值，"第 K 小值"是根据需要指定输出数据中的第几个最小值。

生存技巧　加载分析工具库

要在 Excel 中使用分析工具库，首先要安装加载项。单击"文件 > 选项"命令，弹出"Excel 选项"对话框，切换至"加载项"选项卡，在右侧选项面板中选择"管理 > Excel 加载项"选项，再单击右侧的"转到"按钮，弹出"加载项"对话框，在其列表框中勾选"分析工具库"和"规划求解加载项"复选框，再单击"确定"按钮即可。

9.1.2　使用相关系数分析法

相关系数分析用于判断两个或两个以上随机变量之间的相互依存关系的紧密程度。使用相关系数分析工具可以检验每对测量值变量，以便确定两个测量值变量是否趋向于同时变动，即：一个变量的较大值是否趋向于与另一个变量的较大值相关联；或者一个变量的较小值是否趋向于与另一个变量的较小值相关联；或者两个变量的值趋向于互不关联。

在本例中，列出了 2008—2018 年的居民人均全年耐用消费品支出、人均全年可支配收入及耐用消费品价格指数的统计资料，现在要分析这 3 个变量是否相关。

原始文件: 下载资源\实例文件\09\原始文件\使用相关系数分析法.xlsx
最终文件: 下载资源\实例文件\09\最终文件\使用相关系数分析法.xlsx

步骤01　单击"数据分析"按钮

打开原始文件，❶切换至"数据"选项卡，❷单击"数据分析"按钮，如下图所示。

步骤02　选择"相关系数"分析工具

弹出"数据分析"对话框，❶在"分析工具"列表框中单击"相关系数"选项，❷单击"确定"按钮，如下图所示。

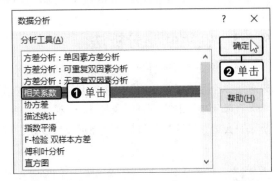

步骤03　设置输入选项

弹出"相关系数"对话框，❶在"输入"选项组中设置"输入区域"为 B1:D12，❷单击"逐列"单选按钮，❸勾选"标志位于第一行"复选框，如下图所示。

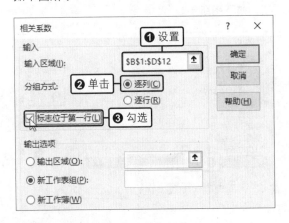

步骤04　设置输出选项

❶在"输出选项"选项组中单击"输出区域"单选按钮，❷设置输出区域为 E2，❸单击"确定"按钮，如下图所示。

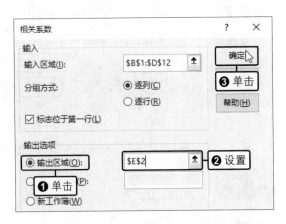

步骤05　显示相关系数分析结果

此时在指定位置显示了相关系数的分析结果，可以看到只有人均耐用消费品支出与人均全年可支配收入的相关系数接近 1，说明二者有较强的相关性，而其他指标之间的相关性则较小，如右图所示。

	人均耐用消费品支出（元）	人均全年可支配收入（元）
人均耐用消费品支出（元）	1	
人均全年可支配收入（元）	0.976410315	1
耐用消费品价格指数	0.511677186	0.448615008

生存技巧 使用Excel方案管理器进行假设分析

方案管理器可以很方便地进行假设分析，可以为任意多的变量存储输入值的不同组合，即可变单元格，并为每个组合命名，同时还可以创建汇总报告，显示不同值组合的效果。在 Excel 中，切换至"数据"选项卡，在"预测"组中单击"模拟分析 > 方案管理器"选项，打开对话框，单击"添加"按钮开始添加需要的方案数据。

生存技巧 用函数计算两个测量值之间的相关系数

在 Excel 中，可使用 CORREL 函数计算两个测量值变量之间的相关系数，条件是每种变量的测量值都是对 N 个对象进行观测得到的。CORREL 函数的语法为：CORREL(array1,array2)。参数 array1 为第一组数值单元格区域，参数 array2 为第二组数值单元格区域。

9.1.3 使用回归分析法

回归分析工具通过对一组观察值使用"最小二乘法"直线拟合来执行线性回归分析。该工具可用来分析单个因变量是如何受一个或几个自变量的值影响的。

在本例中，给出了香格里拉 12 个观测站 11 月的平均气温、海拔高度和纬度值，下面使用回归分析法来判断该地区的气温与海拔高度及纬度是否有关。

原始文件：下载资源\实例文件\09\原始文件\使用回归分析法.xlsx
最终文件：下载资源\实例文件\09\最终文件\使用回归分析法.xlsx

步骤01 单击"数据分析"按钮

打开原始文件，❶切换至"数据"选项卡，❷单击"数据分析"按钮，如下图所示。

步骤02 选择"回归"分析工具

弹出"数据分析"对话框，❶在"分析工具"列表框中单击"回归"选项，❷单击"确定"按钮，如下图所示。

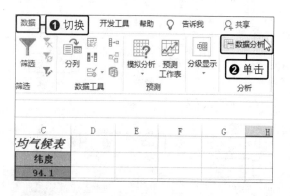

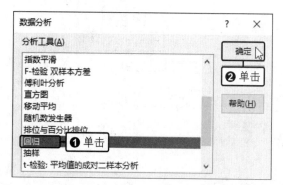

步骤03 设置输入选项

弹出"回归"对话框，❶设置"Y 值输入区域"为单元格区域 A2:A14、"X 值输入区域"为单元格区域 B2:C14，❷勾选"标志"和"置信度"复选框，保持默认值"95%"不变，如下左图所示。

步骤04 设置输出选项

❶在"输出选项"选项组中单击"输出区域"单选按钮，❷在右侧的文本框中设置输出区域为单元格 E2，❸单击"确定"按钮，如下右图所示。

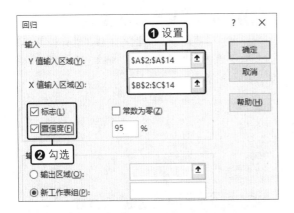
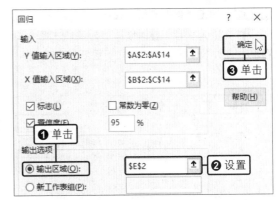

步骤05　显示回归分析计算结果

此时工作簿中自动创建了"回归分析"工作表，在其中显示回归分析的统计量、方差分析表等数据，如下图所示。

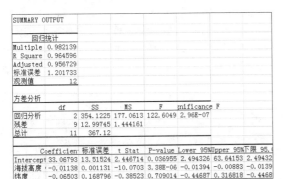

小提示

回归统计表中，单元格 F7 中的值是 0.9567，这说明海拔和纬度两个自变量能解释气温变化的 95.67%，气温变化的大约 4% 由其他因素来解释；估计的标准误差位于单元格 F8 中，数值是 1.2017，这就是实际值与估计值间的误差。单元格 I18 中的 F 统计量的 P 值约为 0.037，小于显著水平 0.05，说明方程回归效果显著。回归参数表中，截距 β_0 用 Intercept 表示，数值为 33.068；回归系数 β_1 用"海拔高度"来表示，数值为 -0.011；回归系数 β_2 用"纬度"表示，数值为 -0.065。最终回归方程可写为：$y=33.068-0.011x_1-0.065x_2$。

生存技巧　创建正态概率图

使用回归统计工具不仅能得到相应的回归统计结果，还能生成一些图表，如残差图、线性拟合图和正态概率图。残差图可以检查回归线的异常点；线性拟合图是用解析表达式逼近离散数据，即离散数据的公式化；正态概率图用于检查一组数据是否服从正态分布。要创建正态概率图，只需要在"回归"对话框的"正态分布"选项组中勾选其复选框，然后单击"确定"按钮即可。

9.1.4　使用抽样分析法

抽样分析工具根据数据源区域创建一个样本，当样本数据太多而不能进行分析时，可以选用具有代表性的样本。如果确认数据源区域中的数据是周期性的，还可以仅对一个周期中特定时间段中的数据进行采样分析。

在本例中，给出了某学校期末考试语文成绩统计单，现在上级领导要抽查学生的试卷，对某班级的全体学生随机抽取 20 名作为调查样本，以学生学号为依据进行抽样。

原始文件：下载资源\实例文件\09\原始文件\使用抽样分析法.xlsx
最终文件：下载资源\实例文件\09\最终文件\使用抽样分析法.xlsx

步骤01 单击"数据分析"按钮

打开原始文件，❶切换至"数据"选项卡，❷单击"数据分析"按钮，如下图所示。

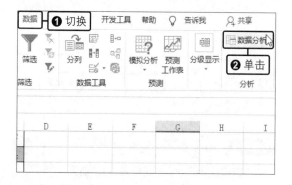

步骤03 设置输入区域和抽样方法

弹出"抽样"对话框，❶在"输入"选项组中设置"输入区域"为 A3:A51，❷勾选"标志"复选框，❸在"抽样方法"选项组中单击"随机"单选按钮，并设置"样本数"为"20"，如下图所示。

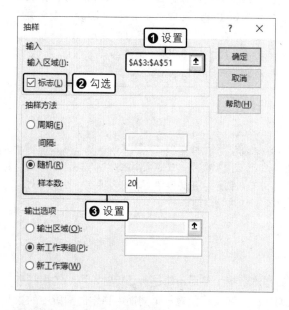

步骤05 显示抽样分析结果

此时在指定位置显示了 20 个随机抽样的学生学号，可根据这 20 个抽样结果检查学生的试卷，如右图所示。

步骤02 选择"抽样"分析工具

弹出"数据分析"对话框，❶在"分析工具"列表框中单击"抽样"选项，❷单击"确定"按钮，如下图所示。

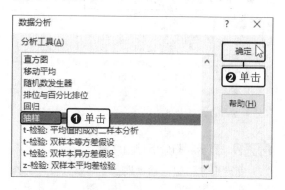

步骤04 设置输出选项

❶在"输出选项"选项组中单击"输出区域"单选按钮，❷在右侧的文本框中设置输出区域为单元格 C3，❸单击"确定"按钮，如下图所示。

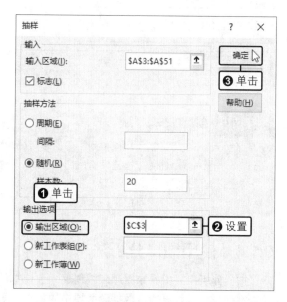

	A	B	C	D	E	F	G
1	语文期末考试成绩统计表						
2	学号	成绩	抽样结果				
3	201301	81	201307				
4	201302	88	201349				
5	201303	89	201331				
6	201304	99	201310				
7	201305	92	201332				
8	201306	100	201339				
9	201307	98	201336				
10	201308	98	201326				
11	201309	81	201344				
12	201310	79	201307				
13	201311	91	201344				
14	201312	88	201314				
15	201313	91	201330				
16	201314	99	201335				

生存技巧　**使用直方图分析工具统计频率**

　　直方图分析工具可计算数据单元格区域和数据接收区间的单个和累积频率，一般用于统计数据集中某个数值出现的次数，功能与 FREQUENCY 函数相同。例如，在一个有 10 名员工的小组里，可按销售额的范围确定销售业绩的分布情况，直方图表可给出销售额的边界，以及在最低边界和当前边界之间业绩出现的次数，出现频率最高的销售业绩即为数据集中的众数。

9.1.5　使用预测工作表

　　在 Excel 2019 的"数据"选项卡下，除了以上 4 个常用的数据分析工具，还有一个预测功能，即"预测"组中的"预测工作表"工具。

　　原始文件：下载资源\实例文件\09\原始文件\销售数据表.xlsx
　　最终文件：下载资源\实例文件\09\最终文件\预测工作表.xlsx

步骤01　单击"预测工作表"按钮

　　打开原始文件，❶选择表格中含有数据的任意单元格，❷在"数据"选项卡下单击"预测"组中的"预测工作表"按钮，如下图所示。

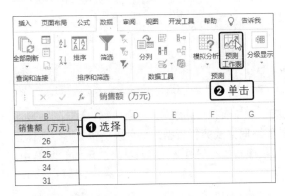

步骤02　查看预览效果

　　弹出"创建预测工作表"对话框，可看到显示的预测图表，如下图所示。

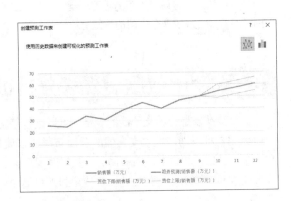

步骤03　设置预测参数

　　单击"选项"左侧的三角形按钮，❶设置"预测结束"和"预测开始"分别为"12"和"9"，其他选项的设置保持不变，❷单击"创建"按钮，如下图所示。

步骤04　显示预测结果

　　返回工作簿，可看到插入了一个新的工作表，在该工作表中可看到要预测月份的销售额预测情况、置信下限和置信上限的销售额情况及预测图表，如下图所示。

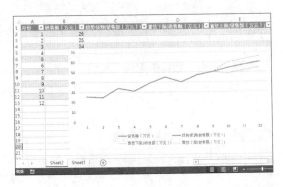

步骤05 **查看预测公式**

选择预测月份的趋势预测单元格，如 C11，在编辑栏中可看到该单元格中的公式及应用的预测函数，如下图所示。

C11 =FORECAST.ETS(A11,$B$2:$B$10,$A$2:$A$10,1,1)

月份	销售额（万元）	趋势预测(销售额（万元）)	置信下限(销售额（万元）)
1	26		
2	25		
3	34		
4	31		
5	39		
6	45		
7	40		
8	47		
9	50	50	50.00
10		54.13247446	48.45
11		57.2562203	51.58
12		60.37996613	54.70

步骤06 **查看置信区间公式**

应用相同的方法，选择置信上限或置信下限列的单元格，在编辑栏中可看到公式及其所用的函数，如下图所示。

D11 =C11-FORECAST.ETS.CONFINT(A11,$B$2:$B$10,$A$2:$A$10,0.95,1,1)

月份	销售额（万元）	趋势预测(销售额（万元）)	置信下限(销售额（万元）)	置信上限(销售额
1	26			
2	25			
3	34			
4	31			
5	39			
6	45			
7	40			
8	47			
9	50	50	50.00	
10		54.13247446	48.45	
11		57.2562203	51.58	
12		60.37996613	54.70	

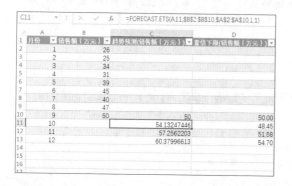

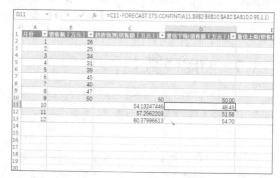

生存技巧 **认识方差分析工具**

方差分析工具提供了不同类型的方差分析，具体使用哪一种工具需根据因素的个数及待检验样本总体中所含样本的个数而定，其中包括单因素方差分析、包含重复的双因素方差分析、无重复的双因素方差分析。单因素方差分析可对两个或更多样本的数据执行简单的方差分析，包含重复的双因素方差分析用于当数据可沿着两个不同的维度分类时的方差分析，无重复的双因素方差分析用于当数据像包含重复的双因素那样按照两个不同的维度进行分类时的方差分析。

9.2 使用数据透视表分析数据

数据透视表是一种交互式的表格，可以进行某些统计，如求和与计数等。之所以称为数据透视表，是因为用户可以动态地改变它们的版面布局，以便按照不同方式分析数据，也可以重新安排行列标签和页字段。每一次改变版面布局时，数据透视表会立即按照新的布局重新计算数据。在 Excel 2019 中，许多改进和新增功能使数据透视表使用起来更简便。

9.2.1 创建数据透视表

在创建数据透视表时选择需要的字段，该字段就会在数据透视表中显示出来，这便构成了最初的数据透视表模型。

原始文件： 下载资源\实例文件\09\原始文件\创建数据透视表.xlsx

最终文件： 下载资源\实例文件\09\最终文件\创建数据透视表.xlsx

步骤01 **单击“数据透视表”按钮**

打开原始文件，❶切换至“插入”选项卡，❷在“表格”组中单击“数据透视表”按钮，如下左图所示。

步骤02 **设置数据透视表区域**

弹出“创建数据透视表”对话框，❶单击“选择一个表或区域”单选按钮，保留下方的默认值，❷单击“新工作表”单选按钮，❸单击“确定”按钮，如下右图所示。

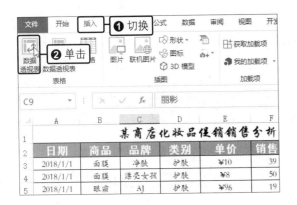

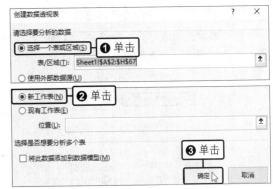

步骤03 选择数据透视表字段

此时在工作表右侧展开了"数据透视表字段"窗格，在"选择要添加到报表的字段"列表框中勾选需要的字段，如下图所示。

步骤04 显示初步创建的数据透视表

经过操作后，在工作表中便自动生成了相应的数据透视表，如下图所示。

生存技巧 | **更改与刷新数据透视表的数据源**

使用数据透视表进行分析时，如果需要更改数据源，可以按照以下的方法进行操作：切换至"数据透视表工具 - 分析"选项卡，单击"更改数据源"按钮，再重新返回数据源工作表选择需要的单元格区域，完毕后在对话框中单击"确定"按钮。如果更改了数据源数据，可直接单击"刷新"按钮，在数据透视表中会显示更新后的数据信息。

9.2.2 设置数据透视表字段

前面创建了默认的数据透视表字段布局，接下来可以根据实际需求更改字段的布局，从而查看不同的数据汇总效果。

原始文件： 下载资源\实例文件\09\原始文件\设置数据透视表字段.xlsx
最终文件： 下载资源\实例文件\09\最终文件\设置数据透视表字段.xlsx

步骤01 将"品牌"字段移动到报表筛选

打开原始文件，在"数据透视表字段"窗格中，❶单击行标签列表框中"品牌"右侧的下三角按钮，❷在展开的列表中单击"移动到报表筛选"选项，如下左图所示。

步骤02 将"类别"字段移动到报表筛选

在"数据透视表字段"窗格中，❶单击行标签列表框中"类别"右侧的下三角按钮，❷在展开的列表中单击"移动到报表筛选"选项，如下右图所示。

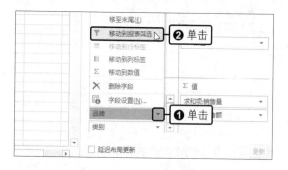 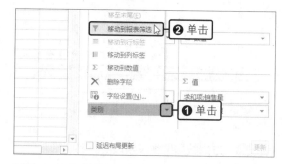

步骤03 显示调整行标签字段结果

此时"品牌"字段和"类别"字段被移至筛选区，并且在数据透视表中显示调整行标签字段的效果，如下图所示。

步骤04 筛选"品牌"字段

❶在筛选区单击"品牌"字段右侧的下三角按钮，❷在其列表框中单击"丽影"选项，❸单击"确定"按钮，如下图所示。

步骤06 显示筛选结果

此时在数据透视表中只显示"品牌"是"丽影"的数据信息，如下图所示。

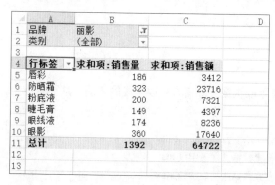

生存技巧 设置数据透视表数字格式

数据透视表中默认的数据格式是"常规"，可以将其设置为其他格式，如货币、百分比、数值等，具体方法为：右击待设置字段的任意单元格，在弹出的快捷菜单中单击"数字格式"命令，弹出"设置单元格格式"对话框，在"分类"列表框中选择需要的格式，完毕后单击"确定"按钮即可。

9.2.3 设置数据透视表布局

设置数据透视表布局包括设置分类汇总项、总计、报表布局及空行。其中，报表布局可以更改数据透视表的显示效果，如以压缩形式显示、以大纲形式显示或以表格形式显示。

原始文件：下载资源\实例文件\09\原始文件\设置数据透视表布局.xlsx
最终文件：下载资源\实例文件\09\最终文件\设置数据透视表布局.xlsx

步骤01　单击"以大纲形式显示"选项

打开原始文件，切换至"数据透视表工具 - 设计"选项卡，单击"报表布局 > 以大纲形式显示"选项，如下图所示。

步骤02　显示大纲形式的布局效果

此时数据透视表的布局以大纲形式显示，同样显示字段标题，不过看起来更加整洁，如下图所示。

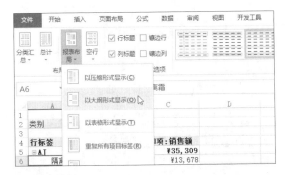

步骤03　设置在每个项目后插入空行

❶在"数据透视表工具 - 设计"选项卡的"布局"组中单击"空行"按钮，❷在展开的下拉列表中单击"在每个项目后插入空行"选项，如下图所示。

步骤04　显示插入空行的效果

此时在数据透视表的每个品牌的商品数据末尾都会插入一个空行，将数据划分得更加清晰，如下图所示。

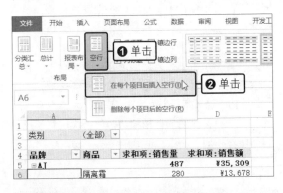

生存技巧　更改值汇总与显示方式

在"值字段设置"对话框中，可以对值的汇总方式和显示方式进行更改。选择待设置字段的任意单元格，切换至"数据透视表工具 - 分析"选项卡，在"活动字段"组中单击"字段设置"按钮，弹出"值字段设置"对话框。在"值汇总方式"选项卡下可以选择计算类型，包括求和、计数、平均值、最大值、最小值等；在"值显示方式"选项卡下可以设置值的显示方式，包括全部汇总百分比、列汇总的百分比、行汇总的百分比等。

9.2.4　设置数据透视表样式

为数据透视表添加样式可以呈现更加美观的表格效果。Excel 2019 内置了多种数据透视表样式，分为浅色、中等色、深色三类。

原始文件：下载资源\实例文件\09\原始文件\设置数据透视表样式.xlsx
最终文件：下载资源\实例文件\09\最终文件\设置数据透视表样式.xlsx

步骤01　展开样式库

打开原始文件，选择数据透视表的任意单元格，在"数据透视表工具 - 设计"选项卡下的"数据透视表样式"组中单击快翻按钮，如下图所示。

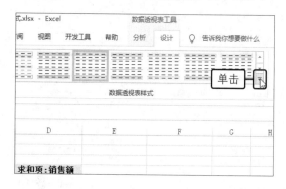

步骤02　选择数据透视表样式

在展开的样式库中选择"数据透视表样式深色 20"样式，如下图所示。

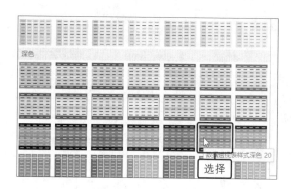

步骤03　显示应用样式后的数据透视表

此时就对工作表中的数据透视表应用了选择的样式，如下图所示。

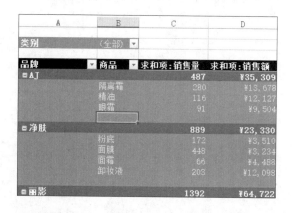

生存技巧　添加数据计算字段

自定义计算字段是指在数据透视表中增加新的计算字段，但源数据并不改变。其操作是切换至"数据透视表工具 - 分析"选项卡，在"计算"组中单击"域、项目和集"按钮，在展开的下拉列表中单击"计算字段"选项，弹出"插入计算字段"对话框，在其中输入名称、公式后单击"添加"按钮，再单击"确定"按钮即可。

9.3　使用切片器筛选数据

使用数据透视表分析海量数据时，经常需要交互式动态查看不同数据的汇总结果，虽然可以直接在数据透视表中通过字段筛选一步一步地达到目的，但这种操作方式不够直观且容易出错，此时不妨使用"切片器"工具来筛选。

9.3.1　插入切片器

使用切片器可以快速筛选数据透视表数据，除此之外，切片器还会指示当前筛选状态，从而便于用户轻松、准确地了解已筛选的数据透视表中所显示的内容。

原始文件： 下载资源\实例文件\09\原始文件\插入切片器.xlsx
最终文件： 下载资源\实例文件\09\最终文件\插入切片器.xlsx

步骤01　单击"插入切片器"按钮

打开原始文件，在"数据透视表工具-分析"选项卡下单击"筛选"组中的"插入切片器"按钮，如下图所示。

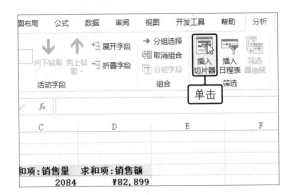

步骤02　选择切片器项目

弹出"插入切片器"对话框，❶勾选需要添加的切片器，例如勾选"促销"复选框，❷单击"确定"按钮，如下图所示。

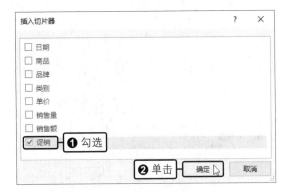

步骤03　使用"促销"切片器进行筛选

返回数据透视表，在"促销"切片器中单击"6折"按钮，如下图所示。

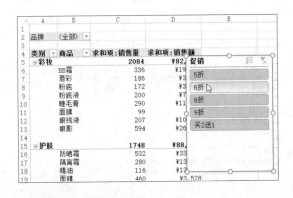

步骤04　查看筛选结果

可看到切片器筛选结果，如下图所示。

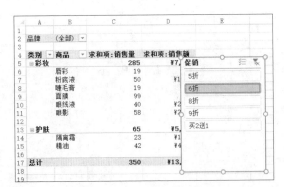

生存技巧　在数据透视表中排序

若要对数据透视表中的字段排序，可以按照以下方法进行：在数据透视表区域中选择需要排序字段的任意单元格，切换至"数据"选项卡，在"排序和筛选"组中单击"排序"按钮，弹出"按值排序"对话框，在其中设置"排序选项"和"排序方向"，然后单击"确定"按钮。

9.3.2　设置切片器

默认情况下，切片器是按字段顺序排列的，但也可以根据需求将某个切片器置顶排列，或者让切片器的按钮呈 2 列或更多列显示，还能应用切片器样式来美化切片器。

原始文件： 下载资源\实例文件\09\原始文件\应用切片器样式.xlsx
最终文件： 下载资源\实例文件\09\最终文件\应用切片器样式.xlsx

步骤01 单击"置于顶层"选项

打开原始文件，❶选择"商品"切片器，❷在"切片器工具 - 选项"选项卡下单击"上移一层"下三角按钮，❸在展开的下拉列表中单击"置于顶层"选项，如下图所示。

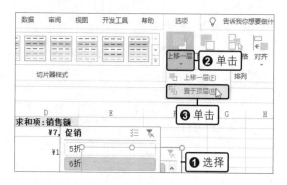

步骤02 设置按钮列数

❶此时"商品"切片器被移至最前面，❷在"按钮"组中的"列"数值框中输入"2"，按【Enter】键，如下图所示。

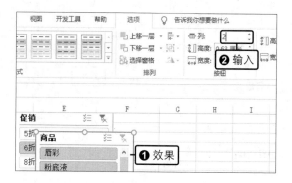

步骤03 显示设置切片器按钮列数的效果

此时对所选切片器应用了 2 列按钮效果。按住【Ctrl】键不放，依次选择所有切片器，如下图所示。

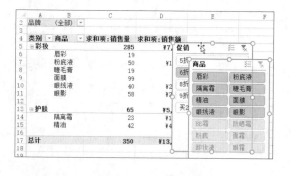

步骤04 选择切片器样式

在"切片器工具 - 选项"选项卡下的"切片器样式"组中单击快翻按钮，在展开的列表中选择合适的样式，如下图所示。

步骤05 显示应用切片器样式的效果

此时对所选的切片器应用了设置的样式效果，再适当调整切片器位置，最终效果如下图所示。

生存技巧 将字段自动分组

使用数据透视表分析数据时，可根据字段内容分组，如根据日期、时间分组。选择对应的日期字段，切换至"数据透视表工具 - 分析"选项卡，单击"组字段"按钮，弹出"分组"对话框，设置分组的起始时间和终止时间，再选择步长，完毕后单击"确定"按钮即可。

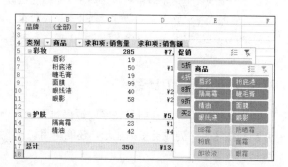

9.4 使用数据透视图动态分析数据

数据透视图以图形形式展示数据透视表中的数据，与标准图表一样，数据透视图显示数据系列、类别、数据标记和坐标轴。数据透视图通常有一个使用相应布局的相关联的数据透视表，图与表中的字段相互对应。

9.4.1 创建数据透视图

首次创建数据透视表时可以自动创建数据透视图，也可以基于现有的数据透视表创建数据透视图。下面以基于现有数据透视表创建数据透视图为例进行介绍。

原始文件： 下载资源\实例文件\09\原始文件\创建数据透视图.xlsx
最终文件： 下载资源\实例文件\09\最终文件\创建数据透视图.xlsx

步骤01　单击"数据透视图"按钮

打开原始文件，单击数据透视表中的任意单元格，在"数据透视表工具 - 分析"选项卡下单击"工具"组中的"数据透视图"按钮，如下图所示。

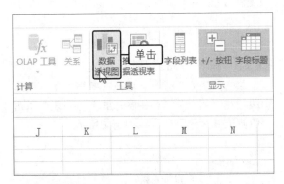

步骤03　显示创建的数据透视图

此时在数据透视表旁边插入了数据透视图饼图，在该图表中可以看到基本的透视信息，如右图所示。

步骤02　选择图表类型

弹出"插入图表"对话框，❶在左侧列表框中单击"饼图"选项，❷在右侧界面中单击"饼图"图标，如下图所示，单击"确定"按钮。

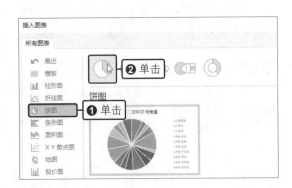

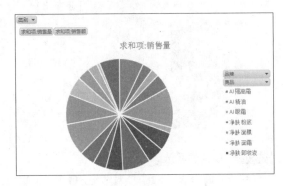

9.4.2 编辑数据透视图

创建数据透视图后，可以直接在透视图中对字段进行操作，以实时查看图表的显示结果。在本例中，需要查看"AJ"和"净肤"两大品牌销售量大于 100 的销售额信息，并把数据透视图移动到数据源所在的工作表中。

原始文件：下载资源\实例文件\09\原始文件\编辑数据透视图.xlsx
最终文件：下载资源\实例文件\09\最终文件\编辑数据透视图.xlsx

步骤01 更改显示字段

打开原始文件，在"数据透视表字段"窗格中拖动"求和项：销售额"至"值"区域开头，如下图所示。

步骤02 显示"求和项：销售额"图表

此时数据透视图显示"销售额"的数据信息，如下图所示。

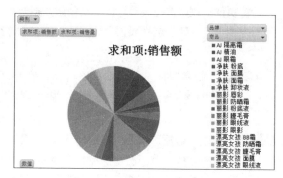

生存技巧 隐藏数据透视图中的字段按钮

为了让图表有更多显示区域，可以隐藏字段按钮。只需右击图表中任意字段按钮，在弹出的快捷菜单中单击"隐藏图表上的所有字段按钮"命令即可。

步骤03 筛选"品牌"字段

❶在图表中单击图例字段按钮"品牌"，❷在展开的列表中勾选需要显示的品牌"AJ"和"净肤"复选框，如下图所示。

步骤04 筛选"商品"字段

单击"确定"按钮，❶再在图表中单击图例字段按钮"商品"，❷在展开的下拉列表中单击"值筛选 > 大于"选项，如下图所示。

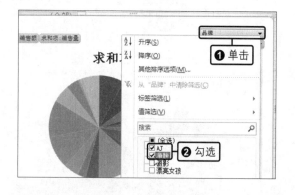

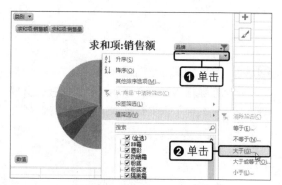

步骤05 设置值筛选

弹出"值筛选（商品）"对话框，❶依次设置项目为"求和项：销售量""大于""100"，❷单击"确定"按钮，如下左图所示。

步骤06 显示筛选后的数据透视图

返回数据透视图，此时在图表中只显示所选品牌"AJ"和"净肤"中销售量大于 100 的商品销售额数据，如下右图所示。

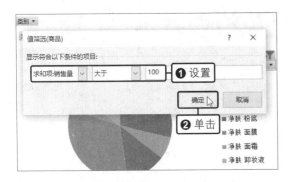

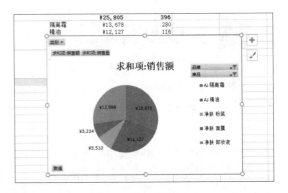

步骤07　添加数据标签

❶右击数据透视图的数据系列，❷在弹出的快捷菜单中单击"添加数据标签 > 添加数据标签"命令，如下图所示。

步骤08　显示添加数据标签后的效果

此时数据透视图中的所有数据系列都添加了销售额数字，便于查看筛选商品的详细销售情况，如下图所示。

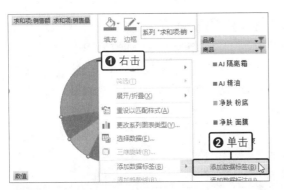

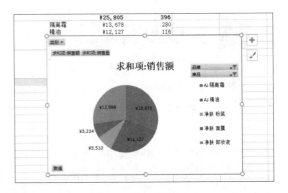

生存技巧　将数据透视图转换为普通图表

要想让数据透视图中的图表数据不随着字段的改变而改变，并保留原有的图表格式，可将数据透视图转换为普通图表。选择数据透视表中的任意单元格，切换至"数据透视表工具 - 分析"选项卡，单击"选择"按钮，在展开的下拉列表中单击"整个数据透视表"选项，再按【Delete】键，即可将数据透视图转换为普通图表。

步骤09　单击"移动图表"命令

❶右击数据透视图，❷在弹出的快捷菜单中单击"移动图表"命令，如下图所示。

步骤10　选择放置图表的位置

弹出"移动图表"对话框，❶单击"对象位于"单选按钮，❷在右侧下拉列表中选择"Sheet1"选项，❸单击"确定"按钮，如下图所示。

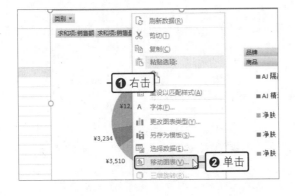

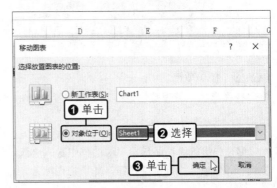

步骤11 显示移动图表后的效果

返回工作表，切换至"Sheet1"工作表，可以看到数据透视图已经被移动到该工作表中，如下图所示。

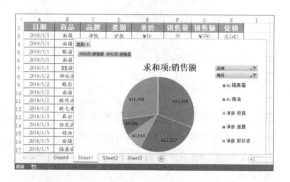

生存技巧 让图表标题随表而动

制作好数据透视图后，可能图表标题并不符合表格中的数据内容，此时可选择数据透视图中的标题，在编辑栏中输入"="，再单击表格的标题单元格即可，如下图所示。

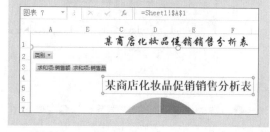

9.5 管理数据模型

在 Excel 2019 中，"数据"选项卡下的"数据工具"组中新增了"管理数据模型"功能。该功能的作用是转到 Power Pivot 窗口中，Power Pivot 可用于执行功能强大的数据分析和创建复杂的数据模型，能够解析来自各种来源的大量数据，快速挖掘信息，轻松分享见解。

原始文件： 下载资源\实例文件\09\原始文件\管理数据模型.xlsx
最终文件： 下载资源\实例文件\09\最终文件\管理数据模型.xlsx

步骤01 复制数据区域

打开原始文件，❶选择表格中的数据区域，❷单击"剪贴板"组中的"复制"按钮，如下图所示。

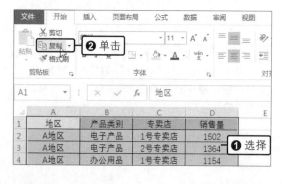

步骤02 启动管理数据模型

切换到"数据"选项卡下，单击"数据工具"组中的"管理数据模型"按钮，如下图所示，即可转到 Power Pivot 窗口。

步骤03 粘贴数据

在弹出的"管理数据模型"工作界面中单击"粘贴"按钮，如下左图所示。

步骤04 设置粘贴预览

❶在弹出的"粘贴预览"对话框中输入"表名称"为"销售表"，❷勾选"使用第一行作为列标题"复选框，❸单击"确定"按钮，如下右图所示。

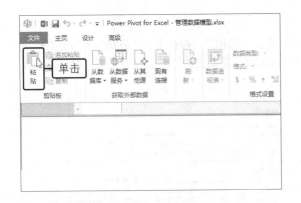

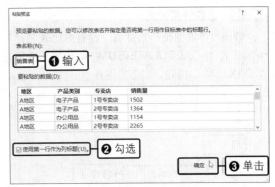

步骤05 拖动鼠标

❶可以看到在该工作界面中插入了一个名为"销售表"的工作表，❷将鼠标指针放置在黑色粗线上，当其变为十字形时，向下拖动鼠标，如下图所示，即可显示更多的数据内容。

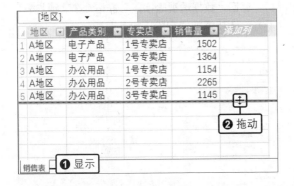

步骤06 插入数据透视表

❶在该工作界面中单击"数据透视表"下三角按钮，❷在展开的列表中单击"数据透视表"选项，如下图所示。

步骤07 设置数据透视表位置

弹出"创建数据透视表"对话框，❶单击"现有工作表"单选按钮，❷设置好数据透视表的位置，❸设置完成后，单击"确定"按钮，如下图所示。

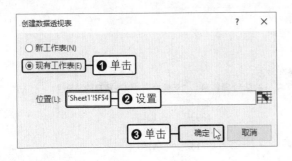

步骤08 勾选字段

在"数据透视表字段"窗格中勾选要显示的字段，如"地区""产品类别""销售量"，将"地区"字段拖动到"列"标签中，如下图所示。

步骤09 添加计算字段

❶在"数据透视表字段"窗格中右击"销售表"，❷在弹出的快捷菜单中单击"添加度量值"选项，如下左图所示。

步骤10 设置计算公式

❶弹出"度量值"对话框，设置好"表名称"和"度量值名称"，❷然后在"公式"下的文本框中输入公式"=CALCULATE(SUM('销售表'[销售量]),'销售表'[专卖店]="1号专卖店")"，❸单击"检查 DAX 公式"按钮，如下右图所示。

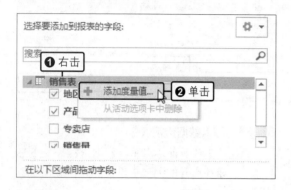 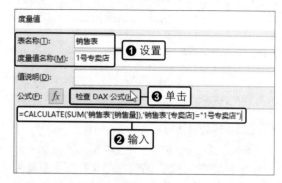

步骤11 单击"确定"按钮

❶可以看到"此公式无错误"的提示信息，❷单击"确定"按钮，如下图所示。

步骤12 勾选计算后的字段

返回"数据透视表字段"窗格，在"销售表"下方勾选新添加的字段，如下图所示。

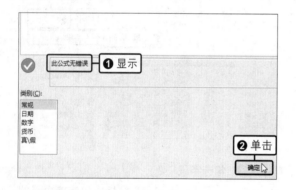 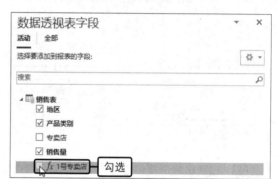

步骤13 显示数据透视表效果

可看到添加字段后的数据透视表效果，如下图所示。

行标签	A地区 以下项目的总和:销售量	1号专卖店	B地区 以下项目的总和:销售量	1号专卖店	C地区 以下项目的总和:
办公用品	4564	1154	6677	1256	
电子产品	2866	1502	4899	1245	
设备	6846	2265	2142	2142	
总计	14276	4921	13718	4643	

步骤14 更改字段名

选择单元格 G6，将单元格中的"以下项目的总和：销售量"改为"销售量"，按下【Enter】键后，即可看到所有的"以下项目的总和：销售量"都变为了"销售量"，随后拖动鼠标将列宽调整到合适的数值，如下图所示。

行标签	A地区 销售量	1号专卖店	B地区 销售量	1号专卖店	C地区 销售量	1号专卖店	D地区 销售量	1号专卖店	销售量汇总	1号专卖店汇总
办公用品	4564	1154	6677	1256	2807	1456	4023	2612	18071	6478
电子产品	2866	1502	4899	1245	5661	2210	4924	2612	18350	7569
设备	6846	2265	2142	2142	2974	1523	4997	1562	16959	7492
总计	14276	4921	13718	4643	11442	5189	13944	6786	53380	21539

9.6　实战演练——制作销售统计表

销售统计对于任何一家企业来说都是非常重要的。销售统计表里一般包含一些基本的销售数据，如销售日期、销售员、产品名称、销售数量、销售金额等。通过数据透视表能对销售数据进行更深入的分析，例如按日期分析各销售员的销售情况、按销售员分析各产品的销售数据。插入切片器还能轻松地筛选需要的数据信息，在本例中需要筛选出"产品名称"为"中英文显示屏"、"运送方式"为"空运"的数据。

原始文件： 下载资源\实例文件\09\原始文件\产品销售统计表.xlsx
最终文件： 下载资源\实例文件\09\最终文件\产品销售统计表.xlsx

步骤01　插入数据透视表

打开原始文件，选择数据表中的任意单元格，在"插入"选项卡下的"表格"组中单击"数据透视表"按钮，如下图所示。

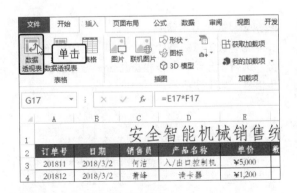

步骤02　设置数据透视表区域

弹出"创建数据透视表"对话框，❶单击"选择一个表或区域"单选按钮，保留下方的默认值，❷单击"新工作表"单选按钮，❸单击"确定"按钮，如下图所示。

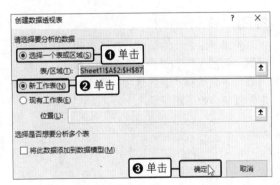

步骤03　选择数据透视表字段

此时新建了一个工作表，并在工作表右侧展开了"数据透视表字段"窗格，在"选择要添加到报表的字段"列表框中勾选"日期""销售员""产品名称""数量（套）""总金额""运送方式"复选框，如下左图所示。

步骤04 单击"数字格式"命令

在左侧即生成了数据透视表模型，❶右击报表中字段"总金额"下的任意单元格，❷在弹出的快捷菜单中单击"数字格式"命令，如下右图所示。

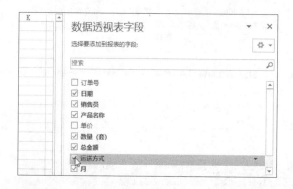

步骤05 设置货币格式

弹出"设置单元格格式"对话框，❶在左侧"分类"列表框中单击"货币"选项，❷在右侧"小数位数"数值框中输入"0"，其他保留默认值，如下图所示，完毕后单击"确定"按钮。

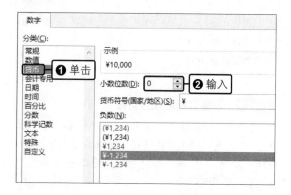

步骤06 将所选内容分组

在数据透视表中选择"日期"字段中的任意单元格，在"数据透视表工具 - 分析"选项卡下的"组合"组中单击"分组选择"按钮，如下图所示。

步骤07 设置分组步长

弹出"组合"对话框，在"自动"选项组中保留"起始于"和"终止于"值，❶在"步长"列表框中只选择"月"选项，❷完毕后单击"确定"按钮，如下图所示。

步骤08 显示分组效果

此时数据透视表中的"日期"字段按照"月份"进行了分组，可以根据月份查看各员工的销售信息，如下图所示。

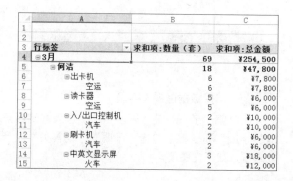

步骤09 将"销售员"字段移至开头

在"数据透视表字段"窗格中，❶单击行标签列表框中的"销售员"字段，❷在展开的列表中单击"移至开头"选项，如下图所示。

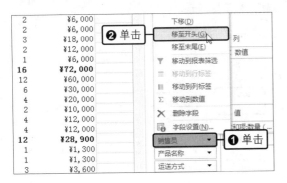

步骤10 将"产品名称"字段上移

❶单击"产品名称"字段，❷在展开的列表中单击"上移"选项，如下图所示。

步骤11 折叠"日期"字段

❶在数据透视表中右击"日期"字段，❷在弹出的快捷菜单中单击"展开/折叠 > 折叠整个字段"命令，如下图所示。

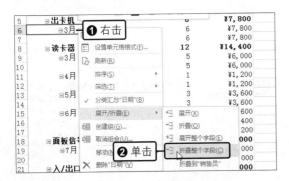

步骤12 显示折叠字段后的效果

此时可以更加简洁地查看各员工销售的产品对应的各月的销售情况，如下图所示。

3	行标签	▼	求和项:数量（套）	求和项:总金额
4	⊟何洁		53	¥186,200
5	⊟出卡机		6	¥7,800
6	⊞3月		6	¥7,800
7	⊟读卡器		12	¥14,400
8	⊞3月		5	¥6,000
9	⊞4月		1	¥1,200
10	⊞5月		3	¥3,600
11	⊞6月		3	¥3,600
12	⊟面板信号		5	¥20,000
13	⊞7月		5	¥20,000
14	⊟入/出口控制机		6	¥30,000
15	⊞3月		2	¥10,000
16	⊞5月		4	¥20,000
17	⊞刷卡机		10	¥30,000

步骤13 将"产品名称"字段移至开头

在"数据透视表字段"窗格中，❶单击行标签列表框中的"产品名称"字段，❷在展开的列表中单击"移至开头"选项，如下图所示

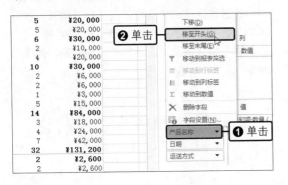

步骤14 显示调整字段顺序的结果

此时数据透视表按照产品名称汇总各员工的销售数据，如下图所示。

3	行标签	▼	求和项:数量（套）	求和项:总金额
4	⊟出卡机		30	¥39,000
5	⊟何洁		6	¥7,800
6	⊞3月		6	¥7,800
7	⊟李强		2	¥2,600
8	⊞7月		2	¥2,600
9	⊟刘磊磊		1	¥1,300
10	⊞3月		1	¥1,300
11	⊟萧峰		15	¥19,500
12	⊞5月		5	¥6,500
13	⊞7月		10	¥13,000
14	⊟张克强		6	¥7,800
15	⊞5月		6	¥7,800
16	⊟读卡器		46	¥55,200

步骤15 单击"插入切片器"按钮

在"数据透视表工具 - 分析"选项卡下的"筛选"组中单击"插入切片器"按钮，如下图所示。

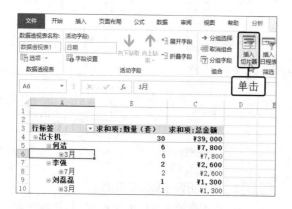

步骤16 选择切片器项目

弹出"插入切片器"对话框，❶勾选需要插入的切片器，这里勾选"销售员""产品名称""运送方式"复选框，❷完毕后单击"确定"按钮，如下图所示。

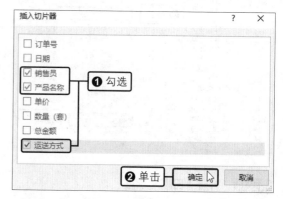

步骤17 使用切片器筛选数据

在数据透视表中插入了"销售员""产品名称""运送方式"切片器，❶在"产品名称"切片器中单击"中英文显示屏"按钮，❷在"运送方式"切片器中单击"空运"按钮，如下图所示。

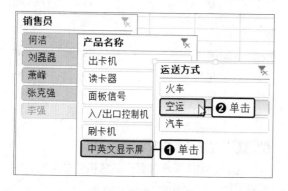

步骤18 显示数据筛选结果

此时在数据透视表中只显示产品为"中英文显示屏"且运送方式为"空运"的销售记录，如下图所示。

行标签	求和项:数量（套）	求和项:总金额
⊟中英文显示屏	27	¥162,000
⊟何洁	11	¥66,000
⊞3月	1	¥6,000
⊞4月	4	¥24,000
⊞5月	6	¥36,000
⊟刘磊磊	2	¥12,000
⊞5月	2	¥12,000
⊟萧峰	6	¥36,000
⊞7月	6	¥36,000
⊟张克强	8	¥48,000
⊞3月	8	¥48,000
总计	27	¥162,000

步骤19 应用数据透视表样式

切换至"数据透视表工具 - 设计"选项卡，单击"数据透视表样式"组中的快翻按钮，在展开的库中选择合适的样式，如下图所示。

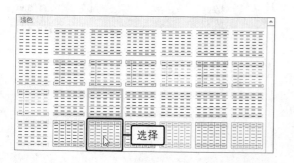

步骤20 选择全部切片器

此时数据透视表应用了所选样式效果。按住【Ctrl】键不放，依次选择"销售员"切片器、"产品名称"切片器及"运送方式"切片器，如下图所示。

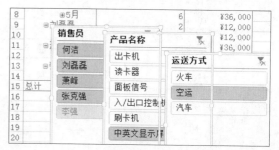

步骤21　应用切片器样式

在"切片器工具 - 选项"选项卡下的"切片器样式"组中选择合适的样式，如下图所示。

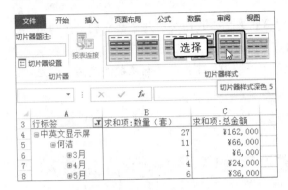

步骤22　显示应用切片器样式后的效果

此时所选切片器均应用了所选的样式，数据透视表和切片器更加美观了，如下图所示。

读书笔记

第 10 章

公式与函数

Excel 具备强大的数据处理与分析能力，其中公式与函数起到了非常重要的作用。用户不仅可以输入自定义公式完成计算，还能使用内置的函数快速完成更加复杂和专业的数据计算。可以说，掌握公式与函数的应用技能是提高 Excel 应用效率的最佳途径之一。

10.1 公式的基础知识

公式是由用户自行设计、对工作表进行计算和处理的算式。那么输入怎样的内容才能让 Excel 将其识别为一个公式？公式的计算顺序又是怎样的呢？要回答这些问题，就要了解公式的书写方法及运算符的优先级。

10.1.1 公式的组成

公式由一系列运算数和连接运算数的运算符组成。运算数可以是常量、单元格引用、单元格名称、函数等。运算符则是代表特定的运算操作的符号。下面通过一个典型公式来认识公式的组成。

$$=SUM(A1:A22)*B1+11$$

上面这个公式的各个组成部分为：等号 "=" 为公式的前导符，一个公式必须以此符号开头，Excel 根据此符号来识别公式；"SUM()" 为函数，其功能是求和，"SUM(A1:A22)" 即表示对单元格区域 A1:A22 中的值求和；"B1" 表示引用单元格 B1 中的值；"11" 为数值常量；乘号 "*" 和加号 "+" 为运算符。因此，该公式的含义是：对单元格区域 A1:A22 中的数值求和，求的结果与单元格 B1 中的值相乘，再加上 11。下表所示为更多公式的示例及含义。

示 例	含 义
=B1+C2	把单元格 B1 和单元格 C2 中的值相加
= 底薪 + 奖金	单元格名称 "底薪" 中的值加上单元格名称 "奖金" 中的值
=MAX(A1:B14)	返回单元格区域 A1:B14 中最大的值
=A1=B2	比较单元格 A1 和 B2 的值。如果相等，计算结果为 TRUE，反之则为 FALSE

公式只能输入在一个单元格中，并且一个单元格中只能输入一个公式。在一个单元格中输入公式后按【Enter】键，该单元格中就会显示出公式的计算结果。选择该单元格时，编辑栏中会显示对应的公式。

> **生存技巧** **理解数组**
>
> 数组公式可执行多项计算并返回一个或多个结果。数组公式对两组或多组数组参数的数值执行运算，每个数组参数都须有相同数量的行和列。除必须用【Ctrl+Shift+Enter】组合键来输入外，创建数组公式的方法与创建其他公式的方法相同。某些内置函数是数组公式，且须作为数组输入才能获得正确的结果。

10.1.2　公式运算符的优先级

公式运算符分为四类：算术运算符、比较运算符、文本连接运算符和引用运算符。算术运算符用来完成基本的数学运算，如加、减、乘、除等；比较运算符用于完成两个数值的比较运算，产生逻辑值 TRUE 或 FALSE；文本连接运算符用于将多个字符串连接为一个新的字符串；引用运算符用于对多个单元格区域进行合并计算，从而生成新的单元格区域。Excel 中的所有运算符如下表所示。

运算符		含　义	示　例
算术运算符	+ （加号）	加法运算符	2+3
	- （减号 / 负号）	减法运算符 / 负数	12-3/-10
	* （乘号）	乘法运算符	5*8
	/ （除号）	除法运算符	90/2
	% （百分号）	百分比运算符	2%
	^ （脱字号）	乘幂运算符	3^2
比较运算符	= （等于号）	等于运算符	E4=A1
	> （大于号）	大于运算符	A1>E1
	< （小于号）	小于运算符	E1<A1
	>=（大于等于号）	大于等于运算符	A1>=C1
	<=（小于等于号）	小于等于运算符	C1<=A1
	<> （不等号）	不等于运算符	A1<>B1
文本连接运算符	& （与号）	将两个字符串连接起来产生新的字符串	"电脑" & "零件" 产生 "电脑零件"
引用运算符	: （冒号）	区域运算符，对两个引用之间包括这两个引用在内的所有单元格进行引用	A1:C12 引用从单元格 A1 到 C12 的所有单元格
	, （逗号）	联合运算符，将多个引用合并为一个引用	SUM(A1:C12,E1:F12) 对单元格区域 A1:C12 和单元格区域 E1:F12 合并计算
	空格	交叉运算符，产生同时属于两个引用的单元格区域的引用	SUM(A1:A12 A5:C12) 对同时属于单元格区域 A1:A12 和单元格区域 A5:C12 的 A5:A12 进行求和计算

生存技巧　**文本连接运算符与CONCAT函数的区别**

文本连接运算符 "&" 和 CONCAT 函数的功能相同，都是将若干个字符串连接成一个新的字符串，如连接姓氏与名字得到完整的姓名，连接省份、城市、街道得到完整的地址等。CONCAT 函数有 254 个参数的限制，但其参数可以为单元格区域。"&" 运算符连接字符串时基本没有数量的限制，但连接单元格中内容时只能针对单个单元格进行操作，不能针对单元格区域进行操作。

运算符优先级是指在一个公式中含有多个运算符的情况下 Excel 的运算顺序。运算符的优先级直接决定公式运算的结果。在公式的运算过程中，如果运算符的级别相同，Excel 将按照从左到右的顺序进行运算，例如在进行 "67-20-10" 的运算时，运算的顺序为 "先进行 67 减 20 的运算，再用结果减去 10"；若运算符的级别不同，首先进行高优先级运算符的运算，再进行低优先级运算符的运算，例如在进行 "67-20*2" 的运算时，运算的顺序为 "先计算 20 乘以 2 的值，再用 67 减去前面的结果"。Excel 运算符的优先级如下表所示。

优先级	运算符	含 义
1	:	区域运算符
2	空格	交叉运算符
3	,	联合运算符
4	-	负数，如 -10
5	%	百分比，如 5%
6	^	乘幂
7	*、/	乘和除运算符
8	+、-	加和减运算符
9	&	文本连接运算符
10	=、>、<、>=、<=、<>	比较运算符

10.2 单元格的引用

单元格引用的作用在于标识工作表中的单元格或单元格区域，作为公式中使用的运算数或函数的参数。引用的方式有三种：相对引用、绝对引用和混合引用。本节将对这三种引用方式进行详细介绍。

10.2.1 相对引用

相对引用是指引用的单元格的位置是相对的。如果公式所在单元格的位置发生改变，引用也随之改变。如果使用填充柄进行多行或多列复制，引用会自动进行调整。

原始文件： 下载资源\实例文件\10\原始文件\相对引用.xlsx
最终文件： 下载资源\实例文件\10\最终文件\相对引用.xlsx

步骤01 输入公式

打开原始文件，❶在单元格 F3 中输入等号 "="，❷再选择单元格 C3，如下左图所示。

步骤02 输入完整公式

输入加号 "+"，❶选择单元格 D3，输入加号 "+"，再选择单元格 E3，❷在编辑栏中显示完整公式 "=C3+D3+E3"，如下右图所示。

:	×	✓	f_x	=C3	

11月份电视销售统计表

姓名	创维	TCL	长虹	总计
冯天	¥190,000		¥295,000	=C3
姚敏	¥490,000	¥330,000	¥391,000	
张敏	¥425,000	¥295,000	¥520,000	
冯科	¥210,000	¥620,000	¥391,000	
王晓晓	¥350,000	¥470,000	¥290,000	

❷选择　❶输入

:	×	✓	f_x	=C3+D3+E3 ❷ 显示	

11月份电视销售统计表

姓名	创维	TCL	长虹	总计
冯天	¥190,000	¥310,000	¥295,000	=C3+D3+E3
姚敏	¥490,000	¥330,000	¥391,000	
张敏	¥425,000	¥295,000	¥520,000	
冯科	¥210,000	¥620,000	¥391,000	
王晓晓	¥350,000	¥470,000	¥290,000	

❶选择

步骤03　复制公式

按【Enter】键，即可在单元格 F3 中显示计算结果。将鼠标指针指向该单元格右下角，呈+状时按住鼠标左键不放向下拖动至单元格 F7，如下图所示。

步骤04　显示相对引用的结果

释放鼠标后，❶选择单元格 F5，❷此时编辑栏中显示公式为 "=C5+D5+E5"，行号相对发生了变化，列标不变，如下图所示。

:	×	✓	f_x	=C3+D3+E3	

11月份电视销售统计表

姓名	创维	TCL	长虹	总计
冯天	¥190,000	¥310,000	¥295,000	¥795,000
姚敏	¥490,000	¥330,000	¥391,000	
张敏	¥425,000	¥295,000	¥520,000	
冯科	¥210,000	¥620,000	¥391,000	
王晓晓	¥350,000	¥470,000	¥290,000	

:	×	✓	f_x	=C5+D5+E5 ❷ 显示	

11月份电视销售统计表

姓名	创维	TCL	长虹	总计
冯天	¥190,000	¥310,000	¥295,000	¥795,000
姚敏	¥490,000	¥330,000	¥391,000	¥1,211,000
张敏	¥425,000	¥295,000	¥520,000	¥1,240,000
冯科	¥210,000	¥620,000	¥391,000	
王晓晓	¥350,000	¥470,000	¥290,000	

❶选择

> **生存技巧　A1引用样式**
>
> Excel 默认使用 A1 引用样式。A1 引用样式使用字母标识"列"（从 A 到 XFD，共 16384 列），使用数字标识"行"（从 1 到 1048576），这些字母和数字被称为列标和行号。若要引用某个单元格，则输入"列标 + 行号"。

10.2.2　绝对引用

绝对引用指向工作表中固定位置的单元格。如果在公式中使用了绝对引用，无论怎样改变公式位置，引用的单元格的地址总是不变的。绝对引用的形式是在列标和行号前加"$"号，如 $D$1 表示绝对引用 D 列第 1 行的单元格。

原始文件： 下载资源\实例文件\10\原始文件\绝对引用.xlsx
最终文件： 下载资源\实例文件\10\最终文件\绝对引用.xlsx

步骤01　输入公式

打开原始文件，在单元格 D3 中输入等号 "="，再选择单元格 C3，输入乘号 "*"，如下左图所示。

步骤02　切换到绝对引用

❶选择单元格 D1，❷按【F4】键，切换到绝对引用 $D$1，在编辑栏中显示完整公式 "=C3*$D$1"，如下右图所示。

			f_x	=C3*	
	A	B	C		D
销售奖金分配表			奖金比例		1%
员工编号	姓名		销售金额		奖金
11032	冯天		¥795,000		=C3*
11033	姚敏		¥1,211,000		
11034	张敏		¥1,240,000		
11035	冯科		¥1,221,000		
11036	王晓晓		¥1,110,000		

			f_x	=C3*$D$1	❷ 显示
	A	B	C		D
销售奖金分配表			奖金比例		1%
员工编号	姓名		销售金额		❶ 选择
11032	冯天		¥795,000		
11033	姚敏		¥1,211,000		
11034	张敏		¥1,240,000		
11035	冯科		¥1,221,000		
11036	王晓晓		¥1,110,000		

步骤03 复制公式

　　按【Enter】键，在单元格 D3 中显示计算结果。将鼠标指针指向该单元格右下角，呈 ✚ 状时按住鼠标左键不放，向下拖动至单元格 D7，如下图所示。

步骤04 显示绝对引用的结果

　　释放鼠标，❶选择单元格 D5，❷此时编辑栏中显示的公式为"=C5*$D$1"，可以看见绝对引用的单元格地址不变，如下图所示。

			f_x	=C3*$D$1	
	A	B	C		D
销售奖金分配表			奖金比例		1%
员工编号	姓名		销售金额		奖金
11032	冯天		¥795,000		¥7,950
11033	姚敏		¥1,211,000		
11034	张敏		¥1,240,000		
11035	冯科		¥1,221,000		
11036	王晓晓		¥1,110,000		

			f_x	=C5*$D$1	❷ 显示
	A	B	C		D
销售奖金分配表			奖金比例		1%
员工编号	姓名		销售金额		奖金
11032	冯天		¥795,000		¥7,950
11033	姚敏		¥1,211,000		¥12,110
11034	张敏		¥1,240,000		¥12,400
11035	冯科		¥1,221,000		❶ 选择
11036	王晓晓		¥1,110,000		

小提示

　　如果不熟悉公式的输入，可以按照上面介绍的用鼠标选择单元格的方法来输入公式；如果对输入公式很熟悉，可以直接在单元格中输入完整公式，这样更加方便。

生存技巧 引用不同工作簿中的单元格

　　在 Excel 中进行公式运算时，除了可以在同一工作簿的工作表间相互引用数据，还可以引用不同工作簿中的内容。打开需要引用其中数据的工作簿，在目标工作表的待引用单元格中输入"="，切换至需要引用数据的工作表，选择工作表中需要引用的单元格或单元格区域，此时会在编辑栏中显示引用公式，按【Enter】键后，目标工作表中就能显示引用过来的数据。

10.2.3　混合引用

　　混合引用是指公式引用单元格时，采用绝对列 + 相对行或相对列 + 绝对行的引用，如 $A1、B$1。复制含有混合引用的公式时，相对引用的部分随公式复制变化，绝对引用的部分不随公式复制变化。

原始文件： 下载资源\实例文件\10\原始文件\混合引用.xlsx
最终文件： 下载资源\实例文件\10\最终文件\混合引用.xlsx

步骤01　输入公式

打开原始文件,在单元格 B2 中输入完整的公式"=$A2*B$1",如下图所示。

		fx	=$A2*B$1

	A	B	C	D	E	F	G	H
1		2	3	4	5	6	7	8
2	=	*						
3								
4								
5								
6								
7								
8								
9								

步骤02　复制公式

按【Enter】键,在单元格 B2 中显示计算结果。将鼠标指针指向该单元格右下角,当鼠标指针呈+状时按住鼠标左键并向下拖动至单元格 B9,如下图所示。

		fx	=$A2*B$1

	A	B	C	D	E	F	G	H
1		2	3	4	5	6	7	8
2		4						
3								
4								
5								
6								
7								
8								
9		+						

步骤03　第二次复制公式

此时在单元格区域 B2:B9 中显示对应的结果,❶再选择单元格区域 B2:B9,❷将鼠标指针指向单元格 B9 右下角,呈+状时按住鼠标左键不放,向右拖动至单元格 I9,如下图所示。

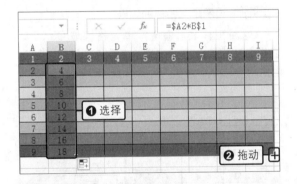

步骤04　显示混合引用的结果

释放鼠标,❶选择单元格区域中的任意单元格,如 G9,❷此时在编辑栏中显示的公式为"=$A9*G$1",相对引用的部分发生变化,绝对引用的部分不变,如下图所示。

		fx	=$A9*G$1	❷显示

	A	B	C	D	E	F	G	H	I
1		2	3	4	5	6	7	8	9
2		4	6	8	10	12	14	16	18
3		6	9	12	15	18	21	24	27
4		8	12	16	20	24	28	32	36
5		10	15	20	25	30	35	40	45
6		12	18	24	30	36	42	48	54
7		14	21	28	35	42	49	56	63
8		16	24	32	40	48	56		
9		18	27	36	45	54	63	❶选择	

生存技巧　认识循环引用

当某个公式直接或间接引用包含该公式的单元格时,它将创建循环引用。单元格 A1 中包含单元格地址 A1 的公式是一个直接循环引用。单元格 A1 中的公式引用单元格 B1,单元格 B1 中的公式又反过来引用单元格 A1,该公式是一个间接循环引用。

10.3 认识和使用单元格名称

所谓名称,就是对单元格或单元格区域给出易于辨认、记忆的标记。在操作过程中,可直接引用该名称来代表对应的单元格范围。在编辑公式时适当使用名称可以让公式更加简洁且易于理解。

10.3.1 定义名称

定义名称就是为所选单元格或单元格区域指定一个名称，其方法有多种，通过"新建名称"对话框定义名称是比较常用的方法。

原始文件： 下载资源\实例文件\10\原始文件\定义名称.xlsx
最终文件： 下载资源\实例文件\10\最终文件\定义名称.xlsx

步骤01 选择单元格区域

打开原始文件，选择需要定义名称的单元格区域 C3:C7，如下图所示。

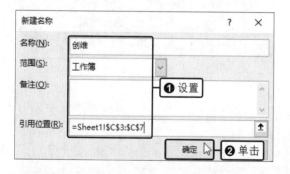

步骤02 单击"定义名称"按钮

在"公式"选项卡下的"定义的名称"组中单击"定义名称"按钮，如下图所示。

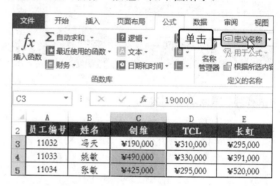

步骤03 新建名称

弹出"新建名称"对话框，❶在"名称"文本框中输入"创维"，设置"范围"为"工作簿"，保留"引用位置"的默认值，❷完毕后单击"确定"按钮，如下图所示。

步骤04 显示定义名称的效果

返回工作表，❶选择单元格区域 C3:C7，❷在名称框中会显示定义的名称"创维"，如下图所示。

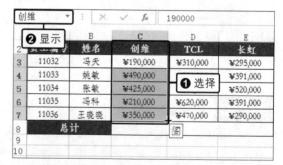

小提示

使用名称框也可以快速定义名称。选择要定义名称的单元格或单元格区域，直接在名称框中输入名称，按【Enter】键即可完成定义。

生存技巧　单元格名称的用途

定义好的单元格名称除了常常和公式、函数结合使用以外，还经常与数据有效性中的验证条件结合使用，其一般使用在"数据验证"对话框中"允许"下拉列表的"序列"选项中，这样可以大大简化输入操作。

生存技巧 **名称定义规则**

不是任何字符都可以作为名称，名称的定义是有限制的。首先，名称可以是任意字符和数字的组合，但不能以数字开头，也不能完全以数字作为名称。若要以数字开头命名，应在数字前加下画线。其次，名称不能包含空格，也不能以字母 R、C 或其小写作为名称，因为这些字母表示工作表的行、列。最后，名称中不能使用点号及反斜线，可使用问号，但问号不能作为名称的开头。

10.3.2　在公式中使用名称计算

对于已经定义的名称，在公式中可以直接用其替代要引用的单元格，让公式更易于理解。

> **原始文件**：下载资源\实例文件\10\原始文件\在公式中使用名称计算.xlsx
> **最终文件**：下载资源\实例文件\10\最终文件\在公式中使用名称计算.xlsx

步骤01 **输入公式**

打开原始文件，在单元格 C8 中输入公式"=SUM(创维"，此时可以看到 Excel 选择了该名称的单元格区域 C3:C7，如下图所示。

步骤02 **输入完整公式**

继续在单元格中输入完整公式"=SUM(创维,TCL, 长虹)"，如下图所示。

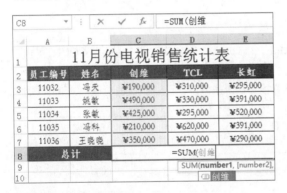

步骤03 **显示计算结果**

按【Enter】键后，在单元格 C8 中显示了定义的"创维""TCL""长虹"的总销售额，如下图所示。

生存技巧 **根据所选内容定义名称**

若要将某区域的字段名直接作为名称，可使用根据所选内容定义名称功能，它能快速将某区域的首行或首列字段直接设置为名称。选择区域后，在"定义的名称"组中单击"根据所选内容创建"按钮，在弹出的对话框中勾选"首行""最左列"复选框，再单击"确定"按钮。此时单击名称框右侧的下三角按钮，会在展开的下拉列表中显示定义的名称。

| | | =SUM(创维,TCL,长虹) |
A	B	C	D	E
		11月份电视销售统计表		
员工编号	姓名	创维	TCL	长虹
11032	冯天	¥190,000	¥310,000	¥295,000
11033	姚敏	¥490,000	¥330,000	¥391,000
11034	张敏	¥425,000	¥295,000	¥520,000
11035	冯科	¥210,000	¥620,000	¥391,000
11036	王晓晓	¥350,000	¥470,000	¥290,000
总计			¥5,577,000	

10.4 函数入门

在 Excel 中可以使用内置函数对数据进行分析和计算。使用函数进行计算不仅能简化公式，还能节省大量时间，从而提高工作效率。在学习使用函数计算数据前，首先要认识函数的结构、分类及插入函数的方法。

10.4.1 函数的结构

函数是在 Excel 中预先定义好的内置公式，使用特定数值（称为参数）来按指定的顺序或结构进行计算。函数主要由等号、函数名称、括号和参数组成，例如：

$$=SUM(A3:D15)$$

由于函数是内置公式，因此同样要用等号"="来让 Excel 识别函数；"SUM"为函数名称，用于标识调用的是什么功能的函数；括号"()"中的内容是函数的参数，参数的类型可以是数字、文本、逻辑值、数组、错误值或单元格引用，参数的形式可以是常量、公式或其他函数。

10.4.2 函数的分类

Excel 2019 提供了 300 多个函数，分为 12 种类型，主要的函数分类和功能如下表所示。

函数类型	功 能	举 例
常用函数	用于进行常用的计算	SUM（求和）、AVERAGE（平均值）、COUNT（计数）、MAX（最大值）、MIN（最小值）
财务	用于进行财务计算	FV（投资的未来值）、PV（投资的现值）、SLN（固定资产的每期线性折旧费）
日期与时间	用于分析和处理日期和时间数据	DATE（日期）、MONTH（月份）、DAY（天数）、HOUR（小时数）、SECOND（秒数）
数学与三角函数	用于进行数学计算	SIN（正弦值）、COS（余弦值）、INT（取整）
统计	用于对数据进行统计分析	COUNTIF（符合条件的单元格的数量）、PERMUT（给定数目对象的排列数）、LINEST（返回线性趋势的参数）
查找与引用	用于查找数据或单元格引用	COLUMN（返回引用的列标）、LOOKUP（在向量或数组中查找值）、ROWS（返回引用中的行数）
数据库	用于对数据进行分析	DGET（从数据库提取符合指定条件的单个记录）、DVAR（基于所选数据库条目的样本估算方差）
文本	用于处理字符串	CLEAN（删除文本中所有非打印字符）、REPT（按给定次数重复文本）、UPPER（将文本转换为大写形式）
逻辑	用于进行逻辑运算	IF（指定要执行的逻辑检测）、AND（如果其所有参数均为 TRUE，则返回 TRUE）
信息	返回单元格中的数据类型	CELL（返回有关单元格格式、位置或内容的信息）、ISODD（如果数字为奇数，则返回 TRUE）
工程	用于进制转换等	ERF（返回误差函数）、GESTEP（检验数字是否大于阈值）、IMCOS（返回复数的余弦）
多维数据集	用于返回多维数据集中的成员、属性或项目数等	CUBEMEMBER（返回多维数据集中的成员或元组）、CUBESETCOUNT（返回集合中的项目数）

生存技巧　函数的错误值类型

若要很好地运用函数，除了掌握函数的使用方法外，还应该了解一些常见的错误值类型：#DIV/0!错误，是指公式中有除数为零，或者有除数为空白的单元格；#N/A 错误，是指使用查找功能的函数时，找不到匹配值；#NAME? 错误，是指公式中使用了 Excel 无法识别的文本；#NUM! 错误，是指公式需要数值型参数时却设置成了非数值型参数，或给公式一个无效参数。

10.4.3　插入函数

在 Excel 工作表中运用函数进行计算之前，首先要学习如何插入函数。插入函数的方法很简单，只需要根据向导进行选择即可。

原始文件： 下载资源\实例文件\10\原始文件\插入函数.xlsx
最终文件： 下载资源\实例文件\10\最终文件\插入函数.xlsx

步骤01　单击"插入函数"按钮

打开原始文件，❶选择单元格 E3，❷在"公式"选项卡下的"函数库"组中单击"插入函数"按钮，如下图所示。

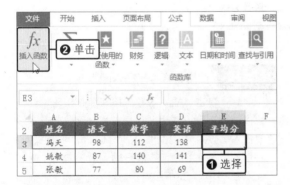

步骤02　选择AVERAGE函数

弹出"插入函数"对话框，❶在"或选择类别"下拉列表框中选择函数类别，如"统计"，❷在"选择函数"列表框中双击所需函数，如AVERAGE，如下图所示。

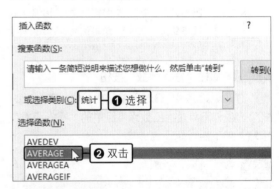

步骤03　设置函数参数

此时会弹出"函数参数"对话框，❶设置AVERAGE 的参数 Number1 为"B3：D3"，❷单击"确定"按钮，如下图所示。

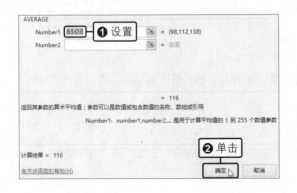

步骤04　复制函数

此时在单元格 E3 中显示计算出的平均分，将鼠标指针指向该单元格右下角，呈+状时按住鼠标左键不放，向下拖动至单元格 E7，如下图所示。

步骤05 **显示计算结果**

释放鼠标后，即可在单元格区域 E3:E7 中显示每个同学的平均分，如右图所示。

	A	B	C	D	E
2	姓名	语文	数学	英语	平均分
3	冯天	98	112	138	116
4	姚敬	87	140	141	123
5	张敬	77	80	69	75
6	冯科	81	89	101	90
7	王晓晓	109	98	128	112

10.5 常用函数

Excel 中的函数种类繁多，是否所有的函数都需掌握呢？其实在日常应用中，只需要学会最常用的统计函数、查找与引用函数及财务函数就可以了，其他函数自然能够融会贯通。

10.5.1 统计函数

统计函数用于对数据区域进行统计分析。其中 RANK.AVG 函数用于返回某数值在一列数值中相对于其他数值的大小排名，如果多个数值排名相同，则返回平均值排名。

在本例中，已知某班的成绩单，现在需要使用 RANK.AVG 函数求出总成绩 280 分是排在第几位的。

原始文件：下载资源\实例文件\10\原始文件\统计函数.xlsx
最终文件：下载资源\实例文件\10\最终文件\统计函数.xlsx

步骤01 **单击"插入函数"按钮**

打开原始文件，❶选择单元格 C11，❷在"公式"选项卡下单击"函数库"组中的"插入函数"按钮，如下图所示。

> **生存技巧** **使用名称框来插入函数**
>
> 除了单击"插入函数"按钮和直接输入函数以外，还可以使用名称框来插入函数。选择要插入函数的单元格，输入"="，单击"名称框"右侧的下三角按钮，在展开的列表中单击"其他函数"选项，如下图所示，即可在弹出的"插入函数"对话框中选择合适的函数并插入。
>
>

步骤02 **选择"统计"类别**

弹出"插入函数"对话框，❶单击"或选择类别"下三角按钮，❷在展开的下拉列表中单击"统计"选项，如下左图所示。

步骤03 **选择函数**

此时在"选择函数"列表框中显示所有统计函数，双击"RANK.AVG"选项，如下右图所示。

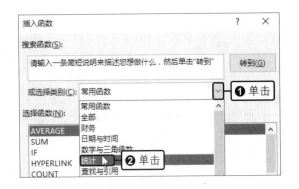

步骤04 设置函数参数

弹出"函数参数"对话框，❶设置 Number 为"C6"、Ref 为"C2：C10"、Order 为"0"，❷完毕后单击"确定"按钮，如下图所示。

步骤05 显示计算的结果

此时在单元格 C11 中显示 280 分的排名为第 3 位，如下图所示。

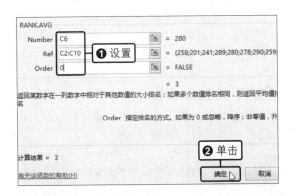

C11		▼	:	×	✓	f_x	=RANK.AVG(C6,C2:C10,0)	
	A	B	C	D	E	F	G
1	学号	姓名	总成绩				
2	ZH204	冯天	258				
3	ZH205	姚敏	201				
4	ZH206	张敏	241				
5	ZH207	冯科	289				
6	ZH208	王晓晓	280				
7	ZH209	李萌	278				
8	ZH210	康宇	290				
9	ZH211	李大仁	259				
10	ZH212	王小玫	222				
11	280分的排行		3				
12							

小提示

RANK.AVG 函数的语法结构为：RANK.AVG(number,ref,[order])。其中，number 必需，是要查找其排位的数字；ref 必需，是数字列表数组或对数字列表的引用，非数值型值将被忽略；order 可选，是一个指定排位方式的数字。

生存技巧 常用的统计函数

常用的统计函数包括用于频数分布处理的 FREQUENCY 函数、用于计算数组或单元格区域中数字项个数的 COUNT 函数、用于确定一组数据中的最大值的 MAX 函数、用于确定一组数据中的最小值的 MIN 函数。

10.5.2 查找与引用函数

当需要在数据清单或表格中查找特定数值，或者需要查找某一单元格的引用时，可以使用查找与引用函数。其中 VLOOKUP 函数可以搜索某个单元格区域的第一列，然后返回该区域相同行上任何单元格中的值。

本例讲解如何使用 VLOOKUP 函数查询学号为 ZH209 的学生姓名。

原始文件：下载资源\实例文件\10\原始文件\查找与引用函数.xlsx
最终文件：下载资源\实例文件\10\最终文件\查找与引用函数.xlsx

步骤01　单击"插入函数"按钮

打开原始文件，❶选择单元格 C11，❷在"公式"选项卡下单击"函数库"组中的"插入函数"按钮，如下图所示。

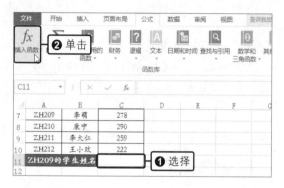

步骤02　选择"查找与引用"类别

弹出"插入函数"对话框，❶单击"或选择类别"下三角按钮，❷在展开的下拉列表中单击"查找与引用"选项，如下图所示。

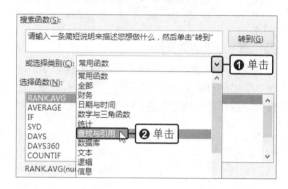

步骤03　选择VLOOKUP函数

此时在"选择函数"列表框中显示所有的查找与引用函数，双击"VLOOKUP"选项，如下图所示。

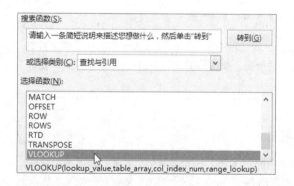

步骤04　设置函数参数

弹出"函数参数"对话框，❶设置 Lookup_value 为"A7"、Table_array 为"A2：C10"、Col_index_num 为"2"、Range_lookup 为"FALSE"，❷完毕后单击"确定"按钮，如下图所示。

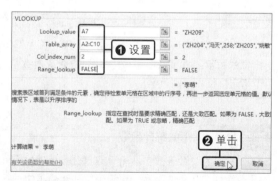

步骤05　显示计算结果

此时在单元格 C11 中显示了计算结果，即学号是 ZH209 的学生姓名为"李萌"，如右图所示。

小提示

Lookup 的意思是"查找"，在 Excel 中与 Lookup 相关的函数有三个：VLOOKUP、HLOOKUP 和 LOOKUP。其中，HLOOKUP 函数是按行查找，与 VLOOKUP 按列查找刚好相反。

VLOOKUP 函数的语法为：VLOOKUP(lookup_value,table_array,col_index_num,range_lookup)。参数 lookup_value 为要在数据表第一列中查找的数值，可为数字、引用或文本字符串。参数 table_array 为需要在其中查找数据的数据表，可使用对区域或区域名称的引用。参数 col_index_num 为 table_array 中待返回的匹配值的列序号，为 1 时返回 table_array 第一列的数值，为 2 时返回 table_array 第二列的数值，依次类推。参数 range_lookup 为一逻辑值，指明函数查找时是精确匹配还是近似匹配，如果为 TRUE 或省略则查找近似匹配值，如果为 FALSE 则查找精确匹配值，如果找不到则返回错误值 #N/A。

生存技巧　**理解OFFSET函数**

OFFSET 函数也是较为常用的查找函数。该函数是以指定的引用为参照系，通过给定偏移量得到新的引用，并可指定返回的行数或列数。其语法为：OFFSET(reference,rows,cols,[height],[width])。参数 reference 为偏移量参照系的引用区域；参数 rows 为相对于偏移量参照系的左上角单元格向上或向下偏移的行数；参数 cols 为相对于偏移量参照系的左上角单元格向左或向右偏移的列数；参数 height 为高度，即要返回的引用区域的行数；参数 width 为宽度，即要返回的引用区域的列数。

生存技巧　**理解LOOKUP函数**

LOOKUP 函数可在单行区域或单列区域（称为"向量"）中查找值，然后返回第二个单行区域或单列区域中相同位置的值。其语法为：LOOKUP(lookup_value,lookup_vector,[result_vector])。参数 lookup_value 是 LOOKUP 在第一个向量中搜索的值，可以是数字、文本、逻辑值；参数 lookup_vector 为只包含一行或一列的单元格区域，其值常为文本；参数 result_vector 也是只包含一行或一列的单元格区域，与 lookup_vector 大小相同。

10.5.3　财务函数

财务函数是用来进行财务处理的函数，可以进行一般的财务计算，如确定贷款的支付额、投资的未来值或净现值、债券或息票的价值。其中 RATE 函数可以返回年金的各期利率，通过迭代法计算得出结果。

在本例中，假设要投资某工程，投资金额为 30000 元，融资方同意每年偿付 10000 元，共付 4 年，那么如何知道这项投资的回报率呢？对于这种周期性偿付或一次性偿付的投资，可以用 RATE 函数计算出实际盈利。

原始文件： 下载资源\实例文件\10\原始文件\财务函数.xlsx
最终文件： 下载资源\实例文件\10\最终文件\财务函数.xlsx

步骤01　**单击"插入函数"按钮**

打开原始文件，❶选择单元格 B5，❷在"公式"选项卡下的"函数库"组中单击"插入函数"按钮，如下左图所示。

步骤02 选择函数

弹出"插入函数"对话框，❶设置"或选择类别"为"财务"，❷在"选择函数"列表框中双击"RATE"选项，如下右图所示。

步骤03 设置函数参数

弹出"函数参数"对话框，❶设置 Nper 为"4"、Pmt 为"10000"、Pv 为"-30000"、Fv 为"0"、Type 为"0"，❷完毕后单击"确定"按钮，如下图所示。

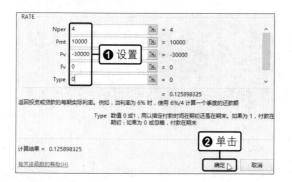

步骤04 增加小数位数

此时在单元格 B5 中显示计算结果为"13%"，为了让数据更加精确，可以增加一位小数位数，在"开始"选项卡下的"数字"组中单击"增加小数位数"按钮，如下图所示。

步骤05 显示计算结果

显示该项投资的年利率为"12.6%"，如右图所示。可以根据这个值判断是否满意这项投资，或是决定投资其他项目，或是重新谈判每年的偿还额。

小提示

RATE 函数的语法为：RATE(nper,pmt,pv,fv,type,guess)。参数 nper 为总投资期，即该项投资的付款期总数；参数 pmt 为各期所应支付的金额，其数值在整个年金期间保持不变；参数 pv 为现值，即从该项投资开始计算时已经入账的款项，或一系列未来付款当前值的累积和，也称为本金；参数 fv 为未来值，或在最后一次付款后希望得到的现金余额；参数 type 为数字 0 或 1，用以指定各期的付款时间是在期初（1）还是期末（0 或省略）；参数 guess 为预期利率，如果省略，则假定其值为 10%。

10.6　实战演练——制作医疗费用统计表

下面利用本章所学知识创建一个医疗费用统计表：假设某公司的福利是员工住院后，住院费高于总工资的一半时单位就报销 60% 的住院费。

原始文件： 下载资源\实例文件\10\原始文件\员工医疗费用统计表.xlsx
最终文件： 下载资源\实例文件\10\最终文件\员工医疗费用统计表.xlsx

步骤01　输入公式

打开原始文件，选择单元格 G3，输入公式"=SUM(C3:E3)-F3"，如下图所示。

	f_x	=SUM(C3:E3)-F3			
C	D	E	F	G	H
基本工资	岗位津贴	奖金	扣款	总工资	医疗住院
¥1,200	¥1,000	¥800		=SUM(C3:E3)-F3	
¥1,500	¥1,200	¥800	¥500		¥0
¥1,000	¥800	¥1,200	¥700		¥1,500
¥1,000	¥800	¥1,200	¥300		¥6,000
¥1,000	¥800	¥1,200	¥300		¥0
¥1,500	¥1,200	¥800	¥500		¥1,000
¥1,500	¥1,200	¥1,600	¥300		¥0
¥1,200	¥1,000	¥1,600	¥700		¥18,000
¥1,200	¥1,000	¥1,200	¥700		¥9,900

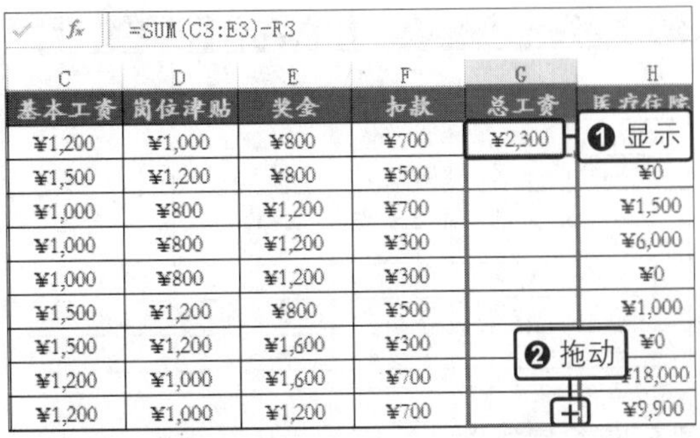

步骤03　单击"插入函数"按钮

释放鼠标后，在单元格区域 G3:G11 中显示计算出的总工资金额，❶选择单元格 I3，❷在编辑栏中单击"插入函数"按钮，如下图所示。

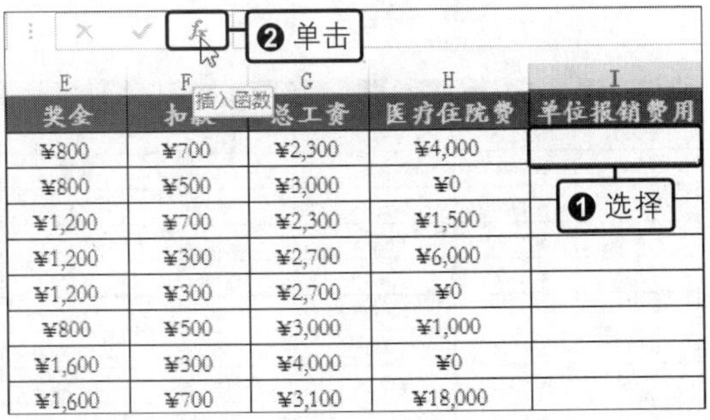

:	×	✓	f_x	❷单击	
E	F	插入函数	G	H	I
奖金	扣款		总工资	医疗住院费	单位报销费用
¥800	¥700		¥2,300	¥4,000	
¥800	¥500		¥3,000	¥0	
¥1,200	¥700		¥2,300	¥1,500	❶选择
¥1,200	¥300		¥2,700	¥6,000	
¥1,200	¥300		¥2,700	¥0	
¥800	¥500		¥3,000	¥1,000	
¥1,600	¥300		¥4,000	¥0	
¥1,600	¥700		¥3,100	¥18,000	

步骤02　复制公式

❶按【Enter】键，在单元格 G3 中显示计算结果，❷将鼠标指针指向该单元格右下角，当鼠标指针呈➕状时按住鼠标左键不放，向下拖动至单元格 G11，如下图所示。

	f_x	=SUM(C3:E3)-F3			
C	D	E	F	G	H
基本工资	岗位津贴	奖金	扣款	总工资	医疗住院
¥1,200	¥1,000	¥800	¥700	¥2,300	❶显示
¥1,500	¥1,200	¥800	¥500		¥0
¥1,000	¥800	¥1,200	¥700		¥1,500
¥1,000	¥800	¥1,200	¥300		¥6,000
¥1,000	¥800	¥1,200	¥300		¥0
¥1,500	¥1,200	¥800	¥500		¥1,000
¥1,500	¥1,200	¥1,600	¥300	❷拖动	¥0
¥1,200	¥1,000	¥1,600	¥700		¥18,000
¥1,200	¥1,000	¥1,200	¥700	➕	¥9,900

步骤04　选择IF函数

弹出"插入函数"对话框，❶在"或选择类别"下拉列表框中选择"常用函数"选项，❷在"选择函数"列表框中双击"IF"选项，如下图所示。

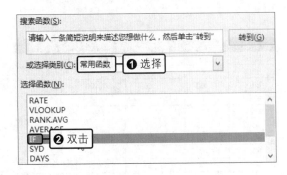

搜索函数(S)：
请输入一条简短说明来描述您想做什么，然后单击"转到"　　转到(G)
或选择类别(C)：常用函数　❶选择
选择函数(N)：
RATE
VLOOKUP
RANK.AVG
AVERAGE
IF　❷双击
SYD
DAYS

步骤05　设置IF函数参数

弹出"函数参数"对话框，❶设置 Logical_test 为"H3>G3/2"、Value_if_true 为"H3*60%"、Value_if_false 为"0"，❷单击"确定"按钮，如下左图所示。

步骤06　复制公式

❶此时在单元格 I3 中显示计算出的单位报销费用，❷将鼠标指针指向该单元格右下角，呈➕状时按住鼠标左键不放，向下拖动至单元格 I11，如下右图所示。

E	F	G	H	I
奖金	扣款	总工资	医疗住院费	单位报销费用
¥800	¥700	¥2,300	❶显示	¥2,400
¥800	¥500	¥3,000	¥0	
¥1,200	¥700	¥2,300	¥1,500	
¥1,200	¥300	¥2,700	¥6,000	
¥1,200	¥300	¥2,700	¥0	
¥800	¥500	¥3,000	¥1,000	
¥1,600	¥300	¥4,000	¥0	
¥1,600	¥700	¥3,100	¥18,000	❷拖动
¥1,200	¥700	¥2,700	¥9,900	

公式栏: =IF(H3>G3/2,H3*60%,0)

步骤07　显示复制的报销费用金额

释放鼠标后，在单元格区域 I3:I11 中显示计算出的单位报销费用金额，如下图所示。

公式栏: =IF(H11>G11/2, H11*60%, 0)

E	F	G	H	I
奖金	扣款	总工资	医疗住院费	单位报销费用
¥800	¥700	¥2,300	¥4,000	¥2,400
¥800	¥500	¥3,000	¥0	¥0
¥1,200	¥700	¥2,300	¥1,500	¥900
¥1,200	¥300	¥2,700	¥6,000	¥3,600
¥1,200	¥300	¥2,700	¥0	¥0
¥800	¥500	¥3,000	¥1,000	¥0
¥1,600	¥300	¥4,000	¥0	¥0
¥1,600	¥700	¥3,100	¥18,000	¥10,800
¥1,200	¥700	¥2,700	¥9,900	¥5,940

步骤08　计算实发工资

在单元格 J3 中输入公式“=G3+I3”，如下图所示。

公式栏: =G3+I3

F	G	H	I	J
扣款	总工资	医疗住院费	单位报销费用	实发工资
¥700	¥2,300	¥4,000	¥2,400	=G3+I3
¥500	¥3,000	¥0	¥0	
¥700	¥2,300	¥1,500	¥900	
¥300	¥2,700	¥6,000	¥3,600	
¥300	¥2,700	¥0	¥0	
¥500	¥3,000	¥1,000	¥0	
¥300	¥4,000	¥0	¥0	
¥700	¥3,100	¥18,000	¥10,800	
¥700	¥2,700	¥9,900	¥5,940	

步骤09　复制公式

❶按【Enter】键，在单元格 J3 中显示计算出的实发工资金额，❷将鼠标指针指向该单元格右下角，呈┿状时按住鼠标左键不放，向下拖动至单元格 J11，如下图所示。

公式栏: =G3+I3

F	G	H	I	J
扣款	总工资	医疗住院费	单位报销费用	实发工资
¥700	¥2,300	¥4,000	❶显示	¥4,700
¥500	¥3,000	¥0	¥0	
¥700	¥2,300	¥1,500	¥900	
¥300	¥2,700	¥6,000	¥3,600	
¥300	¥2,700	¥0	¥0	
¥500	¥3,000	¥1,000	¥0	
¥300	¥4,000	¥0	¥0	
¥700	¥3,100	¥18,000	¥10,800	
¥700	¥2,700	¥9,900	¥5,940	❷拖动

步骤10　完成医疗费用统计表制作

释放鼠标后，在单元格区域 J3:J11 中显示计算出的实发工资金额，如下图所示。

公式栏: =G11+I11

F	G	H	I	J
扣款	总工资	医疗住院费	单位报销费用	实发工资
¥700	¥2,300	¥4,000	¥2,400	¥4,700
¥500	¥3,000	¥0	¥0	¥3,000
¥700	¥2,300	¥1,500	¥900	¥3,200
¥300	¥2,700	¥6,000	¥3,600	¥6,300
¥300	¥2,700	¥0	¥0	¥2,700
¥500	¥3,000	¥1,000	¥0	¥3,000
¥300	¥4,000	¥0	¥0	¥4,000
¥700	¥3,100	¥18,000	¥10,800	¥13,900
¥700	¥2,700	¥9,900	¥5,940	¥8,640

> **小提示**
>
> IF 函数根据指定条件的计算结果为 TRUE 或 FALSE 返回不同的值。其语法是：IF(logical_test, [value_if_true], [value_if_false])。参数 logical_test 是计算结果可能为 TRUE 或 FALSE 的任意值或表达式。例如，A10=100 就是一个逻辑表达式，如果单元格 A10 中的值等于 100，表达式的计算结果就为 TRUE，否则为 FALSE。参数 value_if_true 是 logical_test 的计算结果为 TRUE 时所要返回的值。参数 value_if_false 是 logical_test 的计算结果为 FALSE 时所要返回的值。

第 11 章

图表制作

图表以点、线条、形状等视觉化的方式呈现数据。与繁杂、抽象的数据信息相比，图表更加简洁和形象，更易于理解和分析，说服力更强，从而能够达到更好的信息传播效果。Excel 提供了强大的图表功能，能够制作出种类繁多、外观专业的图表。

11.1 认识图表

认识图表，不仅需要了解图表的组成元素及每种元素的功能，还需要了解图表的类型及每种类型的适用范围。

11.1.1 图表的组成

一个相对完整的图表通常包括图表区、绘图区、图表标题、坐标轴、数据系列、图例、数据标签等。下面通过一个柱形图来认识图表，该图表的各个组成元素的名称及功能如下图和下表所示。

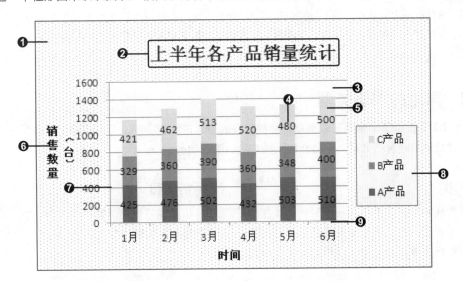

序　号	名　称	功能说明
❶	图表区	指整个图表及其内部，包含绘图区、标题、图例、所有数据系列和坐标轴等
❷	图表标题	指图表的名称，用于描述图表的主要含义
❸	绘图区	指图表的主体部分，包含数据系列、坐标轴、背景墙、基底等。其中背景墙、基底主要存在于三维图表中
❹	数据标签	用于对数据系列各个数据点的名称及值进行说明

序　号	名　称	功能说明
❺	数据系列	根据数据表中的数据在图表中绘制的数据点
❻	坐标轴标题	为水平、垂直或竖坐标轴添加的名称文本
❼	网格线	绘图区中的数据参考线，便于用户对照坐标轴查阅数据系列对应的数据值
❽	图例	显示每个数据系列的标识名称和颜色符号，用于辨别各数据系列所代表的含义
❾	坐标轴	分为水平坐标轴、垂直坐标轴和竖坐标轴，其中竖坐标轴只在三维图表中存在

小提示

上述没有介绍的图表元素还包括数据表，它是绘制在水平坐标轴下方的数据表格，往往会占据很大的图表空间，如果图表可以显示数据标签，则通常不使用数据表。此外，如果创建的是三维图表，则还会有背景墙、侧面墙、基底等图表元素。

生存技巧　Excel中用于分析的图表元素

除了常用的图表元素外，用户还可以使用 Excel 提供的一些分析类图表元素对图表进行分析，包括趋势线、根据指定的误差量显示误差范围的误差线、从数据点到水平坐标轴的垂直线、涨跌柱线、高低点连线。

11.1.2　常用的图表类型

Excel 2019 提供了十余种图表类型。每种图表的表达形式都不同，只有根据实际的需求来选择图表类型，才能更好地分析数据。下面介绍几种常用的图表类型。

1 柱形图

当需要比较数据的大小和一段时间内数据的变化时，可以选用柱形图，如下图所示。柱形图通常用纵坐标来显示数值项，用横坐标来显示信息类别。

2 折线图

折线图可以显示数据的走势，它主要是用一条折线显示随时间变化的连续数据，如下图所示。

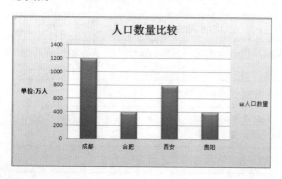

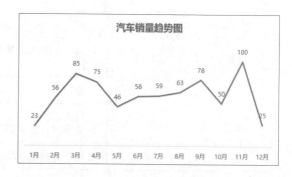

单击"插入"选项卡下"图表"组中的对话框启动器,打开"插入图表"对话框,切换至"所有图表"选项卡,即可看见所有图表类型的外观及其子图表的种类。

生存技巧 **嵌入式图表与图表工作表**

在 Excel 中,可创建两种类型的图表:一种是嵌入式图表,通常在选择数据源后直接选择图表类型创建,图表和数据源处于同一工作表中;另一种为图表工作表,创建时须借助【F11】快捷键,图表会生成在另一独立的"Chart1"工作表中。

3 饼图

饼图是一种用于显示一个数据系列中各项的大小与总和的比例关系的图表,如下图所示。它只包含一个数据系列,可以比较每个个体占整体的比例。

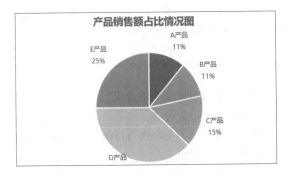

4 条形图

条形图由一系列水平条形组成,用于显示各项之间的比较信息及比较两项或多项之间的差异,如下图所示。根据条形图中条形的长短可以比较数据的大小。

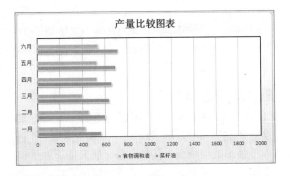

5 面积图

面积图用于显示一段时间内数据变动的幅值,它是由系列折线与类别坐标轴围成的图形,如下图所示。

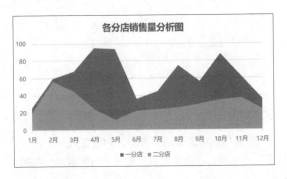

6 股价图

股价图通常用于显示股价的波动,即显示一段时间内一种股票的成交量、开盘价、最高价、最低价和收盘价情况,如下图所示。

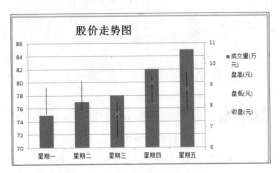

在 Excel 中,还有一种特殊的图表类型——迷你图。迷你图是一个微型的图表,它比普通图表的外观小很多,必须放置在一个单元格内。通过使用迷你图,可以对数据区域中的单列或单行的数据分析起到突出的作用。迷你图的类型也比普通图表的类型少,它仅有三种类型:折线图、柱形图和盈亏图。每种迷你图的使用方式不同,后面会做具体介绍。

生存技巧 制作完全静态的图表

当数据源发生改变时，图表也会自动更新，但有时会需要完全静态的图表，即切断图表与数据之间的链接，让图表不再因为数据源的改变而改变。这时只需要将图表复制成图片即可。选择图表后按【Ctrl+C】组合键复制图表，在粘贴的位置右击，在弹出的快捷菜单的"粘贴选项"中单击"图片"按钮，即可将图表粘贴为静态的图片。

11.2 创建和更改图表内容

要利用图表来分析数据，首先需要创建图表。当图表创建成功后，可以根据需要来更改图表的类型、数据源及布局。

11.2.1 创建图表

Excel 的图表类型很多，创建图表时应该根据分析数据的最终目的来选择适合的图表类型。

原始文件：下载资源\实例文件\11\原始文件\公司上半年销售费用统计表.xlsx
最终文件：下载资源\实例文件\11\最终文件\创建图表.xlsx

步骤01 选择图表类型

打开原始文件，选择单元格区域 A3:C9，切换到"插入"选项卡，❶单击"图表"组中的"插入折线图或面积图"按钮，❷在展开的下拉列表中单击"折线图"选项，如下图所示。

步骤02 查看创建图表的效果

此时在工作表中插入了一个折线图，通过折线图可以看出公司上半年每月销售费用的大概变化趋势，如下图所示。

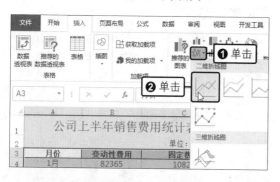

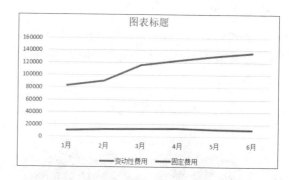

小提示

如果未选择数据区域就直接在"插入"选项卡下的"图表"组中选择图表类型，则会插入一个空白的图表，此时可在"图表工具-设计"选项卡下的"数据"组中单击"选择数据"按钮来为图表添加数据区域。

11.2.2 更改图表类型

创建图表后，如果对图表类型不满意或希望从其他角度分析数据，可以更改当前图表的图表类型。

原始文件：下载资源\实例文件\11\原始文件\创建图表.xlsx
最终文件：下载资源\实例文件\11\最终文件\更改图表类型.xlsx

步骤01　更改图表类型

打开原始文件，选择图表，在"图表工具 - 设计"选项卡下单击"类型"组中的"更改图表类型"按钮，如下图所示。

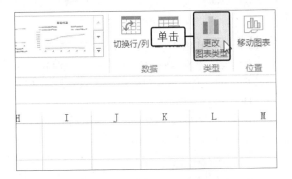

步骤03　查看更改图表类型后的效果

单击"确定"按钮后，工作表中的图表由折线图变为柱形图，通过查看柱形图，更容易比较每个月的销售费用的大小，如下图所示。

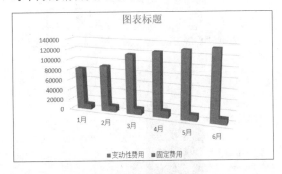

步骤02　选择图表类型

弹出"更改图表类型"对话框，❶单击"柱形图"选项，❷在右侧选项面板中单击"三维簇状柱形图"选项，如下图所示。

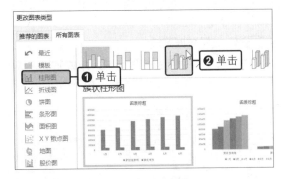

生存技巧　**将图表保存为模板**

如果需要重复使用制作好的图表，可以将该图表作为图表模板保存在图表模板文件夹中，这样在下次创建同类图表时就可以直接套用。保存 Excel 图表为模板的方法如下：右击要保存为模板的图表，在弹出的快捷菜单中单击"另存为模板"命令，打开"保存图表模板"对话框，设置好文件名，单击"保存"按钮，即可完成图表的模板保存操作。

11.2.3　更改图表数据源

如果要编辑数据系列或分类轴标签、增加或减少图表数据，可以通过更改图表数据源来实现。

原始文件：下载资源\实例文件\11\原始文件\更改图表类型.xlsx
最终文件：下载资源\实例文件\11\最终文件\更改图表数据源.xlsx

步骤01　单击"选择数据"按钮

打开原始文件，选择图表，在"图表工具 - 设计"选项卡下单击"数据"组中的"选择数据"按钮，如下左图所示。

步骤02　单击单元格引用按钮

弹出"选择数据源"对话框，要更改图表数据区域，可单击"图表数据区域"文本框右侧的单元格引用按钮，如下右图所示。

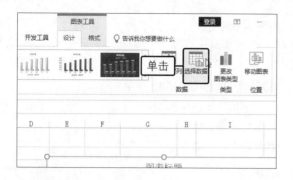

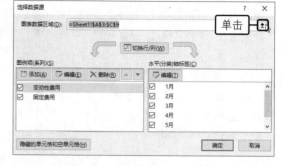

步骤03 选择数据区域

❶选择第一季度的数据区域，即单元格区域A3:C6，❷单击单元格引用按钮，如下图所示。

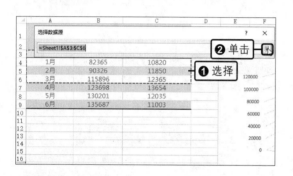

步骤04 切换行/列

返回到"选择数据源"对话框中，此时在"图表数据区域"文本框中已经引用了新的数据源地址。❶单击"切换行/列"按钮，将图例项和水平轴标签交换位置，❷单击"确定"按钮，如下图所示。

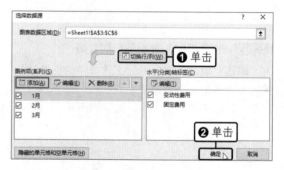

步骤05 查看更改数据区域后的效果

此时图表随着数据源区域的变化而变化，只显示了第一季度的数据，并且改变了图例项和水平轴标签的位置，如右图所示。

> **小提示**
>
> 如果更改了数据区域中的数值，图表中的数据系列会自动发生相应的变化。

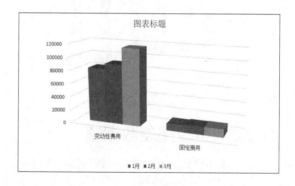

11.2.4 更改图表布局

图表布局是指图表的各组成元素在图表中的显示位置。Excel 提供了多种图表布局方式，用户可根据实际需求选择。

原始文件：下载资源\实例文件\11\原始文件\更改图表数据源.xlsx
最终文件：下载资源\实例文件\11\最终文件\更改图表布局.xlsx

步骤01　选择布局样式

打开原始文件，选择图表，❶在"图表工具 - 设计"选项卡下单击"快速布局"按钮，❷在展开的库中选择"布局 2"样式，如下图所示。

步骤03　输入图表标题

在图表标题中输入"公司第一季度销售费用统计图"，即为图表命名，如右图所示。

小提示

要更改图表的布局，也可以在"图表工具 - 设计"选项卡下的"图表布局"组中单击"添加图表元素"按钮，在展开的列表中对要更改位置的图表元素进行调整。

步骤02　查看更改布局后的效果

此时为图表应用了预设的图表布局，选择图表标题，如下图所示。

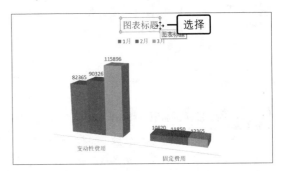

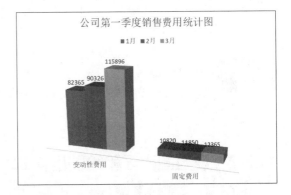

11.3　美化图表

要让图表看起来更美观，就需要对图表进行美化，包括套用图表样式、设置图表各元素的样式、设置图表中文本的效果。

11.3.1　套用图表样式

套用图表样式就是指在图表样式库中选择预设的样式来对图表进行整体美化。

原始文件：下载资源\实例文件\11\原始文件\员工提成统计表.xlsx
最终文件：下载资源\实例文件\11\最终文件\套用图表样式.xlsx

步骤01　选择样式

打开原始文件，选择图表，在"图表工具 - 设计"选项卡下单击"图表样式"组中的快翻按钮，在展开的样式库中选择"样式 11"样式，如下左图所示。

步骤02　查看设置样式后的效果

此时应用了预设的图表样式，图表更为美观，如下右图所示。

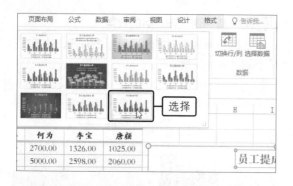
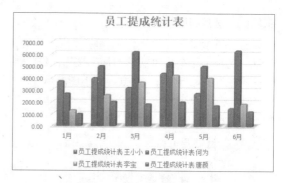

生存技巧 | **快速复制图表格式**

为一个图表设置好格式后，可能需要将这种格式应用到其他图表上，可是 Excel 图表不支持格式刷，这时通过粘贴的方法就能达到目的：选择已格式化好的图表，复制后选择目标图表，单击"粘贴"下三角按钮，在展开的列表中单击"选择性粘贴"选项，在弹出的对话框中单击"格式"单选按钮，再单击"确定"按钮，即可应用源图表格式。

生存技巧 | **更改图表颜色**

为图表套用图表样式后，有可能对图表的配色不满意，此时可以单击"图表样式"组中的"更改颜色"下三角按钮，在展开的列表中选择满意的颜色。

11.3.2　设置图表区和绘图区样式

除了可以设置图表的整体样式外，还可以对图表区和绘图区的样式进行设置。

原始文件：下载资源\实例文件\11\原始文件\套用图表样式.xlsx
最终文件：下载资源\实例文件\11\最终文件\设置图表区和绘图区样式.xlsx

步骤01　选择样式

打开原始文件，选择图表，切换到"图表工具 - 格式"选项卡，❶在"当前所选内容"组中设置图表元素为"图表区"，❷在"形状样式"组中的样式库中选择"彩色轮廓 - 蓝色，强调颜色 1"样式，如下图所示。

步骤02　查看设置图表区样式后的效果

此时为图表区快速添加了一个蓝色的边框，如下图所示。

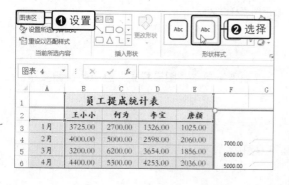
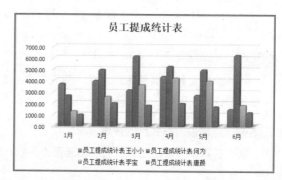

208

步骤03 选择绘图区样式

❶在"当前所选内容"组中设置图表元素为"绘图区"，❷单击"形状样式"组中的快翻按钮，在展开的样式库中选择"细微效果 - 蓝色，强调颜色 1"样式，如右图所示。

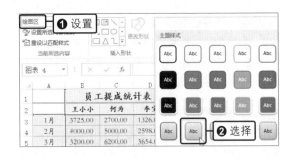

步骤04 查看设置绘图区样式后的效果

此时绘图区应用了所选的样式，如右图所示。

小提示

在格式化图表时，用鼠标单击某个图表对象即可将其选中，但是如果多个对象层叠在一起，用鼠标来选择对象会不太好操作，此时利用"当前所选内容"组中的"图表元素"下拉列表框来选择对象会更容易。

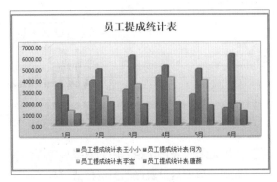

生存技巧 制作背景透明的图表

要制作背景透明的图表，只需选择图表，在"图表工具 - 格式"选项卡下单击"形状样式"组中的"形状填充"下三角按钮，在展开的下拉列表中单击"无填充"选项即可。

11.3.3 设置图例格式

图例由图例项和图例标识组成，用于辨别各数据系列所代表的含义。图例的格式包括图例选项、填充格式、边框格式等内容。

原始文件： 下载资源\实例文件\11\原始文件\设置图表区和绘图区样式.xlsx

最终文件： 下载资源\实例文件\11\最终文件\设置图例格式.xlsx

步骤01 设置图例格式

打开原始文件，选择图表，切换到"图表工具 - 格式"选项卡，❶在"当前所选内容"组中设置图表元素为"图例"，❷单击"设置所选内容格式"按钮，如下图所示。

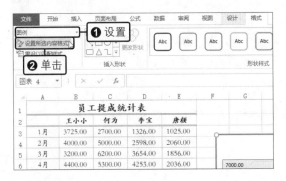

步骤02 选择填充颜色

弹出"设置图例格式"窗格，❶单击"填充与线条"选项，❷在"填充"选项组中单击"纯色填充"单选按钮，❸设置"颜色"为"蓝色，个性色 1，淡色 80%"，如下图所示。

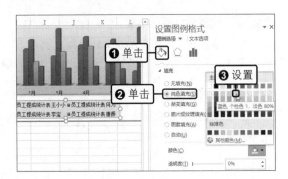

步骤03　选择边框颜色

❶在"边框"选项组中单击"实线"单选按钮，❷设置"颜色"为"红色，个性色2"，如下图所示。

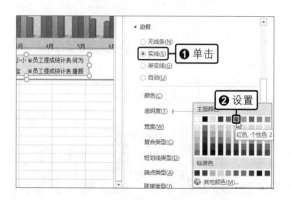

步骤04　设置边框样式

❶设置边框的"宽度"为"2.25磅"，❷单击"短画线类型"右侧的下三角按钮，在展开的样式库中选择"圆点"样式，如下图所示。

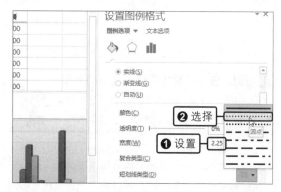

步骤05　查看设置图例格式后的效果

此时可以看见设置好的图例格式效果，如下图所示。

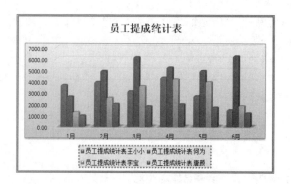

生存技巧　快速调整图例

设置图例时，在"图例选项"中可以轻松调整图例的显示位置为靠上、靠下、靠左、靠右或右上。一般情况下，为了避免观者视线左右往返于图例与绘图区，通常将图例的位置设为靠上，或者直接放置在绘图区中。这时直接用鼠标拖动图例来调整位置会更为方便。图例的顺序由数据系列的次序决定，要调整图例顺序，可在"图表工具-设计"选项卡下单击"选择数据"按钮，打开"选择数据源"对话框，在"图例项（系列）"下通过"上移"和"下移"按钮调整数据系列次序。

11.3.4　设置数据系列格式

设置数据系列的格式，可以改变数据系列的形状和颜色，使其区别于其他数据系列。

原始文件： 下载资源\实例文件\11\原始文件\设置图例格式.xlsx
最终文件： 下载资源\实例文件\11\最终文件\设置数据系列格式.xlsx

步骤01　设置数据系列格式

打开原始文件，选择图表，切换到"图表工具-格式"选项卡，❶在"当前所选内容"组中设置图表元素为"系列'员工提成统计表 王小小'"，❷单击"设置所选内容格式"按钮，如下左图所示。

步骤02　选择柱体形状

弹出"设置数据系列格式"窗格，展开"系列选项"选项组，在"柱体形状"选项组下单击"部分棱锥"单选按钮，如下右图所示。

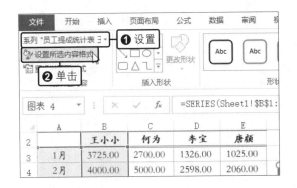

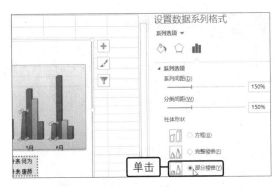

步骤03　选择填充颜色

❶单击"填充与线条"选项卡，❷在"填充"选项组下单击"纯色填充"单选按钮，❸选择"颜色"为"橙色，个性色6"，如下图所示。

步骤04　查看设置后的效果

此时可以看见设置数据系列格式的显示效果，如下图所示。

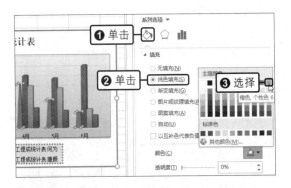

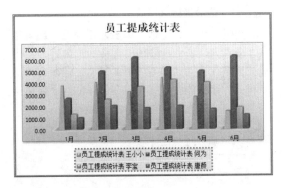

步骤05　设置形状填充效果

在"当前所选内容"组中设置图表元素为"系列'员工提成统计表 何为'"，❶单击"形状样式"组中"形状填充"右侧的下三角按钮，❷在展开的颜色库中选择合适的颜色，如下图所示。

步骤06　查看设置后的效果

此时为"系列'员工提成统计表 何为'"设置了新的填充颜色，效果如下图所示。

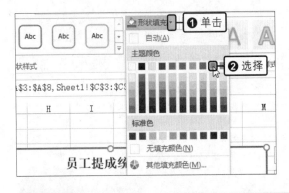

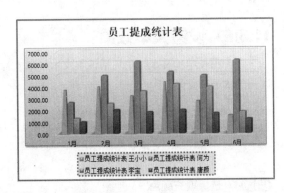

生存技巧　隐藏网格线

网格线是分别对应垂直坐标轴和水平坐标轴的刻度线。一般使用水平网格线作为比较数值大小的参考线。若图表中没有添加数据标签，可借助网格线查看数据的大小。若是已经添加了数据标签，为了使图表更简洁，可选择图表，单击图表右上角的"图表元素"按钮，在展开的列表中单击"网格线 > 主轴主要水平网格线"选项，隐藏网格线，或者选择网格线，按【Delete】键直接删除。

生存技巧 隐藏较小值的数据标签

　　在数据图表中，数据标签用于显示数据系列的类别名称、值和百分比等。制作数据大小较为悬殊的图表时，若某个数据接近于 0，该系列对应的色块就会很小，数据标签可能会显示为 0。此时可打开"设置数据标签格式"窗格，在"数字"组中设置"类别"为"自定义"，在"格式代码"文本框中输入"[<0.01]"";0"，单击"添加"按钮，即可隐藏显示为 0 的数据标签。

11.3.5　设置坐标轴样式

　　Excel 提供了多种坐标轴的预设样式，用户可以根据需求选择。

　　原始文件： 下载资源\实例文件\11\原始文件\设置数据系列格式.xlsx
　　最终文件： 下载资源\实例文件\11\最终文件\设置坐标轴样式.xlsx

步骤01　**选择坐标轴样式**

　　打开原始文件，选择图表，切换至"图表工具 - 格式"选项卡，❶在"当前所选内容"组中设置图表元素为"垂直（值）轴"，❷单击"形状样式"组中的快翻按钮，在展开的样式库中选择"粗线 - 深色 1"样式，如下图所示。

步骤02　**查看设置样式后的效果**

　　设置好的纵坐标轴效果如下图所示。用户也可以根据需要设置横坐标轴的格式。

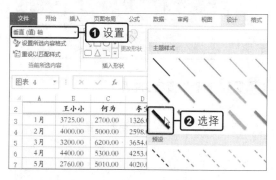

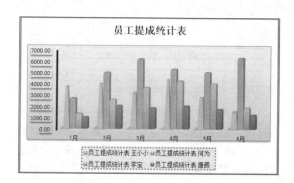

11.3.6　设置文本效果

　　设置图表中的文本效果包括设置文本的填充颜色、阴影、映像等。例如，为图表文本设置映像可以使文本更有立体感。

　　原始文件： 下载资源\实例文件\11\原始文件\设置坐标轴样式.xlsx
　　最终文件： 下载资源\实例文件\11\最终文件\设置文本效果.xlsx

步骤01　**选择填充颜色**

　　打开原始文件，选择图表，切换到"图表工具 - 格式"选项卡，❶在"艺术字样式"组中单击"文本填充"右侧的下三角按钮，❷在展开的颜色库中选择"深蓝，文字 2"，如下左图所示。

步骤02　**设置映像效果**

　　改变了文本的填充颜色后，接着设置文本的映像效果。❶在"艺术字样式"组中单击"文本效果"按钮，❷在展开的下拉列表中选择"映像 > 半映像：接触"选项，如下右图所示。

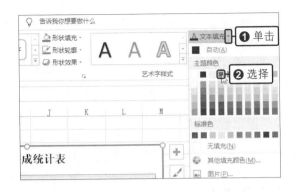

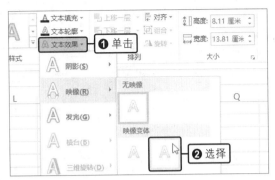

步骤03　查看设置后的效果

设置好图表中的文本效果后，图表更加美观、立体，如下图所示。

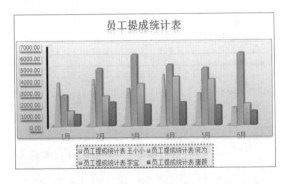

生存技巧　自定义映像效果

执行"文本效果 > 映像 > 映像选项"命令，在弹出的窗格的"映像"选项组下可设置透明度、大小、模糊等参数，如下图所示。

11.4　使用迷你图分析数据

迷你图和图表一样，也可以用于数据分析，不同的是迷你图被放置在一个单元格中。利用迷你图分析数据，首先需要根据分析的内容创建迷你图。迷你图的类型包括三种，分别是折线图、柱形图和盈亏图。

11.4.1　创建迷你图

创建迷你图时，需要设置迷你图的数据源和放置的位置。若要创建一组迷你图，可以利用填充柄来完成。

原始文件： 下载资源\实例文件\11\原始文件\市场部业务数统计.xlsx

最终文件： 下载资源\实例文件\11\最终文件\创建迷你图.xlsx

步骤01　选择迷你图类型

打开原始文件，在"插入"选项卡下单击"迷你图"组中的"柱形"按钮，如下左图所示。

步骤02　单击单元格引用按钮

弹出"创建迷你图"对话框，单击"数据范围"右侧的单元格引用按钮，如下右图所示。

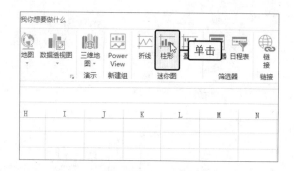

步骤03 选择数据区域

❶选择创建迷你图的数据所在的单元格区域 B3：B8，❷单击引用按钮，如下图所示。

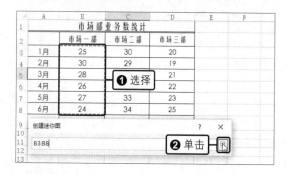

步骤04 设置放置位置

返回"创建迷你图"对话框，❶在"位置范围"文本框中输入迷你图放置的位置为"$B$9"，❷单击"确定"按钮，如下图所示。

生存技巧 使用迷你图作为单元格背景

与 Excel 工作表中的图表不同的是，迷你图实际上是单元格中的背景图表，之所以这样说，是因为迷你图并非是一个对象，而是直接嵌入在单元格中。因此，用户可以在单元格中输入文本，并使用迷你图作为背景，如右图所示。

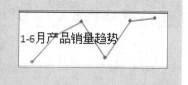

1-6月产品销量趋势

步骤05 填充迷你图

此时在单元格 B9 中创建了一个柱形迷你图，拖动单元格 B9 右下角的填充柄至单元格 D9，如下图所示。

	A	B	C	D
2		市场一部	市场二部	市场三部
3	1月	25	30	20
4	2月	30	29	19
5	3月	28	31	21
6	4月	26	28	22
7	5月	27	33	23
8	6月	24	34	25
9	迷你图			

步骤06 查看创建迷你图的效果

释放鼠标后，就完成了迷你图的创建。此时单元格区域 B9：D9 中的迷你图自动组成一个迷你图组，如下图所示。

	A	B	C	D
2		市场一部	市场二部	市场三部
3	1月	25	30	20
4	2月	30	29	19
5	3月	28	31	21
6	4月	26	28	22
7	5月	27	33	23
8	6月	24	34	25
9	迷你图			

小提示

　　生成迷你图组后，对组中任何一个迷你图的格式修改都将应用于该组的所有迷你图。若要独立编辑某个迷你图，需将其选中，然后在"迷你图工具 - 设计"选项卡下单击"分组"组中的"取消组合"按钮，取消组合后即可对该迷你图进行独立编辑。

生存技巧　删除迷你图

　　因为迷你图是背景而非对象，所以选择单元格后按【Delete】键是无法删除迷你图的。要删除一个迷你图或迷你图组，需选择迷你图或迷你图组所在单元格，在"迷你图工具 - 设计"选项卡下单击"清除"右侧的下三角按钮，选择清除所选迷你图或迷你图组。

11.4.2　更改迷你图类型

　　迷你图的三种类型有不同的适用范围：折线图通常用于标识一行或一列单元格数值的变动趋势，柱形图则用来比较连续单元格中数值的大小，而盈亏图则直观展示盈利和亏损情况。用户可以根据实际需求来更改迷你图的类型。

　　原始文件：下载资源\实例文件\11\原始文件\创建迷你图.xlsx
　　最终文件：下载资源\实例文件\11\最终文件\更改迷你图类型.xlsx

步骤01　选择迷你图类型

　　打开原始文件，选择迷你图组中的任意迷你图，在"迷你图工具 - 设计"选项卡下单击"类型"组中的"折线"按钮，如下图所示。

步骤02　查看更改迷你图类型后的效果

　　此时迷你图组由柱形图变成了折线图，如下图所示。通过折线图可以看出市场部每个部门每月业务数的变化趋势。

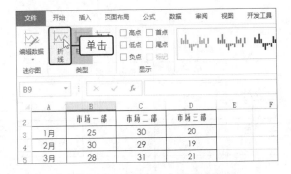

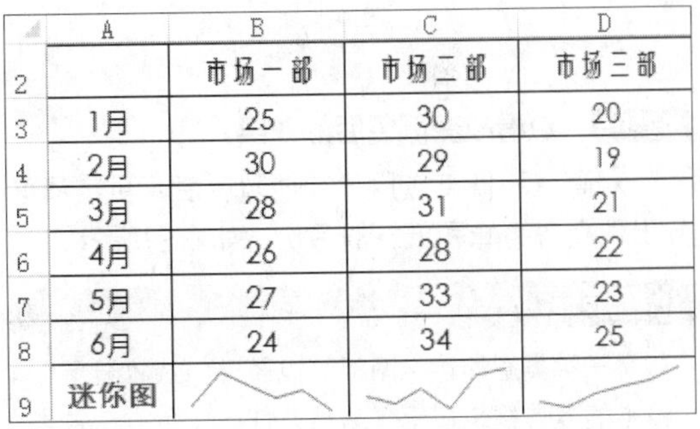

11.4.3　突出显示迷你图的点

　　迷你图比图表多出的一项功能就是可以在图中显示出数据的高点、低点、负点、首点、尾点等，有利于用户分析数据。

　　原始文件：下载资源\实例文件\11\原始文件\更改迷你图类型.xlsx
　　最终文件：下载资源\实例文件\11\最终文件\突出显示迷你图的点.xlsx

步骤01　勾选要突出显示的点

　　打开原始文件，选择迷你图，在"迷你图工具 - 设计"选项卡下勾选"显示"组中的"高点"和"低点"复选框，如下左图所示。

步骤02 **查看在迷你图中标记点的效果**

此时在迷你图中标记出高点和低点的位置，如下右图所示。

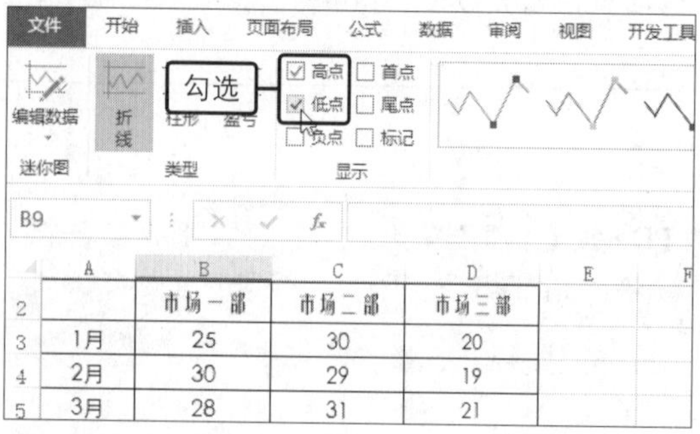

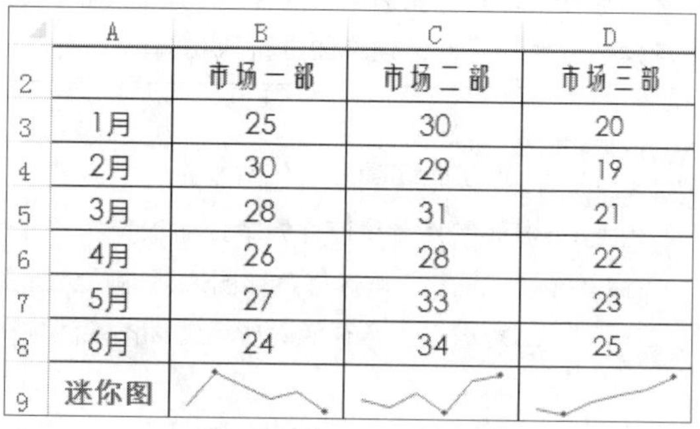

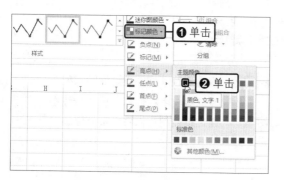

A	B	C	D
2	市场一部	市场二部	市场三部
1月	25	30	20
2月	30	29	19
3月	28	31	21
4月	26	28	22
5月	27	33	23
6月	24	34	25
迷你图			

步骤03 **设置高点的颜色**

❶在"样式"组中单击"标记颜色"按钮，❷在展开的下拉列表中单击"高点 > 黑色，文字 1"选项，如下图所示。

步骤04 **设置低点的颜色**

❶在"样式"组中单击"标记颜色"按钮，❷在展开的下拉列表中单击"低点 > 红色"选项，如下图所示。

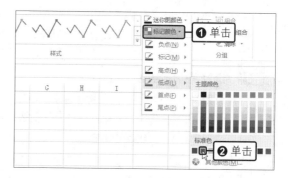

步骤05 **查看改变颜色后的效果**

对高点和低点应用了其他颜色后，更容易区分出现业务高峰和低谷的月份，如右图所示。

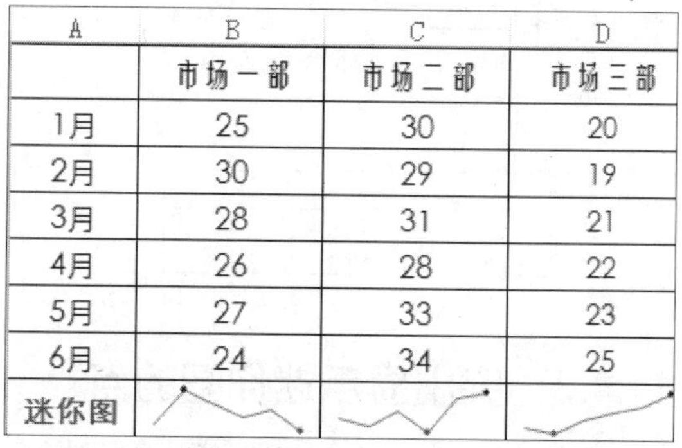

> **小提示**
>
> 三种类型的迷你图都可以通过勾选"显示"组中的复选框来显示其高点、低点、负点、首点和尾点，但只有折线图才可以勾选"显示"组中的"标记"复选框来显示标记。

A	B	C	D
	市场一部	市场二部	市场三部
1月	25	30	20
2月	30	29	19
3月	28	31	21
4月	26	28	22
5月	27	33	23
6月	24	34	25
迷你图			

生存技巧 **自定义坐标轴**

在"迷你图工具-设计"选项卡下的"组合"组中单击"坐标轴"按钮，在展开的列表中可以设置坐标轴的选项。如果迷你图数据对应的日期是不连续的，那么选择"日期坐标轴类型"选项，在弹出的对话框中设置好与迷你图数据对应的日期值单元格区域，单击"确定"按钮后，迷你图中数据的间距就会按照日期的间隔调整，如右图所示。

3	日期	产品销量
4	2013-1-31	425
5	2013-3-31	476
6	2013-7-31	502
7	2013-12-31	432
8		

生存技巧　显示横坐标轴以区分正负值

当迷你图数据中有负值时,为了更容易看出数据的正负变化,可在迷你图中显示坐标轴,操作方法为:在"迷你图工具 - 设计"选项卡下的"组合"组中单击"坐标轴"按钮,在"横坐标轴选项"选项组中单击"显示坐标轴"选项,含负数的迷你图就会在值为 0 处显示一条横坐标轴。

11.4.4　套用迷你图样式

为了美化迷你图,可以套用预设的迷你图样式,也可单独设置迷你图线条的粗细。

原始文件:下载资源\实例文件\11\原始文件\突出显示迷你图的点.xlsx
最终文件:下载资源\实例文件\11\最终文件\套用迷你图样式.xlsx

步骤01　选择样式

打开原始文件,选择迷你图,在"迷你图工具 - 设计"选项卡下单击"样式"组中的快翻按钮,在展开的样式库中选择"蓝色,迷你图样式着色 6,深色 25%"样式,如下图所示。

步骤02　查看套用样式后的效果

此时为迷你图应用了所选的样式,使迷你图看起来更美观,如下图所示。

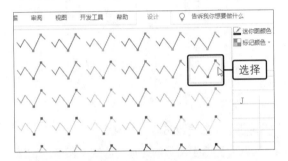

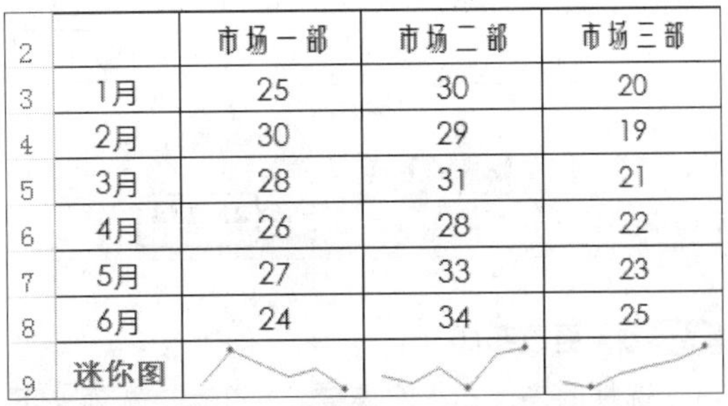

	市场一部	市场二部	市场三部
1月	25	30	20
2月	30	29	19
3月	28	31	21
4月	26	28	22
5月	27	33	23
6月	24	34	25
迷你图			

步骤03　改变线条的粗细

❶在"样式"组中单击"迷你图颜色"右侧的下三角按钮,❷在展开的下拉列表中单击"粗细 >2.25 磅"选项,如下图所示。

步骤04　查看改变线条粗细后的效果

此时显示出更改线条粗细后的迷你图效果,如下图所示。

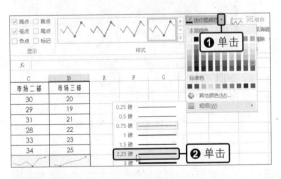

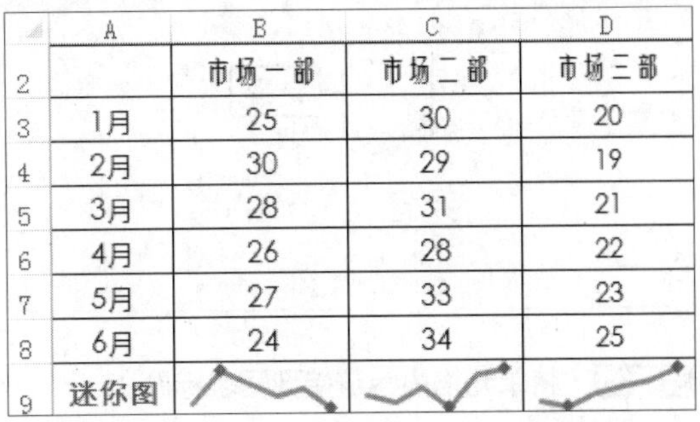

	A	B	C	D
		市场一部	市场二部	市场三部
1月		25	30	20
2月		30	29	19
3月		28	31	21
4月		26	28	22
5月		27	33	23
6月		24	34	25
迷你图				

生存技巧　空单元格的设置

若数据中存在空值,对应的迷你图中会出现空距,为了避免这种情况,可以在选择迷你图后,在"迷你图工具 - 设计"选项卡下单击"编辑数据"下三角按钮,在展开的列表中单击"隐藏和清空单元格"选项,在打开的"隐藏和空单元格设置"对话框中可以选择将空单元格显示为空距、零值或用直线连接数据点。

11.5 实战演练——分析公司每月差旅费报销数据

公司员工出差时会产生差旅费，而差旅费的金额大小往往取决于交通工具的选择，使用图表可以更直观地分析不同交通工具产生的费用，以便做适当的调整。

原始文件：下载资源\实例文件\11\原始文件\差旅费报销比较.xlsx
最终文件：下载资源\实例文件\11\最终文件\差旅费报销比较.xlsx

步骤01 插入图表

打开原始文件，❶选择单元格区域 A2:D8，❷在"插入"选项卡下单击"图表"组中的"插入柱形图或条形图"按钮，❸在展开的下拉列表中单击"百分比堆积柱形图"选项，如下图所示。

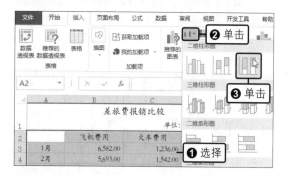

步骤02 查看插入图表后的效果

此时在工作表中插入了一个百分比堆积柱形图，通过比较可看出，每月在所有交通工具所产生的费用中，飞机费用所占比例均为最高，如下图所示。

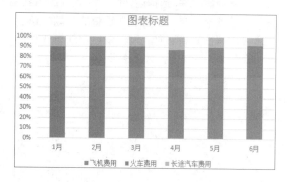

步骤03 更改布局

选择图表，在"图表工具 - 设计"选项卡下的"图表布局"组中选择布局库中的"布局3"样式，如下图所示。

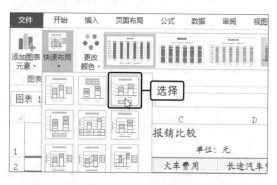

步骤04 查看更改布局后的效果

此时更改了图表的布局，改变了图例的位置并且显示图表标题。单击图表标题，如下图所示。

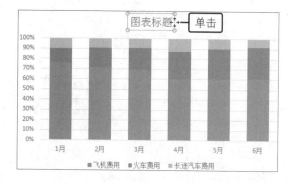

步骤05 将单元格内容链接到图表标题

选择图表标题后，在编辑栏中输入"=Sheet1! $A$1"，将单元格内容链接到图表标题，如下左图所示。

步骤06 查看设置图表标题后的效果

按【Enter】键后，将工作表中的标题引用到了图表中，使图表标题和工作表中的标题一致，如下右图所示。当工作表中的标题发生变化时，图表标题将随之变化。

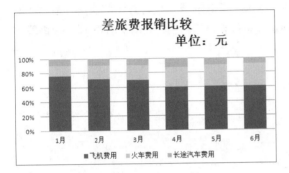

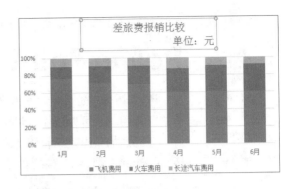

步骤07　格式化图表

依次选择各数据系列，并重新设置其填充颜色，对图表进行美化，完成差旅费报销比较图的创建，如下图所示。

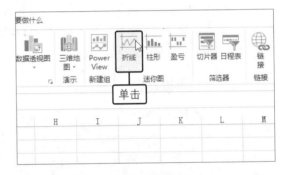

步骤08　创建折线迷你图

选择单元格区域 B9:D9，在"插入"选项卡下单击"迷你图"组中的"折线"按钮，如下图所示。

步骤09　选择数据范围

弹出"创建迷你图"对话框，❶选择"数据范围"为"B3:D8"，❷单击"确定"按钮，如下图所示。

步骤10　设置首点标记颜色

此时在单元格区域 B9:D9 中创建了一个折线迷你图组。❶在"迷你图工具 - 设计"选项卡下单击"标记颜色"按钮，❷在展开的下拉列表中选择"首点 > 红色"选项，如下图所示。

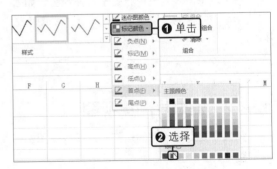

步骤11　查看迷你图的最终效果

用同样的方法为尾点设置蓝色标记，完成 1—6 月各项差旅报销费用折线迷你图创建。可以看出，虽然飞机费用在各项费用中所占比例最高，但是从上半年情况看，飞机费用已经在逐渐缩减，如右图所示。

第12章 PowerPoint 2019基本操作

PowerPoint 是用于制作和放映演示文稿的组件，在会议、培训、演讲中有广泛应用。它可以制作出包含文本、图片、音频、视频等丰富内容的幻灯片，还能添加动画效果和切换效果来让演示内容更吸引眼球。本章先来学习PowerPoint 的视图方式和幻灯片的基本编辑操作。

12.1 了解PowerPoint的视图方式

PowerPoint 2019 提供 5 种视图方式，分别是普通视图、大纲视图、幻灯片浏览视图、备注页视图和阅读视图。在不同视图方式下，用户所看到的演示文稿效果是不同的。大纲视图在 12.4 中讲解，下面讲解其他 4 种视图。

12.1.1 普通视图

启动 PowerPoint 2019 后，进入的视图界面默认为普通视图，也就是在 1.1.3 中介绍过的工作界面。

原始文件：下载资源\实例文件\12\原始文件\面试问题培训.pptx
最终文件：无

打开原始文件，切换到"视图"选项卡下，在"演示文稿视图"组中可以看见，"普通"按钮为按下状态，表示当前正处于普通视图，如右图所示。幻灯片的编辑通常都是在普通视图下进行的。

12.1.2 幻灯片浏览视图

如果需要浏览所有的幻灯片，可以使用幻灯片浏览视图。在该视图中，可以快速地选择并查看某张幻灯片。

原始文件：下载资源\实例文件\12\原始文件\面试问题培训.pptx
最终文件：下载资源\实例文件\12\最终文件\幻灯片浏览视图.pptx

步骤01 单击"幻灯片浏览"按钮

打开原始文件，❶切换到"视图"选项卡下，❷在"演示文稿视图"组中单击"幻灯片浏览"按钮，如下左图所示。

步骤02　显示幻灯片浏览视图效果

　　此时进入幻灯片浏览视图中，幻灯片是以缩略图形式显示的，用户可以看到每张幻灯片，以便观察是否需要重新排列幻灯片的顺序，如下右图所示。在幻灯片浏览视图中，幻灯片浏览窗格和备注窗格都被隐藏起来了。

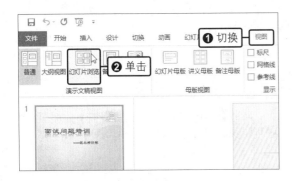 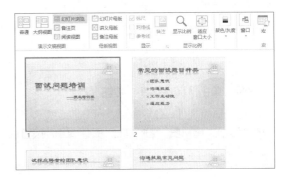

12.1.3　备注页视图

　　在备注页视图中，幻灯片窗格的下方会出现一个备注窗格。备注页视图一般用于培训课程中。讲师在培训前可以在备注窗格中输入关于幻灯片的备注，以便于记忆本张幻灯片所要表达的内容要点。

原始文件：下载资源\实例文件\12\原始文件\面试问题培训.pptx
最终文件：下载资源\实例文件\12\最终文件\备注页视图.pptx

步骤01　单击"备注页"按钮

　　打开原始文件，❶切换到"视图"选项卡下，❷在"演示文稿视图"组中单击"备注页"按钮，如下图所示。

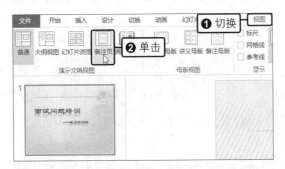

步骤02　显示备注页视图效果

　　进入备注页视图后，幻灯片窗格下方会出现一个备注窗格，如下图所示。此时就可以在备注窗格中输入关于本张幻灯片的备注。

小提示

　　除了"视图"选项卡中的按钮外，还可以利用演示文稿窗口右下角的视图按钮来快速切换幻灯片的视图方式。

生存技巧　巧用视图快捷键

　　窗口右下角的视图按钮配合键盘按键能更快捷地切换视图。按住【Shift】键单击"普通视图"按钮，可切换至"幻灯片母版"视图，松开按键再单击"普通视图"按钮即可切换回来。按住【Shift】键单击"幻灯片浏览"按钮，则可切换至"讲义母版"视图。

12.1.4 阅读视图

如果在幻灯片中添加了动画效果或画面的切换效果等动态效果，可以使用阅读视图来浏览幻灯片。在阅读视图下，不仅可以以全屏的方式显示幻灯片，还可以显示所有的动态效果。

 原始文件： 下载资源\实例文件\12\原始文件\面试问题培训.pptx
最终文件： 无

步骤01 单击"阅读视图"按钮

打开原始文件，❶切换到"视图"选项卡下，❷在"演示文稿视图"组中单击"阅读视图"按钮，如下图所示。

步骤02 显示阅读视图效果

此时进入阅读视图，如下图所示。在此视图中可以观看幻灯片中的动画和切换等效果。

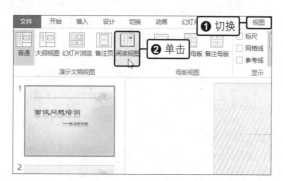

小提示

在阅读视图中，功能区是被隐藏起来的，即不显示任何功能按钮。若要退出阅读视图，可以按【Esc】键，此时将返回到进入阅读视图之前的视图方式中。

生存技巧 更改撤销的次数

若在使用 PowerPoint 进行幻灯片编辑时出现操作错误，单击"撤销"按钮即可恢复到错误操作前的状态。但撤销操作是有次数限制的，默认为 20 次。如果想突破此限制，需要单击"文件"按钮，在弹出的菜单中单击"选项"按钮，弹出"PowerPoint 选项"对话框，切换至"高级"选项面板，设置"最多可取消操作数"，设置完毕后再单击"确定"按钮。

12.2 幻灯片的基本操作

若要制作演示文稿，在学会新建一个空白演示文稿的基础上，还需要掌握幻灯片的一些基本操作，包括插入幻灯片、移动幻灯片、复制幻灯片和删除幻灯片等。

12.2.1 新建空白演示文稿

新建空白演示文稿是 PowerPoint 中最基本的操作，新建的空白演示文稿默认自带一张幻灯片。

原始文件：无

最终文件：下载资源\实例文件\12\最终文件\新建空白演示文稿.pptx

步骤01　新建空白演示文稿

启动 PowerPoint 2019，在开始屏幕中单击右侧面板中的"空白演示文稿"图标，如下图所示。

步骤02　查看新建空白演示文稿的效果

此时创建了一个默认版式的空白演示文稿，并且自动命名为"演示文稿1"，如下图所示。

小提示

在 PowerPoint 中不仅可以创建空白的演示文稿，还可以创建基于模板的演示文稿。PowerPoint 提供了许多演示文稿模板。执行"文件 > 新建"命令，在右侧面板中选择需要的模板，再在此基础上创建演示文稿即可。

生存技巧　认识幻灯片中的占位符

应用除空白版式外的其他版式后，幻灯片中都会出现相应的占位符。占位符是带有虚线或影线标记的边框，大多数幻灯片版式中都带有不同类型的占位符，包括文本占位符和内容占位符。文本占位符可以容纳文本内容，在其中输入文本后原来的文本会自动消失。内容占位符可以容纳图片、图表、表格和媒体等对象，单击占位符中的不同按钮可插入相应对象。

12.2.2　插入幻灯片

一个演示文稿通常包含多张幻灯片，但新建的空白演示文稿中只有一张幻灯片，难以满足需求，于是就需要插入更多不同版式的幻灯片。

原始文件：下载资源\实例文件\12\原始文件\怎样做好行政管理.pptx

最终文件：下载资源\实例文件\12\最终文件\插入幻灯片.pptx

步骤01　选择幻灯片版式

打开原始文件，❶在"开始"选项卡下单击"幻灯片"组中的"新建幻灯片"下三角按钮，❷在展开的库中选择"标题和内容"版式，如下左图所示。

步骤02　查看插入幻灯片的效果

此时插入了一张"标题和内容"版式的幻灯片，即左边幻灯片浏览窗格中显示的序号为"2"的幻灯片，如下右图所示。

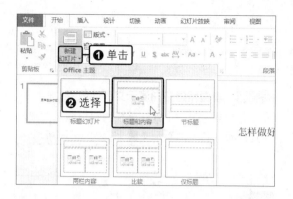

步骤03 输入文本内容

采用同样的方法插入其他版式的幻灯片，并编辑好幻灯片的内容，完成一个演示文稿的制作，如右图所示。

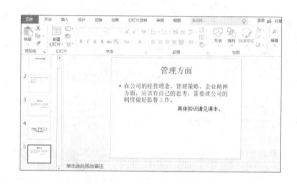

小提示

在"新建幻灯片"提供的幻灯片库中选择并插入某个版式的幻灯片后，若想再次插入相同版式的幻灯片，可按【Ctrl+M】组合键。

12.2.3 移动幻灯片

插入多张幻灯片并输入文本内容后，可能需要调整某些幻灯片的顺序，此时就要移动幻灯片。幻灯片被移动后，在幻灯片浏览窗格中幻灯片的编号将发生相应变化。

原始文件: 下载资源\实例文件\12\原始文件\插入幻灯片.pptx
最终文件: 下载资源\实例文件\12\最终文件\移动幻灯片.pptx

步骤01 移动幻灯片

打开原始文件，在幻灯片浏览窗格中选择要移动的幻灯片"5"，拖动至合适的位置，如第3张幻灯片的上方，如下图所示。

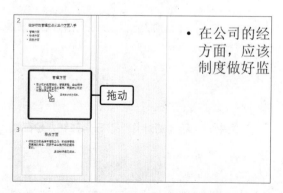

步骤02 查看移动幻灯片的效果

释放鼠标后，将第5张幻灯片移动到了第3张幻灯片的位置，幻灯片的编号自动更新，如下图所示。

12.2.4　复制幻灯片

为了提高工作效率，当需要制作一张相同格式或内容差不多的幻灯片时，可以选择复制已有的幻灯片，在复制生成的幻灯片中对内容稍做修改，即可快速完成一张新幻灯片的制作。

原始文件：下载资源\实例文件\12\原始文件\插入幻灯片.pptx
最终文件：下载资源\实例文件\12\最终文件\复制幻灯片.pptx

步骤01　复制幻灯片

打开原始文件，❶在幻灯片浏览窗格中右击需要复制的幻灯片，❷在弹出的快捷菜单中单击"复制幻灯片"命令，如下图所示。

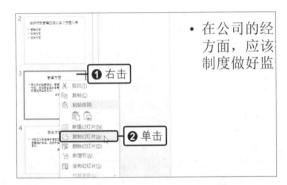

步骤02　查看复制幻灯片的效果

此时在所选幻灯片下方自动生成了一张相同的幻灯片，如下图所示。

步骤03　更改幻灯片的内容

在复制生成的新幻灯片中，根据需要保留幻灯片中的某些内容和格式，并修改其他内容，效果如右图所示。

生存技巧　**重用幻灯片及合并演示文稿**

在制作幻灯片时，可能会需要重复使用其他演示文稿中的幻灯片，此时可以应用"重用幻灯片"功能。首先在幻灯片浏览窗格中要放置重用幻灯片的位置单击，再在"开始"选项卡中单击"新建幻灯片"下三角按钮，在展开的下拉列表中单击"重用幻灯片"选项，然后在打开的"重用幻灯片"窗格中选择要使用的演示文稿，并选择相应幻灯片即可。如果希望插入的重用幻灯片保留原本的格式，则要勾选"保留源格式"复选框。

如果需要合并多个演示文稿的幻灯片，并且希望它们分别保持原样，则首先打开需要合并的某一演示文稿，在"审阅"选项卡中单击"比较"按钮，弹出"选择要与当前演示文稿合并的文件"对话框，在对话框中选择要与当前演示文稿合并的另一个演示文稿，单击"合并"按钮，然后执行接受修订操作，即可实现两个演示文稿的合并。实际上，利用"重用幻灯片"功能也可实现演示文稿的合并。

12.2.5　删除幻灯片

创建了一组幻灯片后，如果发现某张幻灯片不能满足需要，可将其删除。被删除的幻灯片之后的其他幻灯片的编号将发生相应变化。

原始文件：下载资源\实例文件\12\原始文件\复制幻灯片.pptx
最终文件：下载资源\实例文件\12\最终文件\删除幻灯片.pptx

步骤01　删除幻灯片

打开原始文件，❶在幻灯片浏览窗格中右击要删除的幻灯片，❷在弹出的快捷菜单中单击"删除幻灯片"命令，如下图所示。

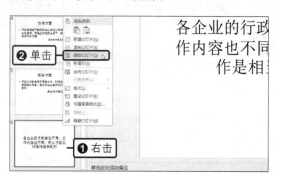

步骤02　查看删除幻灯片的效果

此时即删除了一张幻灯片，幻灯片数量由 6 张变为 5 张，幻灯片序号发生相应的变化，如下图所示。

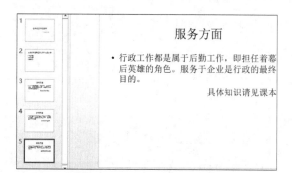

> **小提示**
>
> 还可以在幻灯片浏览窗格中选择幻灯片，按【Delete】键将其删除。

12.3　母版的运用

母版的作用主要是统一每张幻灯片的格式、背景及其他美化效果等。母版分为三种，即幻灯片母版、讲义母版和备注母版。

12.3.1　幻灯片母版

幻灯片母版中可以储存多种信息，包括文本、占位符、背景、颜色主题、效果和动画等，可以根据需要将这些信息插入到幻灯片母版中。

原始文件：下载资源\实例文件\12\原始文件\职业生涯规划.pptx
最终文件：下载资源\实例文件\12\最终文件\幻灯片母版.pptx

步骤01　单击"幻灯片母版"按钮

打开原始文件，切换到"视图"选项卡，单击"母版视图"组中的"幻灯片母版"按钮，如下左图所示。

步骤02　设置字体

此时打开了"幻灯片母版"选项卡，选择第 1 张幻灯片，❶在"背景"组中单击"字体"按钮，❷在展开的下拉列表中选择"Office 2007- 2010"选项，如下右图所示。

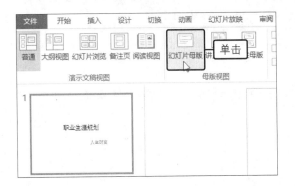
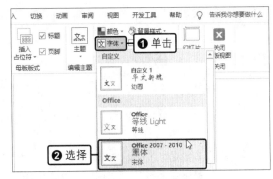

步骤03　设置背景

❶在"背景"组中单击"背景样式"按钮，❷在展开的背景库中选择"样式9"，如下图所示。

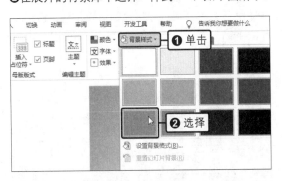

步骤04　关闭母版视图

此时即为母版设置好了字体和背景，在"关闭"组中单击"关闭母版视图"按钮，如下图所示。

步骤05　查看设置幻灯片母版的效果

返回普通视图，可以看见演示文稿中的所有幻灯片都应用了母版的字体和背景样式，如右图所示。

小提示

为了快速美化母版，也可以在"编辑主题"组中单击"主题"按钮，在展开的下拉列表中选择预设的主题样式应用于母版。

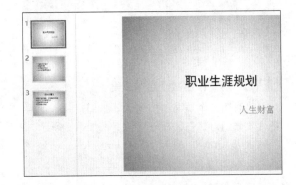

生存技巧　准备更多套的幻灯片版式

在新建幻灯片版式库中有多种版式可以选择，这些版式实际是通过当前幻灯片母版中的设计反映的。如果希望版式库中有更多套设计方案以供选择，可以在幻灯片母版中再新建其他的幻灯片母版，并应用其他的主题等设计方案，或者在母版中再自定义新建其他版式，这样新建幻灯片版式库中就会有更多选择方案了。

生存技巧 把公司徽标放到所有幻灯片上

在为公司制作幻灯片时，为了增加专业性，通常会把公司的徽标放进幻灯片中。为了避免误删徽标图片，以及让徽标图片能显示在所有幻灯片中，可以在"幻灯片母版"视图中插入徽标图片，并设置好图片格式，退出母版视图后，可以看到所有的幻灯片都统一添加了公司的徽标。

12.3.2　讲义母版

在打印幻灯片时，为了节约纸张，可以使用讲义母版将多张幻灯片排列在一张打印纸中。在讲义母版中还可以对幻灯片的主题、颜色等进行设置。

原始文件: 下载资源\实例文件\12\原始文件\幻灯片母版.pptx
最终文件: 下载资源\实例文件\12\最终文件\讲义母版.pptx

步骤01　单击"讲义母版"按钮

打开原始文件，在"母版视图"组中单击"讲义母版"按钮，如下图所示。

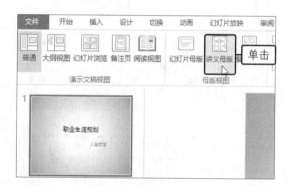

步骤02　设置幻灯片的数量

打开"讲义母版"选项卡，❶在"页面设置"选项组下单击"每页幻灯片数量"按钮，❷在展开的下拉列表中单击"3张幻灯片"选项，如下图所示。

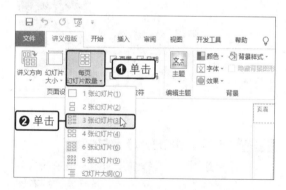

步骤03　查看设置数量后的效果

此时在一个页面中排列了3张幻灯片，即可将这3张幻灯片打印在一张纸上，如下图所示。

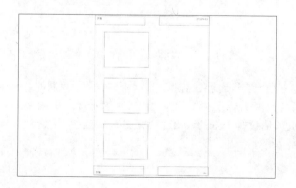

步骤04　设置讲义方向

❶在"讲义母版"选项卡下的"页面设置"组中单击"讲义方向"按钮，❷在展开的下拉列表中单击"横向"选项，如下图所示。

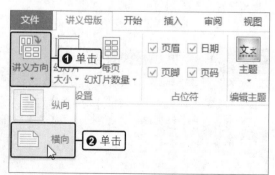

步骤05　关闭母版视图

此时将3张幻灯片的布局由纵向变为横向。如果要退出“讲义母版”视图，可在“关闭”组中单击“关闭母版视图”按钮，如下图所示。

生存技巧　打印讲义

有时演讲者会需要提前将演示文稿的讲义分发给在场观众，以便更好地针对内容进行交流，这时就涉及讲义的打印。打印讲义前要设置好讲义母版，然后使用“文件”菜单中的“打印”命令，设置好打印份数、每页幻灯片数、纸张方向、颜色等选项，再单击“打印”按钮即可。

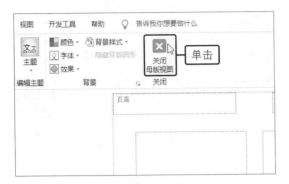

12.3.3　备注母版

在备注母版中有一个备注框，可以在其中添加文本框、艺术字、图片等内容，使其与幻灯片打印在同一张纸上。

原始文件： 下载资源\实例文件\12\原始文件\讲义母版.pptx

最终文件： 下载资源\实例文件\12\最终文件\备注母版.pptx

步骤01　单击“备注母版”按钮

打开原始文件，切换到“视图”选项卡，单击“母版视图”组中的“备注母版”按钮，如下图所示。

步骤02　查看备注母版的显示效果

此时打开“备注母版”选项卡，在备注母版视图中可以看见，在一个页面上不仅显示了幻灯片，还在幻灯片下方出现了一个备注框，如下图所示。

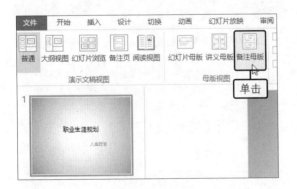

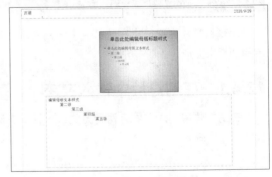

步骤03　单击“页面设置”按钮

为了使幻灯片和备注框大小相匹配，可以改变幻灯片的大小。❶在“页面设置”组中单击“幻灯片大小”按钮，❷在弹出的下拉菜单中单击“自定义幻灯片大小”选项，如下左图所示。

步骤04　设置幻灯片的大小

弹出“幻灯片大小”对话框，❶在“幻灯片大小”选项组下设置宽度为“50 厘米”、高度为“30 厘米”，❷在“方向”选项组下单击“纵向”单选按钮，❸单击“确定”按钮，如下右图所示。在弹出的提示框中单击“确保适合”按钮。

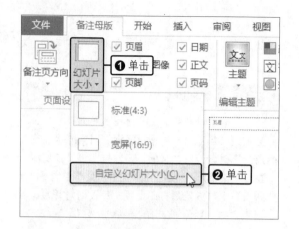
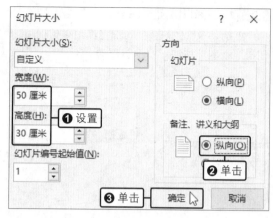

步骤05 查看设置后的效果

改变幻灯片大小后，可以看见在页面中幻灯片和备注框几乎各占一半，如右图所示。

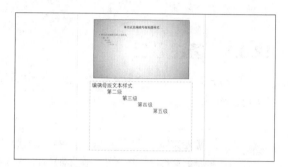

> **小提示**
>
> 设置了讲义母版和备注母版后，打印演示文稿时就可以选择打印的版式为讲义或备注页。

生存技巧 在幻灯片中插入批注

如果有重要的内容需要在幻灯片中提示，可以添加批注。在幻灯片中选择需要批注的位置，在"审阅"选项卡下的"批注"组中单击"新建批注"按钮，出现批注框后输入批注内容即可。

12.4 编辑与管理幻灯片

编辑幻灯片主要是指在幻灯片中输入文本、设置文本的格式，而管理幻灯片一般可以使用幻灯片节的功能来完成。

12.4.1 在幻灯片中输入文本

在幻灯片中输入文本有两种方式：一种是在幻灯片的占位符中输入；另一种是利用大纲视图，在大纲窗格中输入。

原始文件：无
最终文件：下载资源\实例文件\12\最终文件\输入文本.pptx

步骤01 定位光标

新建空白演示文稿，将光标定位在标题幻灯片中的标题占位符中，如下左图所示。

步骤02 输入文本

将输入法切换到中文状态后，直接输入文本内容"考核制度培训"，以同样方法添加副标题，如下右图所示。

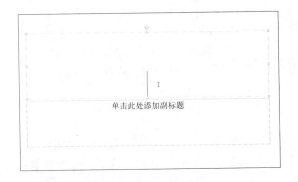

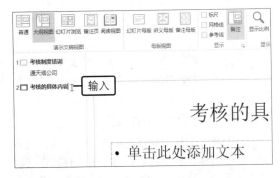

步骤03　单击"大纲视图"按钮

插入新的幻灯片，在"视图"选项卡下单击"大纲视图"按钮，如下图所示。

步骤04　输入文本

切换到大纲视图后，将光标定位在大纲窗格第 2 张幻灯片图标后，输入文本，如下图所示。

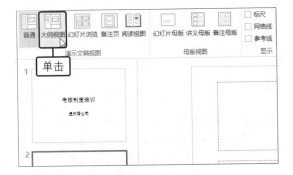

步骤05　定位光标

在幻灯片中的内容占位符中单击，再在大纲窗格中"考核的具体内容"下方单击，将光标定位在下一行中，如右图所示。

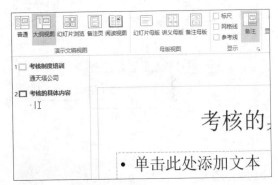

步骤06　继续输入文本

此时可继续输入相应的文本内容。在同一个占位符中输入的时候，可以按【Enter】键换行，如下图所示。

步骤07　完成演示文稿

根据需要，插入其他新的幻灯片，并输入文本内容，完成演示文稿的制作，如下图所示。

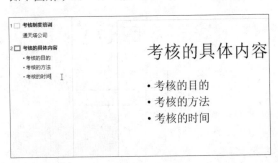

生存技巧 在大纲视图中使用快捷键调整文本级别

在大纲视图中，将光标定位在要更改大纲级别的标题文本中，按下【Tab】键，则该行标题文本会自动降级为内容文本。如果要将内容文本升级为标题文本，按下【Shift+Tab】组合键即可。

生存技巧 快速切换字母大小写

有的用户在打字时经常会按到【Caps Lock】键，从而改变字母的大小写状态，有什么方法能将大写字母改为小写，而无须重新输入呢？选择需要改写的文本内容，再按【Shift+F3】组合键，此时会发现大写字母都变成了小写字母，再按一下变成首字母大写，再按一下则又会变成全部大写。

12.4.2 编辑幻灯片文本

编辑幻灯片的文本主要包括设置占位符中文本的字体、大小、对齐方式和行距等。编辑后可以使文本内容更好地分布在幻灯片中。

原始文件：下载资源\实例文件\12\原始文件\输入文本.pptx
最终文件：下载资源\实例文件\12\最终文件\编辑文本.pptx

步骤01 设置文本的对齐方式

打开原始文件，切换至第 1 张幻灯片，选择标题占位符中的文本内容，❶单击"开始"选项卡下"段落"组中的"对齐文本"按钮，❷在展开的列表中单击"顶端对齐"选项，如下图所示。

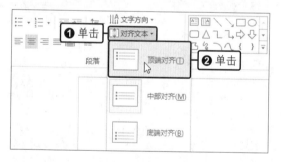

步骤02 查看设置文本对齐方式后的效果

此时标题文本内容自动显示在占位符的顶端位置上，如下图所示。

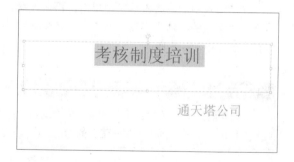

步骤03 设置段落对齐方式

切换至第 2 张幻灯片，❶选择内容占位符中的文本，❷在"段落"组中单击"居中"按钮，如下图所示。

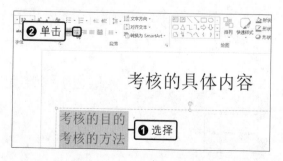

步骤04 设置行距

此时文本显示在占位符的水平居中位置上，❶单击"段落"组中的"行距"按钮，❷在展开的下拉列表中单击"2.5"选项，如下图所示。

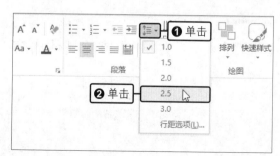

步骤05 查看设置段落后的效果

此时段落更美观地分布在幻灯片中，如下图所示。

考核的具体内容

考核的目的

考核的方法

考核的时间

步骤06 设置字体

切换至第 3 张幻灯片，❶选择占位符中的文本，❷单击"字体"右侧的下三角按钮，❸在展开的列表中单击"华文琥珀"选项，如下图所示。

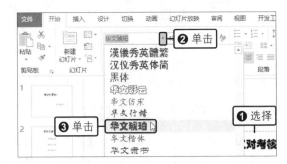

生存技巧 将文本转换成SmartArt图形

将文本转换为 SmartArt 图形是一种将现有幻灯片转换为商业设计插图的快速方法。只需在幻灯片中选择目标文本，在"开始"选项卡下的"段落"组中单击"转换为 SmartArt"按钮，在弹出的 SmartArt 样式库中选择图形样式，或单击"其他 SmartArt 图形"选项，在弹出的对话框中选择其他图形即可。

步骤07 查看设置字体后的效果

此时可以看见设置字体后的效果，如下图所示。

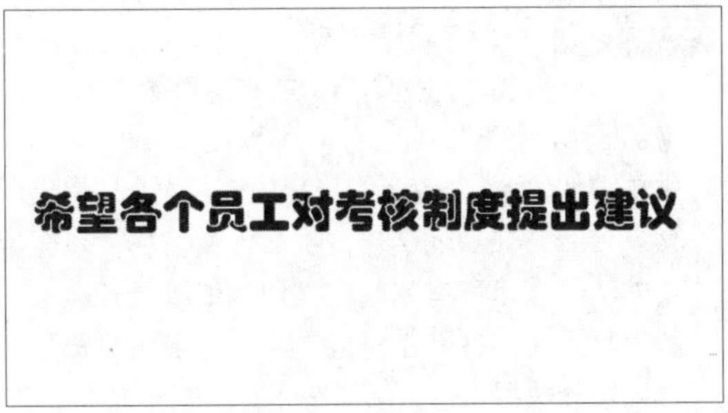

希望各个员工对考核制度提出建议

生存技巧 自动更新日期和时间

若需要在幻灯片中插入自动更新的日期和时间，可以在"插入"选项卡下单击"日期和时间"按钮，弹出"页眉和页脚"对话框，勾选"日期和时间"复选框，单击"自动更新"单选按钮，再选择日期和时间的格式，最后单击"全部应用"按钮即可。

12.4.3　更改版式

插入一张特定版式的幻灯片并添加好文本内容后，依然可以对幻灯片的版式做出更改。本小节就来讲解如何更改幻灯片版式。

　　原始文件：下载资源\实例文件\12\原始文件\编辑文本.pptx
　　最终文件：下载资源\实例文件\12\最终文件\更改版式.pptx

步骤01 更改版式

打开原始文件，切换至第 3 张幻灯片，❶在"开始"选项卡下单击"幻灯片"组中的"版式"按钮，❷在展开的版式库中选择"标题幻灯片"版式，如下左图所示。

步骤02 查看更改版式后的效果

此时为幻灯片更改了版式，自动增加了一个占位符，在占位符中输入所需文本，如下右图所示。

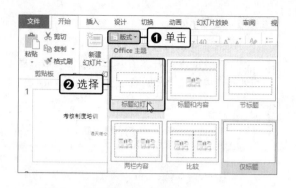

12.4.4　使用节管理幻灯片

PowerPoint 的节功能能用于整理演示文稿的内容结构，类似于将幻灯片分类放置在不同文件夹中。使用节来管理幻灯片，不仅有助于梳理演示文稿的脉络，而且能节约制作时间。

> **原始文件**：下载资源\实例文件\12\原始文件\更改版式.pptx
> **最终文件**：下载资源\实例文件\12\最终文件\应用幻灯片节.pptx

步骤01　插入新幻灯片并定位光标

打开原始文件，根据需要插入新的幻灯片，在幻灯片浏览窗格中将光标定位在第 2 张和第 3 张幻灯片之间，如下图所示。

生存技巧　计算字数和页数

如果需要了解整个演示文稿的页数、字数、隐藏幻灯片张数等信息，可以在 PowerPoint 中单击"开始"按钮，在弹出的菜单中单击"信息"命令，在右侧会出现"属性"窗格，单击底部的"显示所有属性"按钮，即可展开详细的属性信息，在其中可以查看当前演示文稿的详细统计数据。

步骤02　新增节

❶在"开始"选项卡下单击"幻灯片"组中的"节"按钮，❷在展开的下拉列表中单击"新增节"选项，如下图所示。

步骤03　查看新增节的效果

此时在幻灯片浏览窗格中插入了两个幻灯片节，一个默认显示在第 1 张幻灯片之上，命名为"默认节"，另一个显示在光标定位处，命名为"无标题节"，如下图所示。

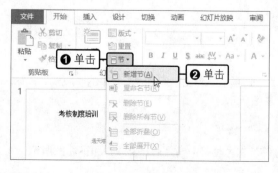

步骤04　重命名节

❶选择"默认节"，然后右击鼠标，❷在弹出的快捷菜单中单击"重命名节"命令，如下图所示。

步骤05　设置节的名称

弹出"重命名节"对话框，❶在"节名称"文本框中输入"考核制度培训"，❷单击"重命名"按钮，如下图所示。

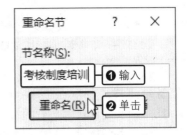

步骤06　查看重命名后的效果

此时默认节被重新命名，采用同样的方法将另一个节命名为"第一部分：考核内容"，如下图所示。

步骤07　折叠幻灯片

如果要将节下的幻灯片隐藏起来，可以单击节左侧的"折叠节"按钮，如下图所示。

步骤08　查看折叠幻灯片的效果

此时将节下的幻灯片折叠了起来，如果要重新显示幻灯片，只需要单击"展开节"按钮，如右图所示。

生存技巧　使用制表位设置段落格式

在 PowerPoint 中也可以使用制表位设置段落格式。选择要设置的文本内容，单击"段落"组中的对话框启动器，在"段落"对话框中单击"制表位"按钮，弹出"制表位"对话框，设置"制表位位置""默认制表位""对齐方式"，最后单击"确定"按钮即可。

12.5 ▶ 应用主题

一个主题拥有一组统一的设计元素，包括颜色、字体和图形等。主题用于统一设置演示文稿的外观。应用主题包括使用内置的主题和对内置的主题进行更改。

12.5.1　应用内置主题

要快速地美化演示文稿，可以为文稿套用内置的主题。PowerPoint 2019 内置的主题样式十分丰富，可以根据演示文稿的具体用途来选择适合的样式。

原始文件：下载资源\实例文件\12\原始文件\创业培训.pptx
最终文件：下载资源\实例文件\12\最终文件\应用内置主题.pptx

步骤01　选择主题样式

打开原始文件，切换到"设计"选项卡，在"主题"组中单击快翻按钮，在展开的主题样式库中选择"切片"主题，如下图所示。

步骤02　查看应用主题的效果

此时为幻灯片应用了冷色调的主题样式，不仅美化了演示文稿，还使演示文稿看起来更专业，如下图所示。

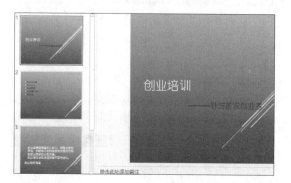

> **生存技巧**　模板与主题的区别
>
> 许多 PowerPoint 新手常常会分不清主题与模板。主题是一组预定义的颜色、字体和视觉效果，用于让幻灯片拥有统一、专业的外观；而模板是将这些主题元素组合起来，且做好了页面排版布局设计，但没有实际内容，并保存在演示文稿模板文件中，方便反复调用。

12.5.2　更改主题

应用了内置的主题后，如果对主题的颜色、字体等不满意，还可以使用相应的功能按钮，对主题的颜色或字体等进行更改。

原始文件：下载资源\实例文件\12\原始文件\应用内置主题.pptx
最终文件：下载资源\实例文件\12\最终文件\更改主题.pptx

步骤01　更改主题颜色

打开原始文件，切换到"设计"选项卡，单击"变体"组中的快翻按钮，在"颜色"选项中选择"绿色"选项，如下左图所示。

步骤02　查看更改主题颜色后的效果

此时可以看见更改主题颜色后的效果，如下右图所示。

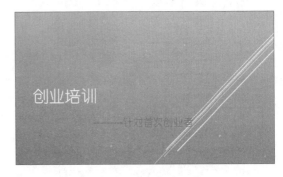

步骤03　更改主题的字体

单击"变体"组中的快翻按钮，❶然后单击"字体"选项，❷在展开的下拉列表中选择包含"华文楷体"的选项，如下图所示。

步骤04　查看更改字体后的效果

此时可以看见更改主题字体样式的效果，如下图所示。

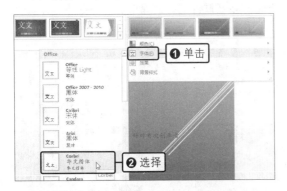

生存技巧　添加或更改幻灯片的背景图片

在"设计"选项卡下单击"设置背景格式"按钮，打开"设置背景格式"窗格，在"填充"选项组中单击"图片或纹理填充"单选按钮，然后在下方的"插入图片来自"选项组中单击"文件"或"联机"等按钮，选择合适的图片作为背景即可。

12.6 实战演练——公司简介演示文稿

前面用 Word 制作过一份公司简介文档，这里使用 PowerPoint 制作一份公司简介演示文稿，更适合在会议等场合向较多受众介绍公司情况时使用。

原始文件：下载资源\实例文件\12\原始文件\公司简介.pptx
最终文件：下载资源\实例文件\12\最终文件\公司简介.pptx

步骤01　选择版式

打开原始文件，❶在"开始"选项卡下单击"幻灯片"组中的"新建幻灯片"下三角按钮，❷在展开的库中选择"标题幻灯片"版式，如下左图所示。

步骤02　查看插入幻灯片的效果

此时插入了一张新的标题幻灯片，将光标定位在幻灯片中的标题占位符中，如下右图所示。

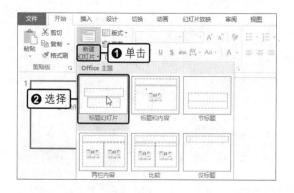

步骤03　输入文本

　　输入相应的标题内容后，插入其他幻灯片，输入文本内容，并拖动占位符调整好文本的位置，打开幻灯片母版视图，如下图所示。

步骤04　设置幻灯片的主题样式

　　切换到"幻灯片母版"选项卡，❶选择第 2 张幻灯片，❷在"母版版式"组中单击"主题"按钮，❸在展开的样式库中选择"电路"样式，如下图所示。

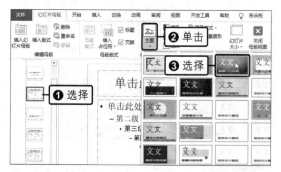

步骤05　查看套用主题样式后的效果

　　此时可看到为幻灯片母版应用了所选择的主题样式，如下图所示。

步骤06　设置主题颜色

　　❶在"背景"组中单击"颜色"按钮，❷在展开的下拉列表中单击"纸张"选项，如下图所示。

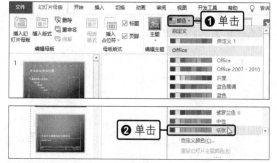

步骤07　设置主题的字体

　　❶在"背景"组中单击"字体"按钮，❷在展开的下拉列表中单击"华文新魏"选项，如下左图所示。

步骤08　关闭母版视图

　　此时主题的颜色和字体已被改变，在"关闭"组中单击"关闭母版视图"按钮，如下右图所示。

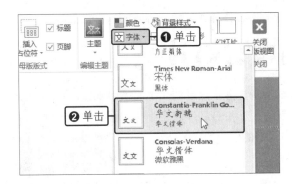

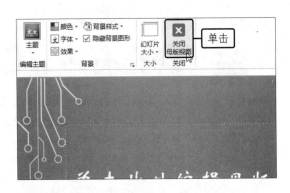

步骤09　查看应用母版后的效果

返回普通视图，可看到为已有的幻灯片应用了所设置的主题，如下图所示。

步骤10　设置幻灯片的背景

切换到"设计"选项卡，单击"变体"组中的快翻按钮，在"背景样式"选项中选择"样式5"，如下图所示。

步骤11　查看设置幻灯片的背景后的效果

此时在当前主题的基础上为所有幻灯片更改了背景，效果如右图所示。

读书笔记

第13章

制作有声有色的幻灯片

如果幻灯片中只有文本内容，就会显得非常单调，不能吸引观众。在幻灯片中插入精美的图片或动听的音乐，或和幻灯片内容相关的视频，整个演示文稿就会变得声色俱全，能达到更好的演示效果。

13.1 插入图形图像

在幻灯片中可以插入来自文件的图片、自选图形、联机图片和屏幕截图等，充实幻灯片的内容或增添幻灯片的趣味性。

13.1.1 插入并设置图片

如果在计算机中储存有和演示文稿内容相关的图片，那么可以直接选择文件中的图片插入到幻灯片中，并对插入的图片进行适当的设置。

> **原始文件：** 下载资源\实例文件\13\原始文件\个人记事录.pptx、背景.jpg
> **最终文件：** 下载资源\实例文件\13\最终文件\插入图片.pptx

步骤01 插入图片

打开原始文件，❶选择第1张幻灯片，准备为其插入一张图片，❷在"插入"选项卡下单击"图像"组中的"图片"按钮，如下图所示。

步骤02 选择图片

弹出"插入图片"对话框，❶选择图片保存的路径后，选择要插入的图片，❷单击"插入"按钮，如下图所示。

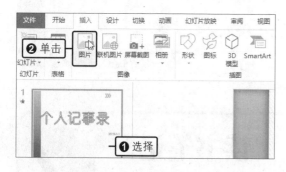

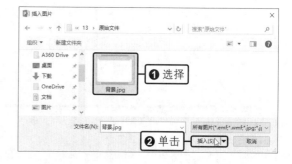

步骤03 查看插入图片后的效果

此时可以看见在幻灯片中插入了所选的图片。但是图片覆盖了整张幻灯片，遮住了幻灯片中的文本内容，如下左图所示。

步骤04 设置图片的叠放次序

右击图片，在弹出的快捷菜单中依次单击"置于底层 > 置于底层"命令，如下右图所示。

240

生存技巧　**快速调整幻灯片中对象的布局**

　　为了丰富演示的内容，通常会在幻灯片中插入大量的图片、形状、表格、文本框等对象，为了让这些对象在幻灯片中的布局显得整齐、均匀，可以使用"对齐"功能。以排列对齐三张图片为例，选择所有图片后，在"图片工具 - 格式"选项卡下的"排列"组中单击"对齐"按钮，在展开的下拉列表中选择相应的排列选项，如水平居中、顶端对齐、纵向分布或横向分布等。

步骤05　**应用图片样式**

　　将图片放置在最底层后，幻灯片中的文本内容显示出来了，切换到"图片工具 - 格式"选项卡，在"图片样式"组中选择样式库中的"棱台亚光，白色"样式，如下图所示。

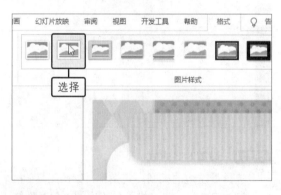

步骤06　**查看应用样式后的效果**

　　应用样式后的图片看起来更美观了，效果如下图所示。

步骤07　**裁剪图片**

　❶在"大小"组中单击"裁剪"下三角按钮，❷在展开的列表中单击"裁剪为形状"选项，❸在展开的形状库中选择"折角形"，如下图所示。

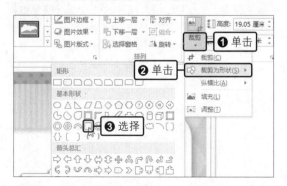

步骤08　**查看裁剪图片后的效果**

　　此时可以看见图片被裁剪成了折角形，更有立体感，如下图所示。

生存技巧 快速导出幻灯片中的图片

　　若需要获取幻灯片中的图片，可以选择该图片并右击鼠标，在弹出的快捷菜单中单击"另存为图片"命令，在弹出的对话框中选择保存图片的位置，再单击"保存"按钮即可。

13.1.2　插入自选图形

　　自选图形包含圆、方形、箭头等图形。用户可以利用这些图形设计出自己需要的图案，以表达幻灯片的内容层次、流程等。

　　原始文件： 下载资源\实例文件\13\原始文件\插入图片.pptx
　　最终文件： 下载资源\实例文件\13\最终文件\插入自选图形.pptx

步骤01　选择形状

　　打开原始文件，切换至第 2 张幻灯片，❶单击"插入"选项卡下"插图"组中的"形状"按钮，❷在形状库中选择"椭圆"，如下图所示。

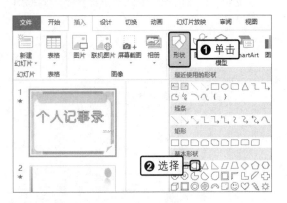

步骤02　绘制形状

　　此时鼠标指针呈十字形，在幻灯片的合适位置拖动鼠标绘制一个椭圆形，如下图所示。

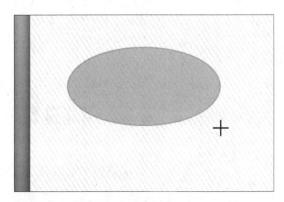

步骤03　绘制所有形状

　　释放鼠标即可完成一个椭圆的绘制，根据需要绘制其他的椭圆，并利用同样的方法绘制出两个环形箭头，如下图所示。

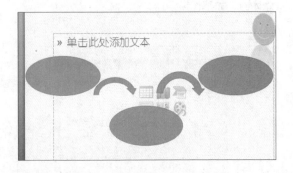

步骤04　设置对齐方式

　　选择最左边的椭圆，切换到"绘图工具 - 格式"选项卡，❶单击"排列"组中的"对齐"按钮，❷在展开的下拉列表中单击"左对齐"选项，如下图所示。

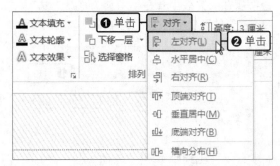

生存技巧 添加辅助线

　　制作幻灯片时可以使用辅助线（即网格线和参考线）来规划对象位置，只需要在"视图"选项卡的"显示"组中勾选"网格线"和"参考线"复选框，即可显示幻灯片的辅助线，如右图所示。

步骤05 继续设置对齐方式

　　选择最右边的椭圆，❶单击"排列"组中的"对齐"按钮，❷在展开的下拉列表中单击"右对齐"选项，如下图所示。使用相同方法设置中间的椭圆的对齐方式为"水平居中"。

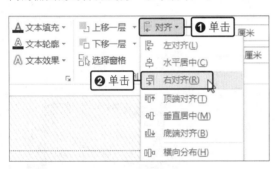

步骤06 旋转形状

　　设置好椭圆的布局后，选择最左边的环形箭头，拖动形状中的旋转控点至合适的角度，如下图所示。

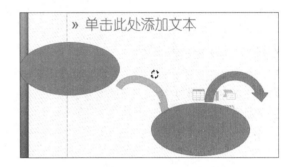

步骤07 查看调整形状后的效果

　　释放鼠标后，改变了环形箭头的显示角度，使箭头正好连接两个椭圆。利用同样的方法设置第二个环形箭头的角度。分别选择每个形状，在形状中输入相应的文本内容，完成自定义流程图的绘制，如右图所示。

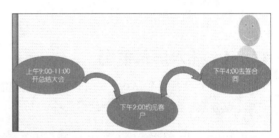

生存技巧 更为丰富的形状设置

　　当 PowerPoint 中内置的形状不能满足需要时，可以使用"合并形状"功能创建更为丰富的形状效果。选择需要合并的多个形状，切换至"绘图工具-格式"选项卡，在"插入形状"组中单击"合并形状"按钮，在展开的列表中选择相应的合并选项，包括"联合""组合""拆分""相交""剪除"，即可将所选形状合并为一个或多个新的形状。

13.1.3　插入联机图片

　　联机图片是从必应搜索引擎、OneDrive 网盘等联机来源中查找到的图片。

　　原始文件：下载资源\实例文件\13\原始文件\插入自选图形.pptx
　　最终文件：下载资源\实例文件\13\最终文件\插入联机图片.pptx

步骤01 单击"联机图片"按钮

　　打开原始文件，选择第 3 张幻灯片，❶切换到"插入"选项卡，❷单击"图像"组中的"联机图片"按钮，如下左图所示。

步骤02　搜索联机图片

打开"在线图片"对话框，❶在搜索文本框中输入搜索关键词"咖啡"，❷单击"搜索"按钮，如下右图所示。

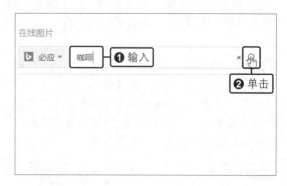

步骤03　插入联机图片

在搜索结果中选择所需图片，单击"插入"按钮，即可在幻灯片中插入所选图片，和内容相关并且富有趣味，如右图所示。

13.1.4　插入屏幕截图

PowerPoint 提供和 Word 相同的屏幕剪辑功能，可以将屏幕上显示的某个应用程序的窗口或窗口的某个部分截取为图片，插入到幻灯片中。

原始文件：下载资源\实例文件\13\原始文件\插入联机图片.pptx
最终文件：下载资源\实例文件\13\最终文件\插入屏幕截图.pptx

步骤01　插入屏幕剪辑

打开原始文件，再打开要截取的窗口，切换回原始文件，转至第 4 张幻灯片，❶在"插入"选项卡下单击"图像"组中的"屏幕截图"按钮，❷在列表中单击"屏幕剪辑"选项，如下图所示。

步骤02　截取图像

此时要截取的窗口呈剪辑状态，鼠标指针呈十字形，在窗口中拖动鼠标截取需要的部分，如下图所示。

步骤03　查看插入截图后的效果

释放鼠标，返回到幻灯片中，即可看到插入的屏幕截图，如右图所示。

13.2 插入相册

人们在外出旅游的时候会拍下许多相片留作纪念。为了将这些相片更好地保存在一起进行展示，可以使用 PowerPoint 的相册功能。

原始文件: 下载资源\实例文件\13\原始文件\图片1.png、图片2.png、图片3.png、图片4.png
最终文件: 下载资源\实例文件\13\最终文件\插入相册.pptx

步骤01　新建相册

新建一个空白的演示文稿，切换到"插入"选项卡，❶单击"图像"组中的"相册"按钮，❷在展开的下拉列表中单击"新建相册"选项，如下图所示。

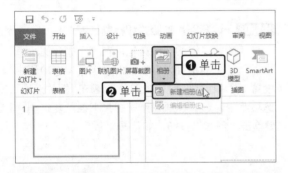

步骤02　选择图片来源

弹出"相册"对话框后，在"相册内容"选项组中单击"文件 / 磁盘"按钮，如下图所示。

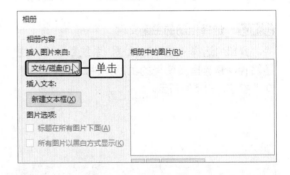

步骤03　选择图片

弹出"插入新图片"对话框，打开图片保存的路径，❶单击要加入相册的图片，❷单击"插入"按钮，如下图所示。

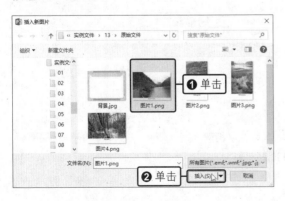

步骤04　查看添加图片的效果

返回到"相册"对话框，❶在"相册中的图片"列表框中可看见已经插入的图片，❷再次单击"文件 / 磁盘"按钮，如下图所示。

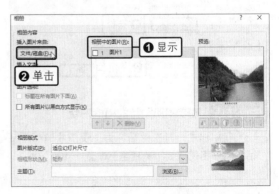

步骤05 **选择第二张图片**

弹出"插入新图片"对话框，打开图片保存的路径后，❶单击第二张要加入相册的图片，❷单击"插入"按钮，如下图所示。

步骤06 **完成图片的添加**

返回到"相册"对话框，在"相册中的图片"列表框中可看见已插入第二张图片。❶再次打开"插入新图片"对话框，使用【Ctrl】键选择多张要插入的图片，将其编进相册，❷单击"主题"选项右侧的"浏览"按钮，如下图所示。

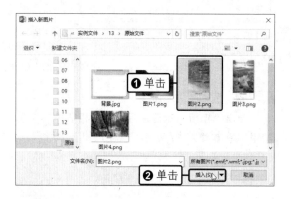

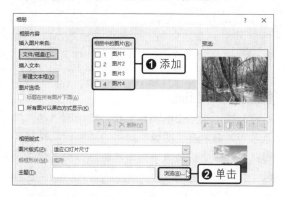

步骤07 **选择相册的主题文件**

弹出"选择主题"对话框，系统默认进入主题路径，❶选择要使用的主题文件，❷单击"选择"按钮，如下图所示。

步骤08 **设置图片的版式和标题位置**

返回到"相册"对话框，在"主题"文本框中显示了主题路径，❶在"相册版式"选项组中设置"图片版式"为"1张图片"，❷在"图片选项"选项组中勾选"标题在所有图片下面"复选框，❸单击"创建"按钮，如下图所示。

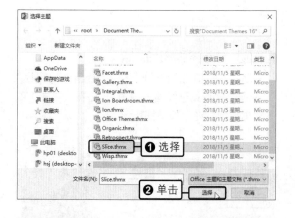

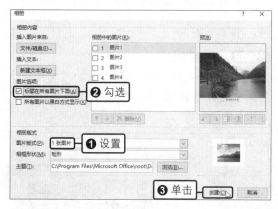

步骤09　查看创建相册的效果

此时生成了一个新的演示文稿，并在其中创建了一个相册，选择第 1 张幻灯片中的占位符，输入相册的名称为"九寨沟旅游"，如下图所示。

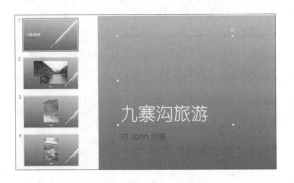

步骤10　修改图片标题的内容

切换至第 2 张幻灯片，在图片下方的标题文本框中输入图片的标题为"美丽的大龙潭"，如下图所示。根据需要设置其他图片的标题，完成整个相册的制作。

13.3　插入音频并设置音频效果

为了让幻灯片更加生动，可以在幻灯片中插入音频。对插入的音频可进行适当的编辑，例如为音频添加书签、剪裁音频和设置音频的播放选项等。

13.3.1　插入音频

演示离不开声音。在 PowerPoint 中既可以插入计算机中保存的音频文件，也可以自己录制音频，插入到幻灯片中。

原始文件： 下载资源\实例文件\13\原始文件\旅游分享.pptx、音乐.mp3
最终文件： 下载资源\实例文件\13\最终文件\插入音频.pptx

步骤01　插入音频

打开原始文件，选择第 1 张幻灯片，切换到"插入"选项卡下，❶单击"媒体"组中的"音频"下三角按钮，❷在展开的下拉列表中单击"PC 上的音频"选项，如下图所示。

步骤02　选择音频文件

打开"插入音频"对话框，❶选择要插入的音频文件，❷单击"插入"按钮，如下图所示。

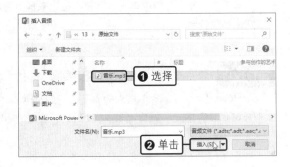

步骤03 **查看插入音频后的效果**

此时在幻灯片中出现了一个音频图标，如下图所示，在音频图标下方显示音频控制栏。

生存技巧 改进的音频功能

早期版本的 PowerPoint 只支持 WAV 格式音频文件的嵌入，插入的其他格式音频文件均以链接形式存在。从 PowerPoint 2010 开始，默认以嵌入方式插入音频文件，不用再担心因链接文件丢失导致播放失败。

13.3.2 预览音频

插入音频后，若想要知道音频是否适合应用在幻灯片中，可以对音频进行预览。

原始文件：下载资源\实例文件\13\原始文件\插入音频.pptx
最终文件：无

步骤01 **单击"播放"按钮**

打开原始文件，单击音频图标，在"音频工具 - 播放"选项卡下单击"预览"组中的"播放"按钮，如下图所示。

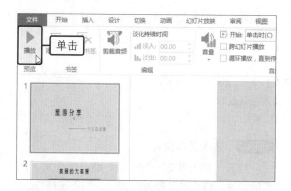

步骤02 **收听播放效果**

此时音频进入播放状态，可以听到音频的播放效果，在音频控制栏中可以看到播放进度，如下图所示。

小提示

除了在"预览"组中单击"播放"按钮来预览音频文件外，也可以直接在音频控制栏中单击"播放"按钮来播放音频。

生存技巧 兼容模式下不能使用MP3音频

PowerPoint 2019 中插入的 MP3 音频在 PowerPoint 2019 中才可以播放。如果将演示文稿另存为 97-2003 兼容格式，MP3 音频文件会被自动转换成图片，无法播放。

13.3.3　在音频中添加或删除书签

为了快速地跳转到音频文件中的某个关键位置，可以在这些位置上添加书签，单击书签就可快速定位音频。

原始文件： 下载资源\实例文件\13\原始文件\插入音频.pptx
最终文件： 下载资源\实例文件\13\最终文件\添加书签.pptx

步骤01　添加书签

打开原始文件，选择音频图标，单击音频控制栏上需要添加书签的位置，单击"书签"组中的"添加书签"按钮，如下图所示。

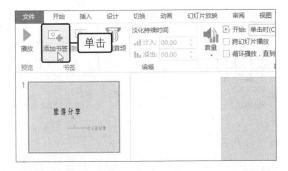

步骤02　查看添加书签的效果

此时可以在控制栏中看见添加了一个书签标志，如下图所示。

步骤03　使用书签

根据需要继续添加其他书签，单击书签即可实现音频的跳转，例如单击第 3 个书签，如下图所示。

步骤04　删除书签

如果书签位置不合适，可以删除书签。在"书签"组中单击"删除书签"按钮，如下图所示。

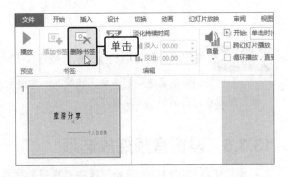

步骤05　查看删除书签后的效果

此时可以看到该书签已被删除，如右图所示。

生存技巧　添加书签便于定位与剪裁

在音频中添加书签不仅便于快速查找某段音频的特定时间点，还有助于提示用户可以在音频开头或结尾处剪裁掉多余的内容，所以添加书签的功能与剪裁音频的功能常结合使用。

13.3.4　剪裁音频

如果添加到幻灯片中的音频只有某一部分适合幻灯片的情景，可以利用剪裁音频的功能将不需要的部分剪裁掉。

原始文件：下载资源\实例文件\13\原始文件\添加书签.pptx
最终文件：下载资源\实例文件\13\最终文件\剪裁音频.pptx

步骤01　剪裁音频

打开原始文件，选择音频图标，切换到"音频工具 - 播放"选项卡，单击"编辑"组中的"剪裁音频"按钮，如下图所示。

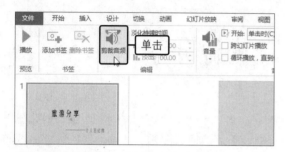

步骤02　剪裁音频的开头

弹出"剪裁音频"对话框，向右拖动开始处的剪裁片至合适的位置，对音频的开始时间进行剪裁，如下图所示。

步骤03　剪裁音频的结尾

❶向左拖动结尾处的剪裁片，剪裁掉结尾处不需要的部分，❷单击"确定"按钮，完成剪裁，如右图所示。

生存技巧　如何避免剪裁后的音频听起来很突兀

有时剪裁后的音频听起来会比较突兀，这时可以在"编辑"组中设置音频的淡入和淡出时间，这样就可呈现较为自然的音频播放效果。

13.3.5　设置音频播放选项

为了使音频在幻灯片演示过程中有更好的播放效果，可以对音频进行播放设置，例如设置音频开始播放的方式、播放时的显示效果和音量大小等。

原始文件：下载资源\实例文件\13\原始文件\剪裁音频.pptx
最终文件：下载资源\实例文件\13\最终文件\设置音频播放选项.pptx

步骤01　设置音频的播放选项

打开原始文件，选择音频图标，在"音频工具 - 播放"选项卡下勾选"跨幻灯片播放""循环播放，直到停止""播放完毕返回开头""放映时隐藏"复选框，如下左图所示。

步骤02　设置音量

❶单击"音频选项"组中的"音量"按钮，❷在展开的下拉列表中单击"中等"选项，如下右图所示。设置完播放选项后，放映幻灯片，即可听到播放效果。

 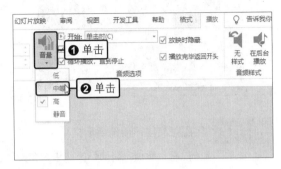

13.4　插入视频并设置视频效果

在幻灯片中除了可以插入音频外，还可以插入视频。一般情况下，如果在计算机中保存有可用的视频，就可以选择插入这些视频。如果计算机中没有可用的视频文件，那么可以在联机视频中寻找满足需要的视频文件。

13.4.1　插入视频

为了让视频文件符合演示需求，通常情况下，可以选择计算机中已有的视频文件插入到幻灯片中，例如在《我的旅游日记》中就可以插入自己拍摄的视频文件。

原始文件： 下载资源\实例文件\13\原始文件\我的旅游日记.pptx、冰山游记.wmv
最终文件： 下载资源\实例文件\13\最终文件\插入视频.pptx

步骤01　插入视频

打开原始文件，选择第 2 张幻灯片，切换到"插入"选项卡，❶单击"媒体"组中的"视频"按钮，❷在展开的下拉列表中单击"PC 上的视频"选项，如下图所示。

步骤02　选择视频

弹出"插入视频文件"对话框，找到视频保存的路径后，❶选择要插入的视频，❷单击"插入"按钮，如下图所示。

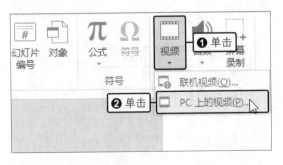 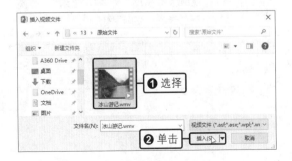

步骤03　查看插入视频后的效果

此时可以看见在幻灯片中插入了一个视频，默认显示最开始的画面，如下图所示。

小提示

除了可以插入计算机中的视频外，还可以在"视频"列表中单击"联机视频"选项，选择免费视频文件插入到幻灯片中。

生存技巧 将视频文件链接到演示文稿

上述方法是将视频嵌入到演示文稿中，会导致演示文稿体积较大，为了减小演示文稿的大小，可以选择以链接方式插入视频文件，具体方法为：在"插入视频文件"对话框中选择要链接的视频文件后，单击"插入"按钮右侧的下三角按钮，在展开的列表中选择"链接到文件"即可。为了防止链接断开，最好将视频文件复制到演示文稿所在文件夹后再链接。

生存技巧 插入Flash文件

在 PowerPoint 2019 中插入 Flash 文件的方法为：在"插入"选项卡下单击"插入对象"按钮，在弹出的对话框中单击"由文件创建"按钮，再单击"浏览"按钮，在弹出的"浏览"对话框中设置 Flash 文件所在的路径，并将其选中，再单击"打开"按钮即可。

13.4.2 设置视频

设置视频包括设置视频的大小、视频在幻灯片中的对齐方式及视频的样式等内容。

原始文件：下载资源\实例文件\13\原始文件\插入视频.pptx
最终文件：下载资源\实例文件\13\最终文件\设置视频.pptx

步骤01 设置视频的大小

打开原始文件，选择视频，切换到"视频工具 - 格式"选项卡，在"大小"组中单击数值调节按钮，调整视频的"高度"为"13 厘米"、"宽度"为"17.33 厘米"，如下图所示。

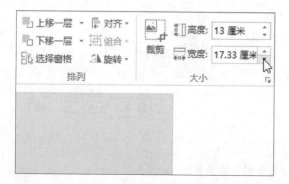

步骤02 设置水平对齐方式

❶在"排列"组中单击"对齐"按钮，❷在展开的下拉列表中单击"水平居中"选项，如下图所示。

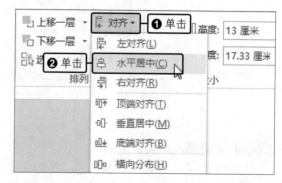

步骤03　设置垂直对齐方式

❶再次单击"对齐"按钮，❷在展开的下拉列表中单击"垂直居中"选项，如下图所示。

步骤04　查看设置后的效果

设置好视频的大小和对齐方式后，效果如下图所示。

步骤05　选择样式

在"视频样式"组中单击快翻按钮，在展开的样式库中选择"画布，灰色"样式，如下图所示。

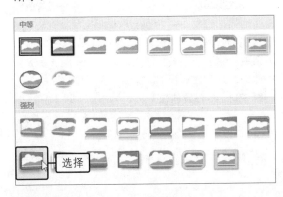

步骤06　查看设置样式的效果

为视频套用了预设的样式后，视频更加美观了，如下图所示。

生存技巧　为视频添加海报框架

海报框架提供了预览视频内容的功能。可以选择插入图片文件作为海报框架，也可选择视频中的某一帧画面作为海报框架。选择视频后，在"视频工具 - 格式"选项卡下单击"海报框架"按钮，在列表中选择"文件中的图像"，可从计算机中选择图片；若选择"当前帧"，则可将当前画面作为海报框架。

13.4.3　剪裁视频

视频的开头和结尾可以进行剪裁，保留需要的中间部分。但是不能剪裁视频的中间部分，只保留开头和结尾。

原始文件： 下载资源\实例文件\13\原始文件\设置视频.pptx
最终文件： 下载资源\实例文件\13\最终文件\剪裁视频.pptx

步骤01　单击"剪裁视频"按钮

打开原始文件，选择视频，切换到"视频工具 - 播放"选项卡，单击"编辑"组中的"剪裁视频"按钮，如下左图所示。

步骤02　设置剪裁的位置

弹出"剪裁视频"对话框，此时可播放视频，当播放到需要开始剪裁的画面时，暂停播放，❶向右拖动剪裁片至画面位置处，❷单击"确定"按钮，如下右图所示。

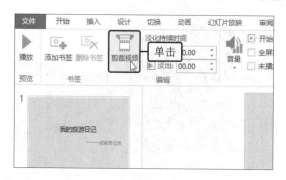 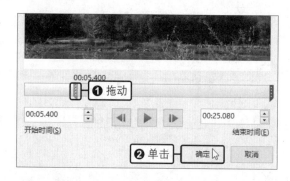

步骤03　查看剪裁后的效果

返回幻灯片中，播放视频，可看见视频的前半部分被剪裁掉了，如下图所示。如果拖动结尾部分的剪裁片，就可以剪裁视频的结尾部分。

生存技巧　为视频添加书签

若需要在播放视频时随时跳转到指定的某个片段，也可以像音频一样为视频添加书签。在播放视频时，用鼠标单击视频下方的播放条至需要的位置，再切换至"视频工具-播放"选项卡，单击"添加书签"按钮，此时在播放条中显示了一个黄色圆点，如下图所示。在放映幻灯片时播放视频，单击该黄色圆点，即可跳转到之前设置的位置。

13.5　实战演练——产品展示报告

公司召开新产品发布会时，常常要使用产品展示报告演示文稿。为了迅速吸引受众关注并打造产品形象，这类演示文稿应当制作得有声有色。除了文本和图片外，还可以在演示文稿中添加语音旁白来介绍产品性能。

原始文件： 下载资源\实例文件\13\原始文件\产品展示报告.pptx、音乐.mp3
最终文件： 下载资源\实例文件\13\最终文件\产品展示报告.pptx

步骤01　单击"联机图片"按钮

打开原始文件，选择第 1 张幻灯片，在"插入"选项卡下单击"图像"组中的"联机图片"按钮，如下左图所示。

步骤02　搜索联机图片

打开"在线图片"对话框，❶输入搜索关键词"钻石"，❷单击"搜索"按钮，如下右图所示。

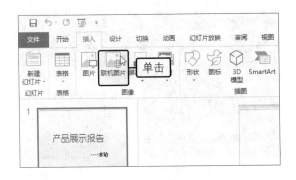

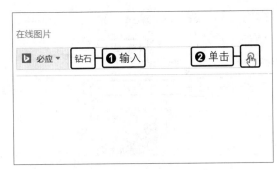

步骤03　插入图片

搜索出结果后，选择并插入图片，根据需要对图片进行适当调整，如下图所示。

步骤04　插入音频

切换到"插入"选项卡下，❶单击"媒体"组中的"音频"按钮，❷在展开的下拉列表中单击"PC 上的音频"选项，如下图所示。

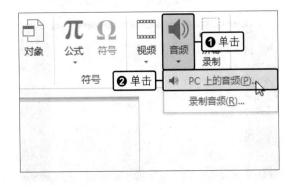

步骤05　选择音频

弹出"插入音频"对话框，❶选择要插入的音频文件，❷单击"插入"按钮，如下图所示。

步骤06　预览音频

此时在幻灯片中显示一个音频图标，单击音频控制栏上的"播放"按钮，可对音频进行预览，如下图所示。

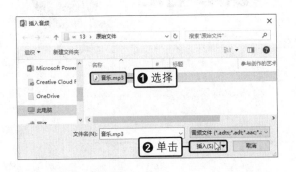

步骤07　录制幻灯片

切换到"幻灯片放映"选项卡，❶单击"设置"组中的"录制幻灯片演示"按钮，❷在展开的下拉列表中单击"从头开始录制"选项，如下左图所示。

步骤08　开始录制

进入录制界面，单击左上角的"录制"按钮，如下右图所示。

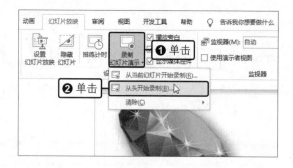

步骤09　录制幻灯片

随后就可以开始录制幻灯片了，在录制过程中可以使用激光笔标记内容并使用麦克风录制旁白，完成一张幻灯片的录制后，单击幻灯片右侧的三角形按钮，可切换至下一张，如下图所示。

步骤10　查看完成录制后的效果

结束录制后，切换到幻灯片浏览视图中，可以看见所有幻灯片的右下角都添加了一个音频图标，并记录了录制的时长，如下图所示。

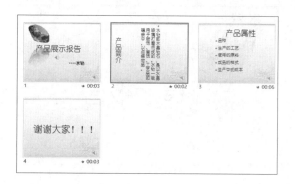

读书笔记

第14章 为幻灯片增添动态效果

如何让幻灯片动起来，使幻灯片更富有活力呢？可以通过设置幻灯片的切换效果，使幻灯片活跃起来，同时可以为幻灯片中的对象添加动画效果，使幻灯片中的对象也跟着活跃起来，那么此时的幻灯片就"全身"都动起来了。

14.1 应用幻灯片切换效果

幻灯片的切换效果是指在放映幻灯片时，两张连续的幻灯片之间的过渡效果。

14.1.1 添加切换效果

PowerPoint 2019 内置了多种幻灯片切换效果，可根据实际需求添加，获得更加丰富、生动的演示文稿放映效果。

原始文件: 下载资源\实例文件\14\原始文件\新员工培训.pptx
最终文件: 下载资源\实例文件\14\最终文件\添加切换效果.pptx

步骤01 选择切换效果

打开原始文件，选择第 1 张幻灯片，❶切换到"切换"选项卡，❷在"切换到此幻灯片"组中选择"推入"效果，如下图所示。

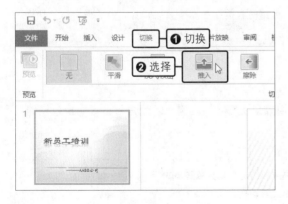

步骤02 查看添加切换效果后的效果

此时为第 1 张幻灯片设置了切换效果，在幻灯片浏览窗格中可以看见切换效果的标志，如下图所示。

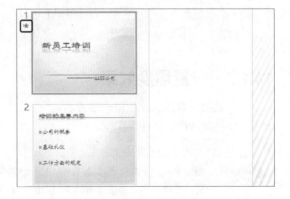

步骤03 继续设置切换效果

切换至第 2 张幻灯片，单击"切换到此幻灯片"组中的快翻按钮，在展开的效果样式库中的"华丽"选项组中选择"棋盘"效果，如下左图所示。

步骤04 单击"预览"按钮

在幻灯片浏览窗格中可以看见为第 2 张幻灯片设置好了切换效果。采用同样的方法分别为第 3 张和第 4 张幻灯片设置切换效果为"摩天轮"和"旋转"。选择第 4 张幻灯片，在"预览"组中单击"预览"按钮，如下右图所示。

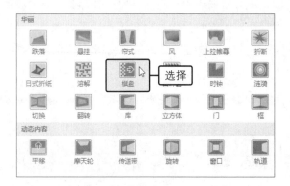

步骤05 预览切换效果

此时进入幻灯片切换效果的预览状态，可以看见切换方式为"旋转"效果，如下图所示。

小提示

如果演示文稿包含多张幻灯片，当需要为这些幻灯片设置相同的切换效果时，只要为一张幻灯片设置切换效果，然后在"切换"选项卡下单击"计时"组中的"应用到全部"按钮，就可以将当前幻灯片中的切换效果应用到所有幻灯片中。

生存技巧 PowerPoint 2019的切换功能

PowerPoint 2019 提供了大量的幻灯片切换效果，包括新增的 3D 切换特效及内容切换特效，能够帮助用户轻松制作出具有较强视觉冲击力的幻灯片。运用时只需要在切换效果样式库中选择合适的切换效果即可。

14.1.2 设置切换效果

对切换效果的默认参数做一些更改，可以使切换效果更符合实际需求。用户可设置切换效果的显示方向、持续时间、伴随声音等。

原始文件：下载资源\实例文件\14\原始文件\添加幻灯片切换效果.pptx
最终文件：下载资源\实例文件\14\最终文件\设置切换效果.pptx

步骤01 更改效果的方向

打开原始文件，选择第 1 张幻灯片，切换到"切换"选项卡，❶单击"切换到此幻灯片"组中的"效果选项"按钮，❷在展开的下拉列表中单击"自左侧"选项，如下左图所示。

步骤02　设置效果的持续时间

❶在"计时"组中设置"持续时间"为"04.00"，❷在"换片方式"选项组中勾选"单击鼠标时"复选框，如下右图所示。

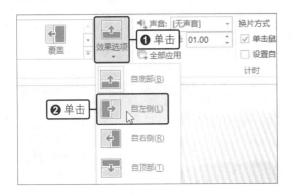

步骤03　预览效果

单击"预览"按钮，当第 1 张幻灯片进入预览后，可以看见切换方向变成了自左侧，如下图所示，并且切换效果持续的时间变长了。

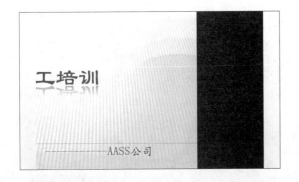

步骤04　设置效果的伴随声音和持续时间

切换到第 2 张幻灯片，在"计时"组中设置"声音"为"推动"、"持续时间"为"03.00"，如下图所示。单击"预览"按钮，预览第 2 张幻灯片的切换效果。

生存技巧　利用换片方式制作倒计时效果

利用自动换片方式可以制作出倒计时效果。在第 1 张幻灯片中输入"10"，然后使用【Ctrl+C】与【Ctrl+V】组合键复制粘贴生成其他 9 张幻灯片，并依次修改数字。完成后选择所有幻灯片，切换到"切换"选项卡，取消勾选"单击鼠标时"复选框，勾选"设置自动换片时间"复选框，并调整时间间隔为"00:01"。按【F5】键放映幻灯片，即可看到倒计时效果。

14.1.3　添加动作按钮

在幻灯片中添加动作按钮，再将动作按钮链接到某一个对象上，在放映幻灯片时单击动作按钮，就可以实现幻灯片的跳转。

原始文件： 下载资源\实例文件\14\原始文件\设置切换效果.pptx
最终文件： 下载资源\实例文件\14\最终文件\添加动作按钮.pptx

步骤01　选择动作按钮

打开原始文件，选择第 1 张幻灯片，切换到"插入"选项卡，❶单击"插图"组中的"形状"按钮，❷在展开的形状库中选择"动作按钮：转到结尾"，如下图所示。

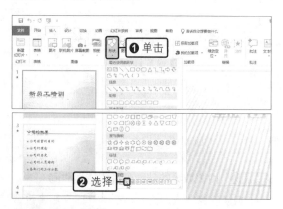

步骤02　绘制动作按钮

此时鼠标指针呈十字形，在幻灯片的合适位置上拖动鼠标绘制形状，如下图所示。

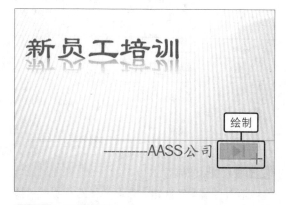

步骤03　设置动作

释放鼠标后，自动弹出"操作设置"对话框，在"单击鼠标"选项卡下，默认选择"超链接到"单选按钮，此时链接位置为"最后一张幻灯片"，❶勾选"播放声音"复选框，❷设置声音为"单击"，如下图所示。

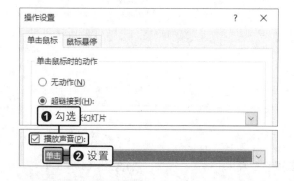

步骤04　预览动作

单击"确定"按钮。按【F5】键进入幻灯片放映状态，单击插入的动作按钮，如下图所示，此时可以听到单击鼠标的声音，同时画面切换至最后一张幻灯片。按【Esc】键结束放映。

步骤05　选择动作按钮

切换至第 2 张幻灯片，❶单击"插图"组中的"形状"按钮，❷在展开的形状库中选择"动作按钮：前进或下一项"，如下图所示。

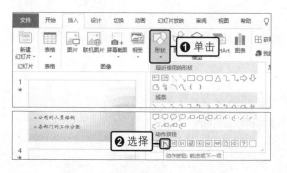

步骤06　绘制动作按钮

在幻灯片中适当的位置拖动鼠标绘制形状，如下图所示。

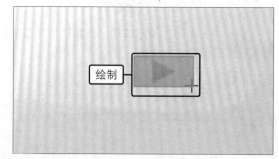

步骤07　设置动作

释放鼠标后，自动弹出"操作设置"对话框，在"单击鼠标"选项卡的"单击鼠标时的动作"选项组中，默认选择"超链接到"单选按钮，且链接位置设置为"下一张幻灯片"，如下图所示。

步骤08　完成所有动作按钮的添加

单击"确定"按钮，返回到幻灯片中，可看见设置好的动作按钮，如下图所示。用同样方法，在已完成动作按钮的左侧插入另一个动作按钮为"动作按钮：后退或前一项"。根据需要分别为其他幻灯片添加动作按钮为"动作按钮：前进或下一项"和"动作按钮：后退或前一项"。放映幻灯片，单击动作按钮，将执行相应的动作。

14.2　应用动画效果

PowerPoint 的动画效果能让幻灯片中的对象动起来。用户可以为幻灯片中的对象添加预设的动画效果，也可以为对象设置自定义动画。

14.2.1　添加动画效果

添加动画效果包括为对象添加进入效果、退出效果或强调效果。添加这些效果可以让动画贯穿整个放映过程，获得更加生动的演示效果。

原始文件： 下载资源\实例文件\14\原始文件\办公行为规范培训.pptx
最终文件： 下载资源\实例文件\14\最终文件\添加动画效果.pptx

步骤01　选择进入动画效果

打开原始文件，选择标题占位符，切换到"动画"选项卡下，单击"动画"组中的快翻按钮，在展开的动画样式库中选择"进入"选项组中的"飞入"效果，如下图所示。

步骤02　查看设置动画效果后的效果

此时可以看见标题占位符的动画效果编号为"1"，如下图所示，表示此动画为幻灯片中的第 1 个动画。

步骤03 预览效果

为对象添加动画效果后，系统会自动进入动画预览，此时可以看到标题对象"飞入"的效果，如下图所示。

步骤04 选择强调动画效果

选择第 1 张幻灯片中的图片，单击"动画"组中的快翻按钮，在动画样式库中选择"强调"选项组中的"陀螺旋"效果，如下图所示。

生存技巧 自定义动画效果选项

为对象添加动画效果后，可以自定义该动画的效果选项。例如"进入 - 劈裂"动画，默认情况下是"左右向中央收缩"效果，单击"效果选项"按钮，在展开的下拉列表中可以选择"上下向中央收缩""中央向上下展开""中央向左右展开"等更多的选项，其他动画类似。所以即便是同样的动画，也能展现出不同的出入场效果。

步骤05 预览效果

此时进入动画预览状态，可以看到图片"陀螺旋"的强调动画效果，如下图所示。

步骤06 选择退出动画效果

选择标题幻灯片下方的文本框，单击"动画"组中的快翻按钮，在动画样式库中选择"退出"选项组中的"轮子"效果，如下图所示。

步骤07 预览效果

进入动画预览状态，可看到该文本框内容以"轮子"形式的动画效果退出画面，如右图所示。

生存技巧 线条动画的制作

在演示文稿中也可以添加一些如电路闭合和抛物线运动轨迹等经典的线条动画。设置动画的进入方式为"擦除"，再根据线条的方向选择擦除的方向。连续的线条动画则需设置动画同步方式为"上一动画结束后"，以保证动画播放的连续性。

生存技巧　**让数据图表动起来**

　　为了让幻灯片中的图表演示更具特色，可以为图表设置按系列或按类别进入的动画。首先添加进入动画，接着在"动画"组中单击"效果选项"，在展开的下拉列表中设置按系列或按类别的演示效果。通常这样的动画演示效果会比让整个图表直接出现更具吸引力。

14.2.2　自定义动画效果

　　如果预设的动画效果不能满足需要，还可以通过手动绘制对象的运动路径来自定义动画效果。

　　原始文件： 下载资源\实例文件\14\原始文件\添加动画效果.pptx
　　最终文件： 下载资源\实例文件\14\最终文件\自定义动画效果.pptx

步骤01　**选择"自定义路径"效果**

　　打开原始文件，选择第 2 张幻灯片的标题占位符，切换到"动画"选项卡，单击"动画"组中的快翻按钮，在动画样式库中选择"动作路径"选项组中的"自定义路径"效果，如下图所示。

步骤02　**绘制运动路径**

　　在幻灯片中拖动鼠标，绘制出对象运动的路径，如下图所示。

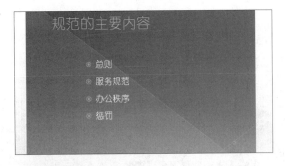

步骤03　**预览效果**

　　释放鼠标后，进入动画预览状态，可以看见标题对象沿着之前绘制的路径运动，如下图所示。

生存技巧　**让文本闪烁**

　　在 PowerPoint 中可以利用"计时"功能来制作闪烁文本。选择要设置的文本对象，在动画样式库中单击"更多强调效果"选项，在弹出的对话框中单击"闪烁"选项，再单击"确定"按钮。单击"动画窗格"按钮，在打开的窗格中单击该动画的下三角按钮，在展开的下拉列表中单击"计时"选项，在弹出的对话框中设置"重复"的次数，再单击"确定"按钮。

14.3　动画效果的高级设置

　　为对象添加了动画效果后，可以对动画效果进行高级设置。设置的内容包括在一个对象上添加多个动画效果、利用动画刷复制动画、为动画设置持续时间和重新排列动画播放顺序等。

14.3.1 在已有动画上添加新的动画

为一个对象设置动画后，如果再将"动画"组中的动画效果添加到这个对象上，新的动画效果就会覆盖已有的动画；但是如果使用"高级动画"组中的设置来添加动画，就可以让一个对象同时拥有多个动画效果。

原始文件：下载资源\实例文件\14\原始文件\服务规范.pptx
最终文件：下载资源\实例文件\14\最终文件\添加新动画.pptx

步骤01 添加动画

打开原始文件，选择第 1 张幻灯片中的图片，❶在"动画"选项卡下单击"高级动画"组中的"添加动画"按钮，❷在展开的库中选择"退出"选项组中的"形状"效果，如下图所示。

步骤02 查看添加动画后的效果

此时为图片设置了一个新的退出动画效果，动画的编号为"3"，与原有的编号为"2"的动画同时应用在了图片上，如下图所示。可以进入预览状态，查看图片的两种动画效果。

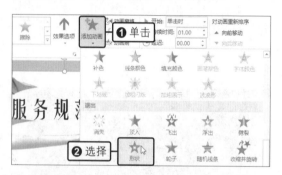

生存技巧 选择更多的动画效果

在"添加动画"库中，可以选择常用的"进入""强调""退出""动作路径"等效果，也可以选择"更多进入效果""更多强调效果""更多退出效果""其他动作路径"等选项来选择更多的动画。

14.3.2 用动画刷复制动画

使用动画刷可以将一个对象中的动画复制到另一个对象上。

原始文件：下载资源\实例文件\14\原始文件\添加新动画.pptx
最终文件：下载资源\实例文件\14\最终文件\使用动画刷.pptx

步骤01 启用动画刷

打开原始文件，选择第 1 张幻灯片中的图片，切换到"动画"选项卡，单击"高级动画"组中的"动画刷"按钮，如下左图所示。

步骤02 复制动画

此时鼠标指针呈刷子形，单击需要应用此动画的对象，如最下方的文本框，进行动画的复制，如下右图所示。

 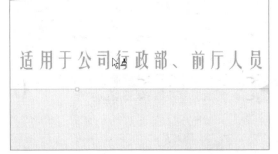

步骤03 查看复制动画后的效果

释放鼠标，动画效果已复制，可看见此时该文本框拥有 2 个动画效果，如下图所示。预览动画，可发现这 2 个动画和图片上的动画是一样的。

> **小提示**
>
> 双击动画刷，可以将动画重复应用到多个对象上。如果之前已经为此对象设置了其他动画，则使用动画刷后，该对象的其他动画都将消失。因此应用时要首先使用动画刷，而后再设置其他动画。

生存技巧　使用隐藏的动画

使用 PowerPoint 2019 时会发现，早期版本中的一些层叠、伸展等动画效果不见了，但用早期版本添加这些效果后再在 PowerPoint 2019 中打开时，这些效果仍然能显示。如果想要在 PowerPoint 2019 中使用这些动画，只需在早期版本中添加这些效果，然后在 PowerPoint 2019 中使用"动画刷"功能，将动画效果复制到当前版本的对象上即可。

14.3.3　设置动画计时选项

要控制动画播放的速度，可以为动画设置持续时间。时间越长，播放速度越慢；时间越短，播放速度越快。

　原始文件：下载资源\实例文件\14\原始文件\使用动画刷.pptx
　最终文件：下载资源\实例文件\14\最终文件\设置动画计时选项.pptx

步骤01 设置第1个动画的持续时间

打开原始文件，选择第 1 张幻灯片中的图片，切换到"动画"选项卡，单击"计时"组中"持续时间"右侧的数值调节按钮，设置动画的持续时间为"03.00"，如下左图所示。

步骤02 设置第2个动画

选择最下方的文本框，在"计时"组中设置动画的开始方式为"上一动画之后"、动画的持续时间为"02.00"，如下右图所示。设置完毕后进行预览，可看到设置后的效果。

14.3.4 重新排序动画

为幻灯片中的多个对象设置动画后，可以先预览整张幻灯片中的动画播放效果，如果发现某些动画播放的顺序不合理，可以在"动画窗格"中修改播放顺序，以达到更好的演示效果。

原始文件： 下载资源\实例文件\14\原始文件\设置动画计时选项.pptx
最终文件： 下载资源\实例文件\14\最终文件\重新排序动画.pptx

步骤01 单击"动画窗格"按钮

打开原始文件，选择第 1 张幻灯片，切换到"动画"选项卡，单击"高级动画"组中的"动画窗格"按钮，如下图所示。

步骤03 查看调整顺序后的效果

释放鼠标后，可以看见原来的第 4 个动画移动到了第 3 个动画的位置上，如下图所示。

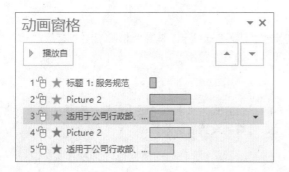

步骤02 调整顺序

此时打开了"动画窗格"，单击需要排序的动画，例如第 4 个动画，将其拖动到第 3 个动画上方，如下图所示。

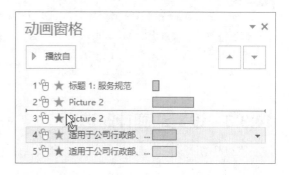

步骤04 调整播放方式

单击第 5 个动画，❶单击右侧显示出的下三角按钮，❷在展开的下拉列表中单击"从上一项开始"选项，如下图所示。

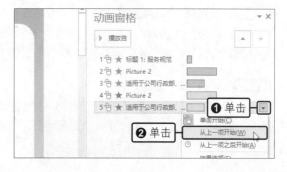

步骤05　查看调整完所有动画顺序后的效果

此时在幻灯片中可以看到动画的编号发生了变化，如右图所示。在放映幻灯片时，动画将按照编号顺序播放，编号相同的动画会同时播放。

小提示

要排序动画，还可以使用"动画"选项卡下"计时"组中的"向前移动"或"向后移动"按钮，或者"动画窗格"中的"向前移动"和"向后移动"按钮。

生存技巧　在"动画窗格"中调整动画的时间选项

在"动画窗格"中，拖动每个动画右侧的时间条改变其位置，可以控制动画播放的开始时间和结束时间。在时间条的开始处和结尾处拖动，改变时间条的长短，可以控制动画的持续时间，如右图所示。

14.4　实战演练——企业培训管理制度演示文稿

每个企业都有自己的培训管理制度，为了让每位员工都清楚地了解该制度，可以把相关内容制作成演示文稿。为了达到更好的放映效果，可以为演示文稿添加切换效果、动画效果等。

原始文件： 下载资源\实例文件\14\原始文件\企业培训管理制度.pptx
最终文件： 下载资源\实例文件\14\最终文件\企业培训管理制度.pptx

步骤01　添加切换效果

打开原始文件，选择第 1 张幻灯片，切换到"切换"选项卡，在"切换到此幻灯片"组的切换效果样式库中选择"擦除"效果，如下图所示。

步骤02　预览效果

此时进入幻灯片切换效果的预览状态，可以看见切换方式为"擦除"，如下图所示。

步骤03 全部应用切换效果

❶在"计时"组中设置"持续时间"为"03.00"，❷勾选"单击鼠标时"复选框，❸单击"应用到全部"按钮，如下图所示。

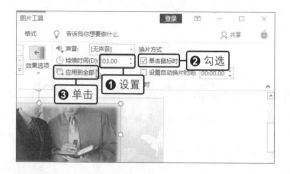

步骤04 查看全部应用切换效果后的效果

切换至其他幻灯片中，可在"切换"选项卡下的"计时"组中看到"持续时间"和"换片方式"与第1张幻灯片相同，如下图所示。

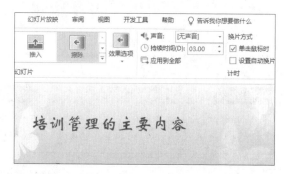

步骤05 添加进入动画

选择第1张幻灯片中的图片，切换到"动画"选项卡，在动画样式库中选择"进入"选项组中的"劈裂"效果，如下图所示。

步骤06 添加退出动画

为图片设置进入动画效果后，❶单击"高级动画"组中的"添加动画"按钮，❷在展开的动画样式库中选择"退出"选项组中的"缩放"效果，如下图所示。

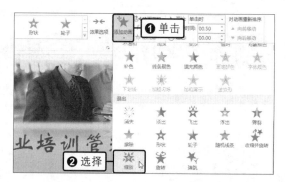

步骤07 使用动画刷

为图片叠加应用了退出动画效果后，选择图片，双击"高级动画"组中的"动画刷"按钮，如下图所示。

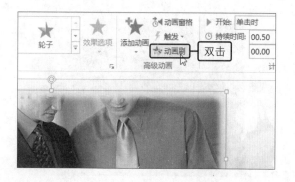

步骤08 复制动画

此时鼠标指针呈刷子形，切换到第2张幻灯片，单击标题占位符，进行动画的复制，如下图所示。

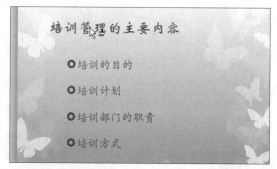

步骤09　查看复制动画后的效果

❶此时可以看见在标题占位符左侧出现了动画的编号，表示已经完成了动画的复制。❷单击"培训的目的"文本框，如下图所示。

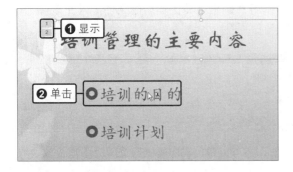

步骤10　更改动画的播放顺序

❶释放鼠标后，为"培训的目的"文本框应用了同样的动画效果。根据需要利用动画刷在其他幻灯片中应用相同的动画效果。❷选择内容占位符，在"计时"组中单击"向前移动"按钮，如下图所示。

步骤11　查看更改动画播放顺序的效果

此时更改了动画播放的顺序，在幻灯片中可以看见动画编号发生了变化。对"企业培训管理制度"演示文稿设置完毕后，可放映幻灯片，预览所有的切换效果和动画效果，如右图所示。

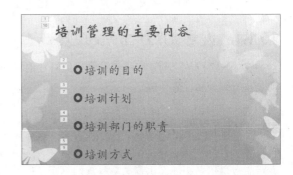

读书笔记

第15章 幻灯片的放映与发布

幻灯片的放映与发布是检验幻灯片制作成果的阶段。为了使幻灯片达到理想的演示效果，可根据不同的场合选择不同的放映方式，并控制好幻灯片的放映过程。也可根据实际需要将幻灯片输出为其他类型的文件，以便留存或传送给他人观看。

15.1 幻灯片的放映设置

放映幻灯片时，可以选择系统提供的多种放映方式，还可以根据实际需求隐藏暂时不需要放映的幻灯片，或者创建自定义放映方案。

15.1.1 设置幻灯片的放映方式

在放映幻灯片之前，应该先设置好幻灯片的放映方式。幻灯片的放映方式有 3 种，即演讲者放映、观众自行浏览和在展台浏览。

1 演讲者放映

演讲者放映是指演讲者自己放映幻灯片。在放映时，幻灯片处于全屏状态，界面中有控制按钮，演讲者可以根据实际需求控制幻灯片的放映，如控制幻灯片的切换、使用记号笔标注重点内容等。

原始文件: 下载资源\实例文件\15\原始文件\工作中的潜规则.pptx
最终文件: 下载资源\实例文件\15\最终文件\演讲者放映.pptx

步骤01 单击"设置幻灯片放映"按钮

打开原始文件，❶切换到"幻灯片放映"选项卡，❷单击"设置幻灯片放映"按钮，如下图所示。

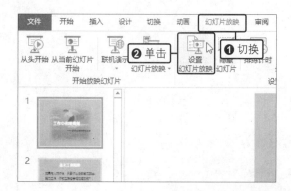

步骤02 选择演讲者放映方式

弹出"设置放映方式"对话框，❶单击"演讲者放映"单选按钮，❷在"换片方式"选项组中单击"手动"单选按钮，如下图所示。

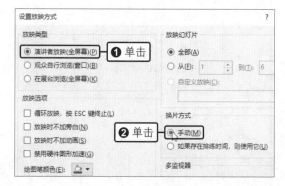

步骤03　查看放映的效果

　　单击"确定"按钮后，按【F5】键进入放映状态。此时将鼠标指针指向幻灯片的左下角，可以看见一些控制按钮，利用这些按钮可以控制幻灯片的放映，如右图所示。

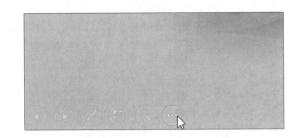

生存技巧　在放映过程中显示任务栏

　　以演讲者放映方式放映幻灯片时，可能会需要配合使用其他程序以增强演示效果，此时可在幻灯片放映界面中右击，在弹出的快捷菜单中单击"屏幕 > 显示任务栏"命令，或直接按【Ctrl+T】组合键，显示任务栏，以便调用其他程序。完成操作后，在幻灯片放映界面中单击即可隐藏任务栏。

生存技巧　自动放映演示文稿

　　应用"录制幻灯片演示"功能可以实现自动放映演示文稿。在"幻灯片放映"选项卡下单击"录制幻灯片演示"下三角按钮，在展开的下拉列表中单击"从头开始录制"选项，进入录制界面，单击左上角的"录制"按钮，此时开始放映幻灯片，并记录每张幻灯片的放映时间。结束录制后，再单击"从头开始"按钮，就可观看所录制的幻灯片。

2 观众自行浏览

　　在观众自行浏览方式下，幻灯片放映处于窗口状态，观众可以调节放映窗口的大小，并能在放映幻灯片的同时进行其他操作。

　　原始文件： 下载资源\实例文件\15\原始文件\工作中的潜规则.pptx
　　最终文件： 下载资源\实例文件\15\最终文件\观众自行浏览.pptx

步骤01　选择观众自行浏览方式

　　打开原始文件，打开"设置放映方式"对话框，❶单击"观众自行浏览"单选按钮，❷设置幻灯片放映页数为"从 2 到 5"，❸勾选"循环放映，按 ESC 键终止"复选框，如下图所示。

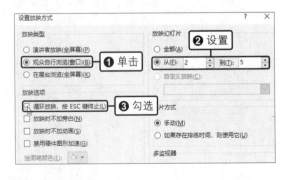

步骤02　查看放映的效果

　　单击"确定"按钮后，按【F5】键进入放映状态，此时幻灯片的放映窗口可任意调整大小。由于不是全屏模式，因此可以随意切换至其他应用程序中，如下图所示。

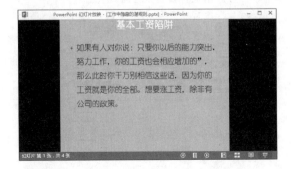

3 在展台浏览

　　在展台浏览方式下放映幻灯片时，除了按【Esc】键终止放映外不能对幻灯片做任何操作。

原始文件： 下载资源\实例文件\15\原始文件\工作中的潜规则.pptx
最终文件： 下载资源\实例文件\15\最终文件\在展台浏览.pptx

步骤01　选择展台浏览方式

打开原始文件，打开"设置放映方式"对话框，在"放映类型"选项组中单击"在展台浏览"单选按钮，如下图所示。

步骤02　查看放映的效果

单击"确定"按钮后，按【F5】键进入放映状态。此时将鼠标指针指向幻灯片的左下角，可以看见没有任何控制按钮，说明此放映方式下不能对幻灯片做任何设置，如下图所示。

生存技巧　快速在放映时切换至白屏或黑屏

幻灯片开始放映后，在键盘上按【W】键，即可使屏幕迅速变为白屏，若想恢复就再按一次【W】键；若要变为黑屏，则按【B】键。

15.1.2　隐藏幻灯片

如果演示文稿中有暂时不需要放映的幻灯片，那么在放映幻灯片之前，可以先将不放映的幻灯片隐藏起来。

原始文件： 下载资源\实例文件\15\原始文件\工作中的潜规则.pptx
最终文件： 下载资源\实例文件\15\最终文件\隐藏幻灯片.pptx

步骤01　隐藏幻灯片

打开原始文件，切换至第2张幻灯片，在"幻灯片放映"选项卡下单击"设置"组中的"隐藏幻灯片"按钮，如下图所示。

步骤02　查看隐藏幻灯片的效果

此时在幻灯片浏览窗格中可以看见在第2张幻灯片的编号上出现一条斜线，如下图所示。在放映时，这张幻灯片将不会出现。

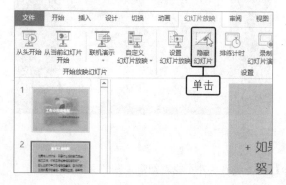

生存技巧 **让备注信息只能被自己看到**

幻灯片中的备注信息可以在演示时起提示作用。若要在演示时使备注信息只出现在自己的计算机上供自己查看而不被观众看到，需要两个或两个以上的显示器。在 Windows 操作系统中打开"屏幕分辨率"窗口，设置"显示器"和"多显示器"，并在"放映幻灯片"选项卡中勾选"使用演示者视图"复选框，再设置"显示位置"即可。

15.1.3　创建放映方案

如果要选择演示文稿中的某些幻灯片进行放映，可以创建一个放映方案，只放映选择的幻灯片。

原始文件：下载资源\实例文件\15\原始文件\工作中的潜规则.pptx
最终文件：下载资源\实例文件\15\最终文件\创建放映方案.pptx

步骤01　自定义放映

打开原始文件，❶在"开始放映幻灯片"组中单击"自定义幻灯片放映"按钮，❷在展开的列表中单击"自定义放映"选项，如下图所示。

步骤02　新建自定义放映

弹出"自定义放映"对话框，单击"新建"按钮，如下图所示。

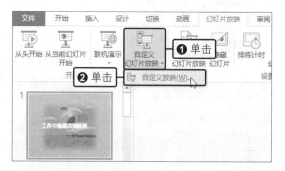

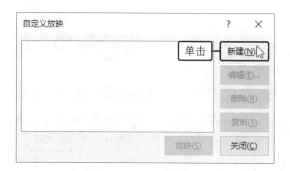

步骤03　添加要放映的幻灯片

弹出"定义自定义放映"对话框，❶在"幻灯片放映名称"文本框中输入"潜规则的主要内容"，❷在"在演示文稿中的幻灯片"列表框中勾选"2.基本工资陷阱"选项，❸单击"添加"按钮，如右图所示。

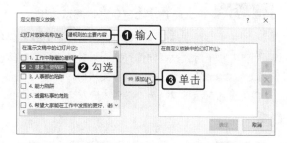

步骤04　继续添加幻灯片

此时在"在自定义放映中的幻灯片"列表框中可以看见添加了选择的幻灯片，❶再在"在演示文稿中的幻灯片"列表框中勾选"3.人事部的陷阱"选项，❷单击"添加"按钮，如下左图所示。

步骤05　完成自定义放映的创建

采用同样的方法，在"在自定义放映中的幻灯片"列表框中添加其他幻灯片，单击"确定"按钮，如下右图所示。

步骤06 单击"关闭"按钮

　　返回到"自定义放映"对话框中，❶在列表框中可以看见所创建的放映方案，❷单击"关闭"按钮，如下图所示。

步骤07 预览创建的方案

　　返回到演示文稿中，❶在"开始放映幻灯片"组中单击"自定义幻灯片放映"按钮，❷在展开的下拉列表中单击所创建的方案名称，如下图所示，即可放映此方案。

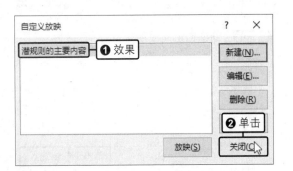 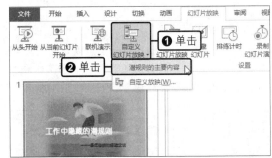

> **小提示**
>
> 　　在创建放映方案过程中或创建完成后，都可以在"自定义放映"对话框中单击"编辑"按钮,在弹出的"定义自定义放映"对话框中设置幻灯片的放映顺序。

> **生存技巧** 嵌入特殊字体避免影响演示效果
>
> 　　为了获得更好的演示效果，通常会在幻灯片中使用一些第三方字体，但将演示文稿复制到演示现场的计算机上时，这些字体可能会被替换为当前计算机中的其他字体，导致格式错乱，影响演示效果。为避免这种情况，可在保存演示文稿时，在"另存为"对话框中单击"工具"按钮，选择"保存选项"，在弹出的对话框中勾选"将字体嵌入文件"复选框，然后根据需要选择嵌入字符的方式，再保存文件。

15.2 控制幻灯片放映过程

　　在实际放映时，用户可能需要控制幻灯片的放映过程，如切换幻灯片，或在幻灯片中标注重点内容等。

15.2.1 控制幻灯片的切换

　　在放映幻灯片时，幻灯片的左下角会显示相应的控制按钮，使用这些按钮可以控制幻灯片的切换。

原始文件：下载资源\实例文件\15\原始文件\如何提高中层的职业素养.pptx
最终文件：无

步骤01　放映幻灯片

打开原始文件，❶切换到"幻灯片放映"选项卡，❷单击"开始放映幻灯片"组中的"从头开始"按钮，如下图所示。

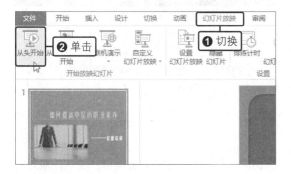

步骤03　使用快捷菜单切换幻灯片

此时切换到了下一张幻灯片。❶右击幻灯片中任意位置，❷在弹出的快捷菜单中单击"下一张"选项，如下图所示。

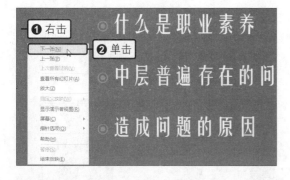

步骤02　使用控制按钮切换幻灯片

此时进入到幻灯片的放映状态，单击幻灯片左下角第 2 个控制按钮，如下图所示。

步骤04　定位幻灯片

此时进入第 3 张幻灯片。要切换到不相邻的幻灯片，可右击幻灯片中任意位置，在弹出的快捷菜单中单击"查看所有幻灯片"选项，在新窗口中选择要跳转到的幻灯片，如下图所示。

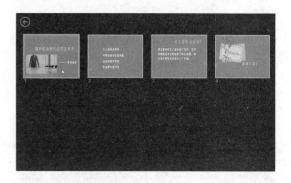

生存技巧　放映时鼠标指针的隐藏与显示

为了在放映幻灯片时获得更加理想的演示效果，可以按【Ctrl+H】组合键隐藏鼠标指针，按【Ctrl+A】组合键则可重新显示鼠标指针。

步骤05　切换屏幕

此时跳转到了所选择的幻灯片。若希望观众暂时不关注幻灯片内容，❶单击"⊡"控制按钮，❷在展开的列表中单击"屏幕"选项，在展开的下级列表中单击"黑屏"选项，如下左图所示。

步骤06　结束放映

此时幻灯片进入黑屏状态。如果要结束放映，❶单击"⊡"控制按钮，❷在展开的列表中单击"结束放映"选项即可，如下右图所示。

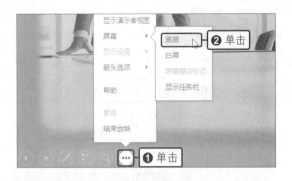

放映时快速跳转到指定的幻灯片

　　如果在放映过程中需要临时跳转到某一张幻灯片，可以直接输入要跳转到的幻灯片的编号，然后按【Enter】键。例如，按数字键【5】，然后按【Enter】键，就会快速跳转到第 5 张幻灯片。

15.2.2　在幻灯片上标注重点

　　在放映幻灯片时，有时会需要突出幻灯片中的重点内容，这时可以在幻灯片中标注重点，引起观众的重视。

原始文件： 下载资源\实例文件\15\原始文件\如何提高中层的职业素养.pptx
最终文件： 下载资源\实例文件\15\最终文件\在幻灯片上标注重点.pptx

步骤01　设置墨迹颜色

　　打开原始文件，进入幻灯片放映状态，❶在左下角单击"☑"控制按钮，❷在展开的颜色选项中选择"红色"，如下图所示。

步骤02　使用笔

　　❶再次单击"☑"控制按钮，❷在展开的列表中单击"笔"选项，如下图所示。

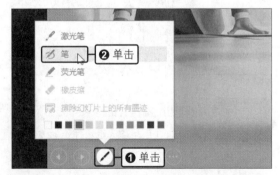

使用键盘快速更改墨迹标记

　　若要快速使用墨迹标记，可在放映幻灯片时按【Ctrl+P】组合键，鼠标指针将变成绘图笔，拖动鼠标即可在幻灯片中做标记；按【Ctrl+A】组合键，即可将鼠标指针从绘图笔状态恢复为默认状态。

步骤03　标记内容

此时鼠标指针显示为红色圆点，拖动鼠标，绘制图形，标记出要突出的内容，如下图所示。

步骤04　结束放映

标记了多个重点内容后，❶右击鼠标，❷在弹出的快捷菜单中单击"结束放映"命令，如下图所示。

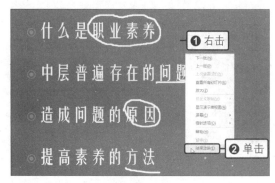

步骤05　保留墨迹

弹出提示框，询问用户是否保留墨迹注释。如果需要保留，则单击"保留"按钮，如下图所示。

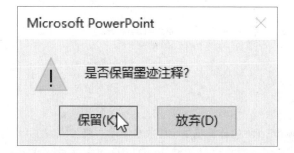

步骤06　查看保留墨迹的效果

结束放映，返回到普通视图中后，可以看见幻灯片中保留了在放映状态时所做的标记，如下图所示。

生存技巧　隐藏墨迹标记

在演示文稿放映过程中，如果想要隐藏墨迹标记，可以按【Ctrl+M】组合键；若要重新显示，则再按一次【Ctrl+M】组合键。

15.3　输出幻灯片

制作完成一个演示文稿后，可以将此文稿输出为其他类型的文件，如自动放映文件、视频文件、讲义等，方便演示文稿的传输及传阅。

15.3.1　输出为自动放映文件

将演示文稿保存为"PowerPoint 放映"类型文件，可实现打开文件时自动放映演示文稿的效果。

原始文件： 下载资源\实例文件\15\原始文件\口才训练.pptx
最终文件： 下载资源\实例文件\15\最终文件\输出为自动放映文件.ppsx

步骤01 执行"另存为"操作

打开原始文件，单击"文件"按钮，❶在弹出的菜单中单击"另存为"命令，❷在右侧的面板中单击"浏览"按钮，如下图所示。

步骤03 查看输出的自动放映文件

在设置的存储路径下可以看见自动放映文件的图标，如右图所示。双击此图标，演示文稿将自动放映。

生存技巧 放映时快速进入下一张幻灯片

在放映时，若想快速进入下一张幻灯片，可以用键盘来操作，并且有多种方法：❶按【→】键；❷按【↓】键；❸按【Spacebar】键。

步骤02 选择保存类型

弹出"另存为"对话框，选择存储路径，❶设置"保存类型"为"PowerPoint 放映"，❷单击"保存"按钮，如下图所示。

15.3.2 输出为视频文件

将演示文稿输出为视频文件后，在没有安装 PowerPoint 的计算机中也能放映演示文稿。

原始文件：下载资源\实例文件\15\原始文件\口才训练.pptx

最终文件：下载资源\实例文件\15\最终文件\输出为视频文件.wmv

步骤01 创建视频

打开原始文件，单击"文件"按钮，❶在弹出的菜单中单击"导出"命令，❷在右侧的面板中单击"创建视频"按钮，如下图所示。

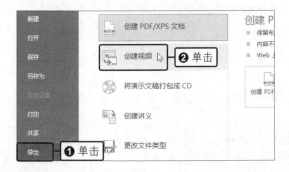

步骤02 设置放映时间

❶在右侧展开的列表中，设置每张幻灯片的放映秒数为"30.00"，❷单击"创建视频"按钮，如下图所示。

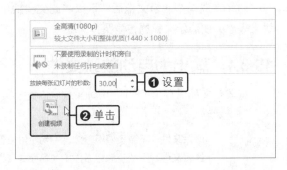

步骤03　选择保存路径

弹出"另存为"对话框，❶选择文件保存的路径后，❷单击"保存"按钮，如下图所示。

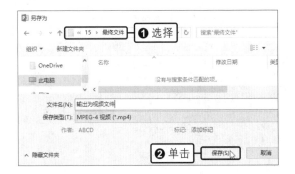

步骤04　显示创建视频的进度

返回到幻灯片中，可以在状态栏中看见创建视频的进度，如下图所示。

步骤05　查看创建视频文件的效果

视频创建成功后，双击创建的视频文件图标，如下图所示。

步骤06　播放视频

此时会调用系统默认的视频播放器开始播放视频文件，如下图所示。

生存技巧　为输出的视频录制计时和旁白

如果想要为输出的视频录制计时和旁白，则在步骤 02 中单击"不要使用录制的计时和旁白"按钮，在展开的列表中选择"录制计时和旁白"，然后在弹出的录制窗口中单击"录制"按钮，录制完计时和旁白后，再单击"创建视频"按钮。

15.3.3　输出为讲义

用演示文稿输出的讲义就是一个包含幻灯片和备注的 Word 文档。如果用户设置了粘贴链接，当演示文稿发生改变时，讲义中的幻灯片将自动更新。

原始文件：下载资源\实例文件\15\原始文件\口才训练.pptx
最终文件：下载资源\实例文件\15\最终文件\输出为讲义.docx

步骤01　创建讲义

打开原始文件，单击"文件"按钮，❶在弹出的菜单中单击"导出"命令，❷在右侧的面板中单击"创建讲义"按钮，❸在右侧展开的列表中单击"创建讲义"按钮，如下左图所示。

步骤02 设置版式

弹出"发送到 Microsoft Word"对话框，❶单击"备注在幻灯片下"单选按钮，❷单击"粘贴链接"单选按钮，❸单击"确定"按钮，如下右图所示。

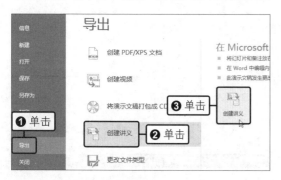

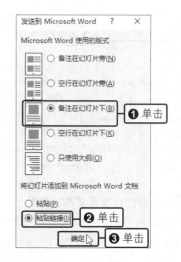

步骤03 查看创建讲义的效果

此时打开了 Word 文档，创建了一个讲义文件，如下图所示。当双击文件中的图片时，将打开相应的幻灯片。

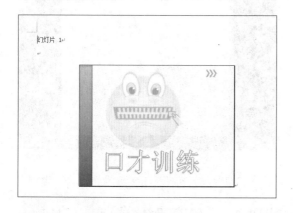

生存技巧 将幻灯片输出为图片

可以将演示文稿中的幻灯片输出为图片，便于使用照片查看器查看。执行"文件 > 导出"命令，在右侧面板中单击"更改文件类型"按钮，在右侧列表中的"图片文件类型"选项组下双击要保存为的图片格式（有 PNG 和 JPEG 两种格式可选），在弹出的对话框中设置存储路径和文件名，单击"保存"按钮，在弹出的对话框中选择导出所有幻灯片还是当前幻灯片即可。

15.3.4 打包演示文稿

打包演示文稿是指将演示文稿及相关文件（如演示文稿中的链接或嵌入项目，包括音频、视频、字体等）复制到 CD 或指定文件夹中，以便在其他计算机上放映。

原始文件：下载资源\实例文件\15\原始文件\口才训练.pptx
最终文件：下载资源\实例文件\15\最终文件\打包演示文稿(文件夹)

步骤01 打包文稿

打开原始文件，单击"文件"按钮，❶在弹出的菜单中单击"导出"命令，❷在右侧面板中单击"将演示文稿打包成 CD"按钮，❸在展开的列表中单击"打包成 CD"按钮，如下左图所示。

步骤02 输入名称

弹出"打包成 CD"对话框，❶在"将 CD 命名为"文本框中输入"口才训练"，❷单击"复制到文件夹"按钮，如下右图所示。

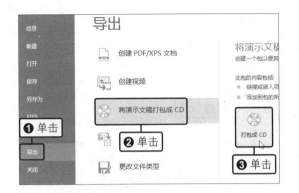

步骤03　**选择存储路径**

弹出"复制到文件夹"对话框，❶选择文件的存储路径，❷单击"确定"按钮，如下图所示。

步骤04　**查看打包的效果**

弹出提示框，询问是否要在包中包含链接文件，单击"是"按钮。打包完成后效果如下图所示。

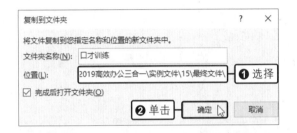

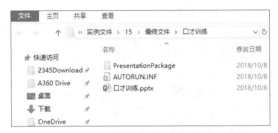

生存技巧　**将演示文稿打包成可自动播放的CD**

若在计算机上安装有 CD 刻录器，可在步骤 02 中的"打包成 CD"对话框中单击"复制到 CD"按钮，将演示文稿打包成可自动播放的 CD 文件。

15.4　设置和打印演示文稿

演示文稿制作完成后，可以将演示文稿打印出来，以纸质文件形式保存或分发给观众。

15.4.1　设置幻灯片的大小

在打印幻灯片时可以根据实际需要自定义设置幻灯片的宽度和高度。

原始文件：下载资源\实例文件\15\原始文件\口才训练.pptx
最终文件：下载资源\实例文件\15\最终文件\设置幻灯片的大小.pptx

步骤01　**启用自定义幻灯片大小功能**

打开原始文件，切换到"设计"选项卡，❶单击"自定义"组中的"幻灯片大小"按钮，❷在展开的下拉列表中单击"自定义幻灯片大小"选项，如下左图所示。

步骤02　**自定义幻灯片的大小**

❶在弹出的"幻灯片大小"对话框中设置"宽度"为"12 厘米"、"高度"为"15 厘米"，❷单击"确定"按钮，如下右图所示。

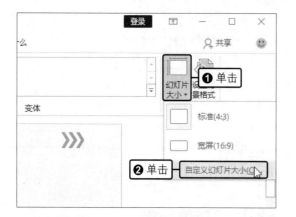
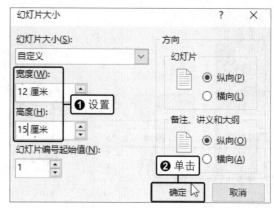

步骤03 查看设置大小后的效果

在弹出的提示框中单击"确保适合"按钮，可看见设置幻灯片大小后的效果，如右图所示。

> **小提示**
>
> 在"幻灯片大小"对话框中，除了通过设置幻灯片的宽度和高度来改变幻灯片的大小，还可以单击"幻灯片大小"下三角按钮，在展开的下拉列表中选择预设的尺寸类型。

15.4.2 打印演示文稿

若想保留演示文稿的纸质文件，可打印演示文稿。在打印前可对打印的版式、颜色进行设置和预览。

原始文件： 下载资源\实例文件\15\原始文件\口才训练.pptx
最终文件： 下载资源\实例文件\15\最终文件\打印演示文稿.pptx

步骤01 设置打印版式

打开原始文件，❶在"文件"菜单中单击"打印"命令，❷在右侧的面板中单击"整页幻灯片"按钮，❸在展开的下拉列表中选择打印版式，如"备注页"选项，如下图所示。

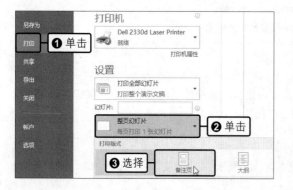

步骤02 设置打印颜色

❶单击"颜色"按钮，❷在展开的下拉列表中单击"纯黑白"选项，如下图所示。

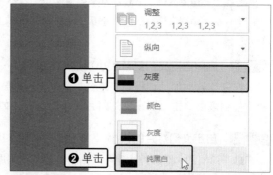

步骤03　预览打印效果

设置完打印版式和颜色后，在右侧可以预览幻灯片的打印效果，如下图所示。

步骤04　打印文件

❶设置打印"份数"为"2"，❷单击"打印"按钮，即可开始打印，如下图所示。

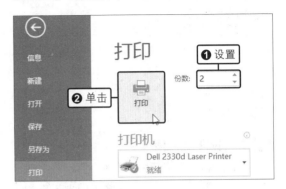

小提示

在"打印"选项面板中单击"编辑页眉和页脚"按钮，可以为演示文稿添加页眉和页脚的信息，如公司名称、日期等。

生存技巧　只打印需要的幻灯片

若要选择性打印幻灯片，有以下两种方式：一种是在幻灯片浏览窗格中按住【Ctrl】键，选择要打印的幻灯片，再单击"文件"按钮，在弹出的菜单中单击"打印"命令，单击"打印全部幻灯片"按钮，在展开的下拉列表中单击"打印选定区域"选项；另一种是在"打印"选项面板中单击"打印全部幻灯片"按钮，在展开的下拉列表中单击"自定义范围"选项，在"幻灯片"文本框中输入幻灯片编号，如"1,4,7,9-13"。

15.5　使用缩放定位创建目录

使用缩放定位功能可以为演示文稿创建交互式的摘要目录页，还可以快速跳转到特定的幻灯片和节，具体的操作方法如下。

原始文件： 下载资源\实例文件\15\原始文件\使用缩放定位创建目录.docx
最终文件： 下载资源\实例文件\15\最终文件\使用缩放定位创建目录.docx

步骤01　启用缩放定位功能

打开原始文件，❶在"插入"选项卡下的"链接"组中单击"缩放定位"按钮，❷在展开的列表中单击"摘要缩放定位"选项，如右图所示。

步骤02 插入摘要目录

打开"插入摘要缩放定位"对话框，❶勾选要作为目录的幻灯片复选框，❷单击"插入"按钮，如右图所示。

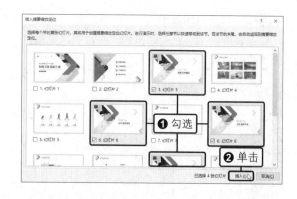

步骤03 查看摘要目录

此时会自动将幻灯片分为多个节，并生成一个名为"摘要部分"的节，在该节中可看到一张包含所勾选幻灯片缩略图的目录页幻灯片，如下图所示。

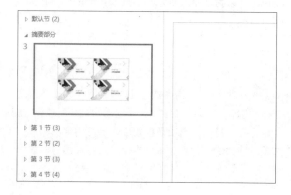

步骤04 放映幻灯片

❶选择目录页幻灯片，❷在"幻灯片放映"选项卡下的"开始放映幻灯片"组中单击"从当前幻灯片开始"按钮，如下图所示。

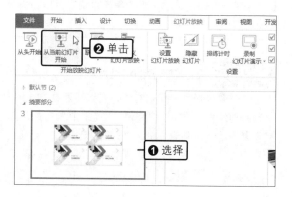

步骤05 选择要放映的幻灯片

进入放映状态后，单击要跳转至的目录幻灯片，如下图所示。

步骤06 查看放映效果

可看到进入该幻灯片中，如下图所示。继续滚动鼠标滚轮，可放映该节中的其他幻灯片。

步骤07 继续查看其他幻灯片

放映完一节幻灯片后，会返回目录页，继续单击其他目录幻灯片，如下左图所示。

步骤08 查看放映效果

即可放映该节的第一张幻灯片，滚动鼠标滚轮可放映其他幻灯片，如下右图所示。

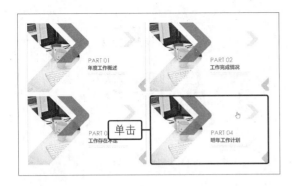

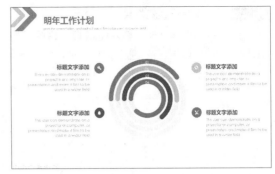

15.6　实战演练——放映产品展示文稿

产品展示文稿是介绍产品的名称、性能、外观等内容的幻灯片。下面将为相关人员放映一个产品展示文稿，帮助他们了解产品。

原始文件： 下载资源\实例文件\15\原始文件\产品图片展示.pptx
最终文件： 下载资源\实例文件\15\最终文件\产品图片展示.pptx、产品图片展示.wmv

步骤01　设置幻灯片放映

打开原始文件，❶切换到"幻灯片放映"选项卡，❷单击"设置"组中的"设置幻灯片放映"按钮，如下图所示。

步骤02　设置放映方式

弹出"设置放映方式"对话框，❶在"放映类型"选项组中单击"演讲者放映"单选按钮，❷设置"推进幻灯片"为"手动"，❸设置"绘图笔颜色"为"黑色，文字 1"，如下图所示。

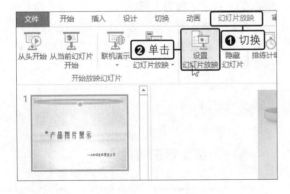

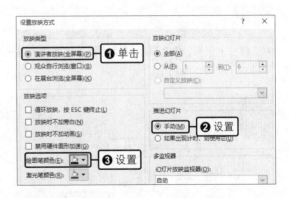

步骤03　从头开始放映

单击"确定"按钮后，单击"开始放映幻灯片"组中的"从头开始"按钮，如右图所示。

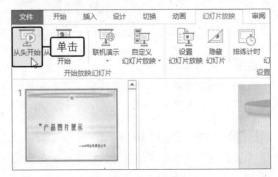

步骤04 放映下一张幻灯片

此时进入放映状态，❶右击鼠标，❷在弹出的快捷菜单中单击"下一张"命令，如右图所示。

步骤05 使用笔

切换到下一张幻灯片的放映中，❶右击鼠标，❷在弹出的快捷菜单中单击"指针选项"，在弹出的下级菜单中单击"笔"，如下图所示。

步骤06 标记重点

此时鼠标指针显示为黑色圆点，拖动鼠标绘制线条，在幻灯片中做出标记，如下图所示。

步骤07 结束放映

继续放映幻灯片，直到放映到最后一张幻灯片。❶右击鼠标，❷在弹出的快捷菜单中单击"结束放映"命令，如下图所示。

步骤08 单击"放弃"按钮

此时会弹出提示框，询问用户是否保留墨迹注释。若不需要保留，单击"放弃"按钮，如下图所示。

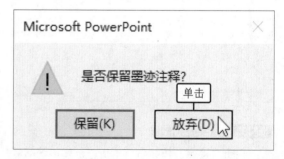

步骤09 排练计时

将演示文稿导出为视频文件前，可以先对幻灯片进行排练计时。在"设置"组中单击"排练计时"按钮，如下左图所示。

步骤10 单击"关闭"按钮

此时进入到第1张幻灯片的排练计时中，当前幻灯片计时完毕后，单击"录制"工具栏中的"关闭"按钮，如下右图所示。

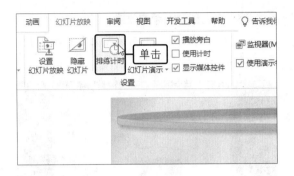

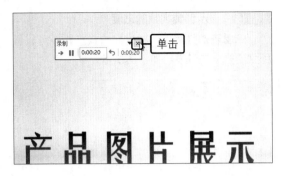

步骤11 保留时间

弹出提示框，提示用户幻灯片放映所需时间，并询问是否保留新的幻灯片排练时间。单击"是"按钮，保留排练时间，如下图所示。

步骤12 预览时间

进入到幻灯片浏览视图中，显示第 1 张幻灯片的排练时间为"00:20"，如下图所示。因为本演示文稿中的幻灯片大都为图片，放映的时间大致相同，所以预估每张幻灯片的排练计时都为 20 秒左右。

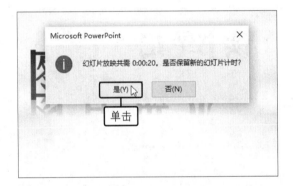

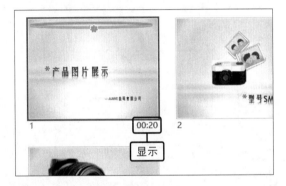

步骤13 创建视频

单击"文件"按钮，在弹出的菜单中单击"导出"命令，❶在右侧的面板中单击"创建视频"按钮，❷因预估排练时间为 20 秒，所以在展开的列表中设置"放映每张幻灯片的秒数"为"20.00"，❸单击"创建视频"按钮，如下图所示。

步骤14 保存文件

弹出"另存为"对话框，❶在"文件名"文本框中输入文件的名称，❷选择视频文件的存储路径，❸单击"保存"按钮，如下图所示。

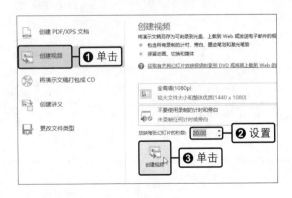

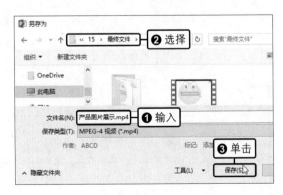

步骤15　显示创建视频的进度

　　返回到幻灯片中，在底部的状态栏中可以看到创建视频的进度，如下图所示。

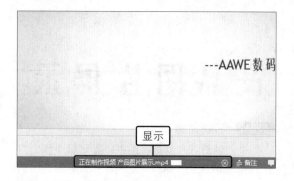

步骤16　查看创建视频的效果

　　视频创建成功后，双击视频文件图标，可播放视频文件，如下图所示。

读书笔记